R. J. Neveling

Gotik und Graphik im Mathematikunterricht

Aus dem Programm Didaktik der Mathematik

Der Mathematikunterricht in der Primarstufe
von G. Müller und E. Ch. Wittmann

Entdeckendes Lernen im Mathematikunterricht
von H. Winter

Gotik und Graphik im Mathematikunterricht
von R. J. Neveling

Grundfragen des Mathematikunterrichts
von E. Ch. Wittmann

Didaktische Probleme der elementaren Algebra
von G. Malle

Springer Fachmedien Wiesbaden GmbH

Rolf Joachim Neveling

Gotik und Graphik im Mathematikunterricht

Konzepte mit Sketchpad und Mathematica

Herausgegeben von Erich Ch. Wittmann

Für die freundliche Erlaubnis, Bilder übernehmen zu dürfen, danke ich Herrn Dr. Heinz Götze, Heidelberg, (Bilder Seite 12 und 13), dem Dumont Buchverlag, Köln, (Bilder Seite 2 und 144) und dem Kröner-Verlag, Stuttgart, (Bilder Seite 51 und 89).

Ursprünglich erschienen bei Friedr. Vieweg & Sohn Verlagsgesellschaft mbH, Braunschweig/Wiesbaden 1996

Satz und Layout: Der Autor

Gedruckt auf säurefreiem Papier

ISBN 978-3-528-06879-0 ISBN 978-3-663-10187-1 (eBook)
DOI 10.1007/978-3-663-10187-1

Vorwort

Vor einigen Jahren blieb ich im Geometrieunterricht einer achten Klasse bei einer Aufgabe länger "hängen", als ich es geplant hatte; zunächst - Lehrern ist dieses Gefühl nicht ungeläufig - unwillig, dann aber mit Interesse, schließlich mit Überzeugung. Es ging als Anwendung zur Konstruktion von Tangenten an Kreise um die Einmündung einer Straße in eine andere. Was ich als einfache Übung geplant hatte, weitete sich in der Klasse zu einer Diskussion über alternative Straßenführungen, Ampelanlagen und Fußgängerinseln aus. Schülerinnen und Schüler variierten die Situation der Aufgabe, ich stellte eine Hausaufgabe in diesem Sinne, und so entstand eine Unterrichtseinheit über Straßenkreuzungen, die als wesentliche mathematische Elemente immer wieder Parallelverschiebungen und Tangentenkonstruktionen enthielt, deren Schwerpunkt aber eher in der Planung von Kreuzungen mit baulichen Zwangsbedingungen lag. Der unterrichtliche Akzent hatte sich verschoben, die Verschiebung war willkommen.

Dies war der Anfang des Gedankens, der in dieser Arbeit seine Ausformulierung findet. Zu Straßenkreuzungen kamen Grundrisse und Bögen, aus Bögen wurde Gotik, aus Gotik ganz allgemein Architektur. Es entstand so die Idee, zu untersuchen, ob sich in der Architektur und insbesondere in ihrer Geschichte Themen für bedeutungstragenden Mathematikunterricht in der Sekundarstufe finden lassen. In meinen Vorstellungen sah ich naturgemäß zunächst eher eine Verbindung zur Geometrie als zur elementaren Funktionenlehre oder später zur Analysis. Das hat sich geändert: Graphische Taschenrechner und ausgereifte Rechnerprogramme können dazu beitragen, architektonische Formen zum Gegenstand der Analysis machen.

Der Gedanke, Architektur aus mathematikdidaktischem Blickwinkel zu studieren, hat eine zweite Wurzel, die in der kritischen Auseinandersetzung mit Kurvendiskussionen gründet. Sie beherrschen offenbar den Analysisunterricht vieler Grund- und Leistungskurse über einen langen Unterrichtszeitraum und machen einen großen Teil der Abiturprüfung aus. Dies scheint mir schon seit langem nicht sinnvoll zu sein. Da aber Analysis sicher auch weiter unterrichtet wird, muß man nach sinntragenden Alternativen mit gewisser Affinität zu Kurvendiskussionen suchen, also nach Gegenstandsbereichen, in denen Graphen auftreten, die zu Unterrichtsgegenständen werden können und die zudem auch über sich hinaus weisen und interessant sind.

In "Gotik und Graphik" ist also "Gotik" pars pro toto: Es geht im folgenden insbesondere auch um die Frage,wie sich Bögen, Fensterbögen, Brückenbögen mit aus dem Unterricht bekannten Graphen verstehen, d.h. approximieren lassen, wie sie sich mit mathematischen Methoden und Rechnerprogrammen perspektivisch abbilden lassen, also unter Perspektive erscheinen, ob ein Gewölbe als Fläche im Raum zu einer Unterrichtseinheit der Analysis werden kann oder wie ein Grundriß ein gotisches Gewölbe determiniert.

Ich gehe weiter der Frage nach, welche Charakteristika ein umfassendes Anwendungsfeld des Mathematikunterrichts auszeichnet und versuche, die These zu stützen, daß in der Architektur ein solches vorliegt. Dies geschieht dann so, daß ich exemplarisch diesbezügliche Units beschreibe und im Hinblick auf Verwendung in der Klasse oder im Kurs analysiere. Mathematikdidaktik wird dabei im Sinne der Dortmunder Schule als Design science verstanden: Es geht um die Arbeit "am Kern" mit dem Ziel, einen möglichen Unterrichtsinhalt, hier Gegenstände aus der Architektur, elementarmathematisch zu durchdringen [Wittmann, 1992, S. 57]. In dieser Arbeit - so mein Ziel und meine Hoffnung - soll neben der Diskussion eines Grundgedankens vor allem Material für das Unterrichten einiger Bereiche der Mathematik - auch der Analysis - entstehen, das unsere Arbeit in der Schule reicher, lebendiger und vielleicht auch wirklichkeitsnäher macht. Daß das Thema Architektur nur eine Facette auf dem Weg zu einem anderen Unterricht sein kann, daß weitere zu finden, zu entwickeln sind, muß nicht herausgestellt werden.

Als ein wesentliches Werkzeug erscheinen in diesem Zusammenhang graphikfähige Taschenrechner und Computerprogramme, die relativ flexibel in der Lage sind, Ideen von Schülern und Lehrern zu visualisieren. Daraus folgt, daß ich meine Arbeit auch als einen Diskussionsbeitrag zur Didaktik neuerer Taschenrechner, dynamischer Geometriesoftware und von Computeralgebra-Systemen verstehen möchte.

Schließlich möchte ich im Kontext architektonischer Formen die Frage nach einem Verstehen im kulturellen Sinne ansprechen: Inwieweit kann Mathematik, bzw. Mathematikunterricht dazu beitragen, einen Grundriß, die Form eines Bogens, eines Gewölbes, eine architektonische Abbildung etc. vertieft zu verstehen? Wer über literarische Werkzeuge zur Interpretation eines Romans verfügt, wird Th. Mann besser lesen; wer Harmonielehre kennt, hört Beethoven anders. Gilt Gleiches für die Architektur? Welche Rolle spielt bei diesem Verstehensprozeß der architektonischen Formenwelt als einer Ausprägung künstlerischen Gestaltens die Mathematik, und welche Chance haben wir, wenn wir unseren Schülern Einsichten in diesen Metagegenstandsbereich vermitteln wollen?

Dieses Buch habe ich in der Zeit vom Herbst 1992 bis zum Sommer 1994 am Institut für Didaktik der Mathematik der Universität Dortmund geschrieben. Für ihre Anregungen und für die Geduld beim Zuhören danke ich den Herren G. Schrage, H. Kilian und B. Schuppar. Mein langjähriger Kollege H. Braun gab mir den ersten Hinweis auf die Mathematik im Grundriß von Castel del Monte. Meine Frau, G. Neveling-Werbeck, hat mich literarisch beraten und zudem vor allem oft den Alltag von mir ferngehalten. Schließlich gilt mein Dank vor allem auch Herrn E. Chr. Wittmann: Er formulierte den mathematikdidaktischen Rahmen, der mir eine Theoriediskussion ersparte, und er übernahm die Herausgabe dieses Buches.

Inhalt

*Warum, was, wie soll unterrichtet werden?
Das sind keine neuen Fragen, beileibe
nicht, aber die Antworten verändern sich.
Urs Kirchgraber*

Kapitel 1: Architektonische Formen

In diesem einleitenden Kapitel möchte ich den Begriff der architektonischen Form aus verschiedenen Blickwinkeln beleuchten. Es geht um die klassischen Fragestellungen didaktischen Denkens, wenn ein Gegenstandsbereich daraufhin untersucht werden soll, ob er für unterrichtliches Tun geeignet ist.

Was also ist eine architektonische Form, warum sollte man sie und wie kann man sie unterrichten? Im Sinne einer spiralförmigen Präsentation möchte ich erste Beispiele kurz erwähnen und auf verschiedene Typen architektonischer Formen verweisen. Es ist auf den Begriff der Offenheit im Sinne von R. Fischer und G. Malle einzugehen, das Prinzip des konkreten Zugangs zu formulieren und zu fragen, ob für die Behandlung architektonischer Formen in der heutigen Schullandschaft überhaupt Raum sein sollte.

*The essential thing is to know how the
pieces move and act. It is meaningless to
talk about the "definition" or the "true
nature" of a pawn or a king.
William Feller, An Introduction to Probability Theory and its Applications*

1.1 Zahl und Maß, Ornament und Bogen

Bild 1.1.1 zeigt den Grundriß der Kirche St. Michael in Hildesheim. Diesen Grundriß nun kann man aus unterschiedlichen Blickwinkeln, etwa aus historischem oder kunsthistorischem betrachten; er ist im bautechnischen, z. B. statischen Sinne bemerkenswert, kann durch kirchliche Handlungen determiniert oder rein graphisch im Hinblick auf die verwendete christliche

Kreuzsymbolik analysiert werden; man kann ihn mathematisch-geometrisch unter Symmetrieaspekten untersuchen und schließlich auch seine Proportionen zu er- und begründen versuchen.

Ich habe Bild 1.1.1 dem leider vergriffenen Buch von P. v. Naredi-Rainer, Architektur und Harmonie entnommen; vgl. [v. Naredi-Rainer, S. 71]. Seiner Zielsetzung gemäß stellt der Autor naheliegenderweise den numerischen Aspekt in den Vordergrund seiner Analyse und verweist auf eine Rekonstruktion und Interpretation der Abmessungen, die H. Roggenkamp durchführte; vgl. [Roggenkamp, S. 120-156]. Roggenkamp ging von einem Fußmaß von 32.5cm, dem sogenannten Königsfuß, aus und kam so zu den in das Bild eingetragenen Maßen. Warum treten gerade diese Zahlenwerte auf? Sind sie zufällig, d. h. nach rein formalästhetischen Kriterien gewählt, oder gibt es für ihre Wahl andere, weiterreichende Gründe? Man darf es vermuten. v. Naredi-Rainer geht u. a. dezidiert der Frage nach, warum in der abendländischen Baukunst eine Reihe von Zahlen per se bedeutsam sind, so etwa die Dreieckszahlen und die aus ihnen gebildeten Tetraederzahlen 1, 4, 10, 20, 35, 56, 84, 120, ..., die wir offensichtlich teilweise in der Vermessung von Roggenkamp wiederfinden.

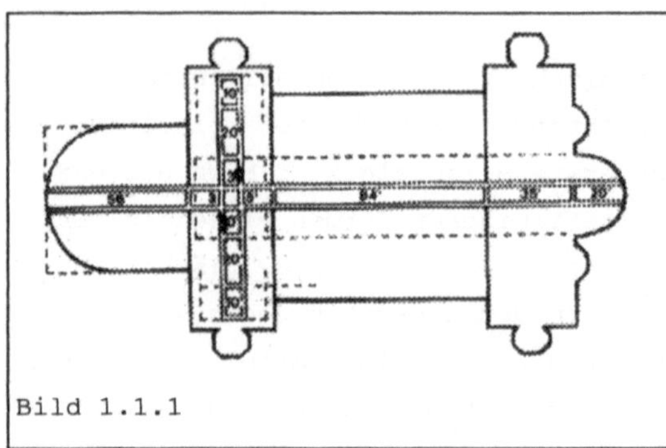

Bild 1.1.1

Es würde an dieser Stelle zu weit führen, wollte man auf die aus der Antike stammenden und vom Christentum modifiziert übernommenen Hintergründe genauer eingehen, die gerade für die Verwendung der Tetraederzahlen sprechen. Im Sinne dieser Arbeit jedoch stellt der Grundriß von St. Michael eine außerordentlich reiche architektonische Form dar, in der der numerische Aspekt aus mathematikdidaktischer Sicht der bemerkenswerteste sein dürfte.

Bild 1.1.2

Bild 1.1.3

Geometrisch-architektonische Formen zeigen die Wuppertaler Hauseingänge der Jahrhundertwende; vgl. Bild 1.1.2 und 1.1.3. Man kann sich fragen, ob der Rundbogen - offensichtlich nicht von Kreisgestalt - die Form einer Ellipse hat und würde feststellen, daß dies vermutlich nicht so ist. Oder man fragt, mit welchen geometrischen Grundfiguren der Spitzbogen in Bild 1.1.3 gebildet wurde. Läßt sich die Vermutung stützen, daß hier zwei Kreisbögen aneinander gesetzt wurden? Das Eingangsportal in Bild 1.1.4 schließlich, in Wiesbaden fotografiert, zeigt, daß Bögen vom Typ des Bildes 1.1.2 durchaus auch in den Raum wachsen und so eine hinreichend komplexe Gestalt haben können.

Schließt man weiter Brückenbögen, alte und moderne Dächer, historische und aktuelle Gebäudearten, Straßenformen und Autobahnkreuze mit in die Betrachtung ein, so entsteht vor unseren Augen eine Vielzahl von architektonischer Formen. Sie bilden einen Gegenstandsbereich, der aus didaktischem Blickwinkel betrachtet, reichhaltigen Anlaß zu mathematischem Tun vor allgemeinbildendem Hintergrund geben dürfte.

Zum Abschluß dieses Abschnitts eine Bemerkung zum Begriff der architektonischen Form: Ich ziehe ihn in dieser Arbeit dem allgemeinen Architekturbegriff als Ausdruck einer gewissen Beschränkung und Eingrenzung auf den Teilbereich vor, der in besonderem Maße augenfällig ist. Im Gegensatz dazu vergegenwärtige man sich die Weite all dessen, was in den Bereich der Architektur und ihrer Geschichte gehört,

Bild 1.1.4

- die Architekturtheorie, die Statik und die Zahlenästhetik,
- Vitruv, Alberti Bramante und Le Corbusier,
- die Kathedrale in Chartres und der Xantener Dom,
- CAD für 3D-Gebäuderekonstruktionen und FOCOME: An Integrated Design Tool for Steel Construction, vgl. [Decelle u. a.];

man sieht, daß davon wegen seiner Komplexität sicher nur Weniges seinen Weg in den Mathematikunterricht finden kann. Indem man aber von diesem Wenigen etwas auswählt, mein Vorschlag lautet: architektonische Formen im Erfahrungsbereich unserer Schüler, und aus mathematischer Sicht vor dem Hintergrund oben angedeuteter kultureller Bezüge im Unterricht behandelt, hat man ein weites Feld beziehungshaltigen Tuns im Sinne Freudenthals erschlossen. Architektonische Formen zu definieren ist also für diese Arbeit nicht wichtig; wichtig ist, ob und wie man sie im Unterricht verwendet.

1.2 Das Prinzip des konkreten Zugangs

In der Mitte der dreißiger Jahre wurden im Jordantal in der Nähe von Jericho die Ruinen eines arabischen Landhauses, genannt Khirbat al Mafjar, entdeckt. Die sich anschließende archäologische Forschung fand ihren Niederschlag in einem Forschungsbericht, vgl. [Hamilton u. a.], dem ich Bild 1.2.1 entnommen habe. Diese Darstellung scheint mir für das Prinzip des konkreten Zugangs, das ich in diesem Abschnitt beschreiben möchte, und damit auch für den Grundgedanken dieser Arbeit symbolhaft zu sein.

Bild 1.2.1

Die Aufgabe der Archäologen bestand u. a. darin, aus den Resten von Fliesenmustern auf die verwendeten Ornamente zu schließen, eine recht anspruchsvolle Tätigkeit, da wegen des islamischen Verbots, Menschen abzubilden, Wand- oder Bodenschmuck in geometrischer Form normalerweise außerordentliche vielfältig und komplex ausgebildet ist. Bild 1.2.1 zeigt nun das Ergebnis einer solchen archäologischen Detektivtätigkeit: Man hat ausgehend vom noch verhandenen Muster, bzw. seinen Resten auf die zugrunde liegende geometrische Konstruktion zurückgeschlossen und versteht so die Idee des Designers. Oder: Man kam von der architektonischen Form zu mathematischem Tun.

So auch sollten wir im Unterricht vorgehen: Wir betrachten mit unseren Schülern z. B. das Foto eines Fensters, eines Ornaments oder eines Brückenbogens, wir besuchen eine Kirche und befassen uns mit dem Deckengewölbe, wir sehen das Luftbild eines Autobahnkreuzes und fragen uns, welche Mathematik ist hier versteckt, wie hat der Architekt gedacht, als er mit seiner Arbeit begann. Der Kerngedanke eines solchen didaktischen Handelns liegt also darin, von konkreten Objekten der Architektur auszugehen, und nicht etwa schon bei der ersten unterrichtlichen Auseinandersetzung etwa mit Fenstern Fantasieprodukte konstruieren zu lassen, wenn das Schulgebäude oder Häuser seiner Nachbarschaft reiche Fensterformen als Anschauungsmaterial anbieten.

In diesem Sinne möchte ich also das Prinzip des konkreten Zugangs verstehen: Man gehe im Unterricht von Fotos und Bauplänen aus, man lasse seine Schüler interessante und ungewöhnliche Formen in ihrer Erfahrungswelt suchen und zeichnen, um sie dann mit ihnen zu analysieren. Wer kunsthistorisch wertvolle Formen untersuchen möchte, besorge geeignete Darstellungen, die den Ausgangspunkt für eine Auseinandersetzung bilden.

Wohin, zu welchen Ergebnissen eine solche Beschäftigung im Unterricht führt, kann an dieser Stelle sicher nicht allgemein beschrieben werden; dazu verweise ich auf die Beispiele in den folgenden Kapiteln 2 bis 5. Ich möchte aber schon hier festhalten, daß der intendierte mathematische Interpretationsprozeß häufig nicht zu eindeutigen, gesicherten Ergebnissen führten dürfte. Weder ist klar, wie man vorgehen muß, noch, ob unser Verständnis der architektonischen Form wirklich angemessen ist. Wir betreiben offene Mathematik im Sinne von R. Fischer und G. Malle; vgl. [Fischer/Malle, S. 261ff.]. Dies - richtig verstanden - ist eine Bereicherung des Unterrichts, der traditionellerweise leider zu oft zu eindeutig, zu konvergent ist.

Die Vorteile eines nach dem Prinzip des konkreten Zugangs konzipierten Unterrichts liegen auf der Hand und müssen an dieser Stelle nicht ausführlich begründet werden: Wendet man es an, so steht am Anfang des Lernprozesses eine Problemsituation, in der Methoden des Verstehens zunächst entwickelt, diskutiert, verworfen oder akzeptiert werden, bis ein Arbeitsplan vorliegt, der das weitere Vorgehen in der Lerngruppe bestimmt. D. h. aber, dem Prinzip des konkreten Zugangs liegt im wesentlichen das Paradigma des forschenden Unterrichts und damit auch das genetische Prinzip zugrunde.

1.3 Von mathematischer Form zur architektonischem Tun

Die durch das Prinzip des konkreten Zugangs vorgegebene didaktische Konzeption legt auch nahe, dann den Kehrweg zu beschreiten: Hat man einmal die mathematische Form einer architektonischen gefunden, so wird man andere mathematische heranziehen, um im Unterricht zu neuen architektonischen Entwürfen zu gelangen. Schüler werden zu Architekten, ihre Fantasie wird nun auf andere Weise gefordert und das Spielerische wird zu einem zentralen Moment ihrer Arbeit. Auch dies kann an dieser Stelle nur angedeutet, noch nicht ausgeführt werden. Ich verweise insbesondere auf den zweiten Teil von Kapitel 2, der mit Abschnitt 2.4 beginnt, in dem der Gedanke wieder aufgegriffen und auf ein ausführlich beschriebenes Beispiel bezogen, konkretisiert und weitergedacht wird.

Nichts kann zerstörerischer für wahre Bildung sein, als wenn man lange Stunden damit zubringt, sich Ideen und Methoden anzueignen, die nirgends hinführen.
A. N. Whitehead, Essays in Science and Philosophy, zitiert nach A. I. Wittenberg, Bildung und Mathematik

1.4 Architektonische Formen trotz überfrachteter Curricula?

Wer für neue Inhalte des Mathematikunterrichts wirbt, setzt sich dem Verdacht der schulischen Praxisferne aus: Curricula, für die Arbeit von Lehrern in weiten Bereichen konstitutiv, waren und sind üblicherweise - man erlaube diese vereinfachende und pauschalierende Behauptung - inhaltlich überfrachtet, wobei die Ursache dieser Überfrachtung auf der Hand liegt: In didaktischer Diskussion fällt es leichter, neue Inhalte für den Unterricht dazuzufordern, als alte zu streichen. Überfrachtungen jedoch in dem Sinne dingfest zu machen, daß ein Konsens entsteht, der zu Streichungen führt, dürfte für die nähere Zukunft schwierig werden und in diesem Jahrtausend kaum zu erreichen sein. Sicher ist jedenfalls, daß die abiturbedingten

Auswüchse im Bereich der sog. Kurvendiskussionen seit langem vielen Lehrern Sorge bereiten.

Ansätze einer Neuorientierung könnten unter anderem in der Behandlung architektonischer Formen liegen. Im Laufe eines Podiumsgespräches auf der MNU-Tagung 1992 in Bielefeld formuliert W. Kroll die folgende These [Danckwerts/Vogel, S. 371]: "Wenn der Analysisunterricht seiner allgemeinbildenden Funktion für einen immer größer werdenden Anteil der heranwachsenden Generation gerecht werden will, müssen die Anwendungen, nicht der kanonische Aufbau der Analysis im Mittelpunkt des Unterrichts stehen." Er führt dies nun weiter aus, indem er aus der Denkschrift der DMV von 1976 zitiert: " Unterricht braucht nicht unexakt zu sein, wenn er Beweislücken läßt, und er ist nicht notwendig unwissenschaftlich, wenn er zeigt, daß Mathematik nützlich und interessant ist". Kroll fährt fort: "Demnach ist es nicht so wichtig, daß Schüler das Schema der Kurvendiskussion zu exerzieren lernen ..., sondern daß sie erfahren und wissen, wie man mit Hilfe von Funktionen Kurven aller Art - Straßen, Eisenbahntrassen, Brücken - beschreiben kann; wie man reale Prozesse mit ihrer Hilfe erfaßt; wie man Flächeninhalte, Rauminhalte - auch von Nichtrotationskörpern - mit ihrer Hilfe berechnet", [Danckwerts/Vogel, S. 371]. Im weiteren Verlauf seiner Ausführung nennt Kroll Kurven in Parameterdarstellung, Kreis, Ellipse, Hyperbel,..., ferner numerische Approximation.

Wer das gesamte Protokoll der Diskussion liest, bemerkt, daß gegen Ende des Gesprächs eine gewisse Ratlosigkeit herrscht: Die Teilnehmer stellen zwar einen sinnvollen Katalog von Forderungen auf, lösen ihn aber nicht ein. Neben den inhaltlichen Schwierigkeiten, dies zu tun, ist das auch aus einem weiteren Grund sehr verzeihlich: Man muß sich über die organisatorisch-formalen Zwänge eines Bildungssystems in einer Massengesellschaft im klaren sein, denkt man an - wenn auch langfristig intendierte - Änderungen, denn: Wie muß man sich eine Abiturprüfung vorstellen, die sich nicht mehr auf ritualisierte Aufgabenstellungen zur Kurvendiskussion - teilweise nicht sinnvoll, aber funktional - stützen kann? Wir sind zur Zeit weit davon entfernt, Antworten parat zu haben.

1.5 Zu den folgenden Kapiteln

Die Auseinandersetzung mit architektonischen Formen unter mathematik-didaktischem Blickwinkel kann im wesentlichen nur so erfolgen, daß Konzepte beschrieben werden, die dem Lehrer als Grundlage zur Entwicklung und Erprobung von Unterrichtsreihen dienen. Das geschieht in den Kapiteln 2 bis 5. Es werden exemplarisch Ideen für verschiedene Jahrgangsstufen vorgestellt und vor Ort, d. h. beispielnah, kommentiert.

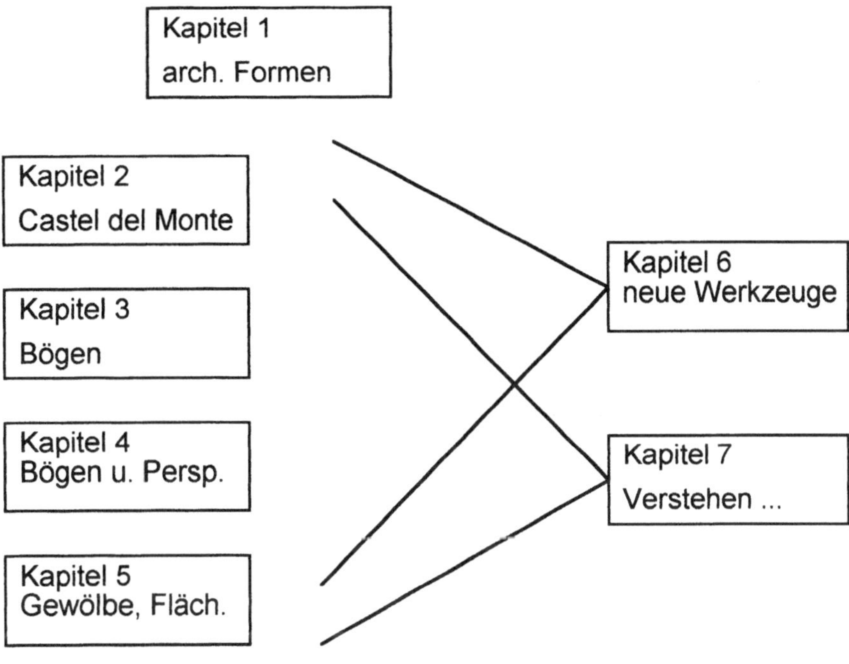

Bild 1.5.1

Dabei spielt Kapitel 2 insofern eine Sonderrolle, als in ihm einerseits Castel del Monte fast ausschließlich mit klassisch-geometrischen Methoden präsentiert wird und andererseits an ihm wichtige didaktische Aspekte - etwa der des Nachkonstruierens - exemplarisch im Hinblick auf Konzepte der weiteren Kapitel beschrieben werden.

Einzelkonzepte jedoch zu kommentieren, birgt in sich die Gefahr, daß übergeordnete Gesichtspunkte, die für Lehrer und

Schüler zweifellos hilfreich sind, in den Hintergrund treten. Ich meine insbesondere zwei: den der Verwendung von moderner Software im Unterricht der Zukunft und den des Verstehens im eher allgemeinbildenden Sinne.

Wenn man davon ausgeht, daß moderne Technologien in Zukunft in immer stärkerem Maße im Unterricht eingesetzt werden, so muß man sich fragen, wie dies geschehen kann. Die derzeitige Diskussion befindet sich in den Anfängen und kann sich sicher nur vorsichtig tastend vorwärtsbewegen. In Kapitel 6 soll dieser Frage - eingegrenzt auf unser Thema und mit gebotener Vorsicht - nachgegangen werden. Ich möchte an Beispielen den Begriff des geometrischen Programmierens und den des Parallelrechnens näher beschreiben.

In Kapitel 7 soll dann - wieder mit Blick auf die diskutierten Beispiele - untersucht werden, ob Mathematikunterricht in allgemeinbildendem, kulturellen und ästhetischen Sinne helfen kann, architektonische Formen besser zu verstehen.

1.6 Interesse an architektonischen Formen

L. Bauer stellt in seiner Untersuchung, vgl. [Bauer 1989, S. 142ff.], die Kategorie Interesse als zentrales Moment für Mathematikunterricht heraus: "In erster Linie geht es um die persönliche Beziehung der Schüler zur Mathematik, um positive mathematikbezogene Haltungen und Bewertungen. Erforderlich ist, daß die Schüler den Umgang mit Mathematik als für das eigene Wahrnehmen, Denken und Handeln sinn- und bedeutungsvoll einschätzen." Und: "Es scheint, daß im Begriff "Interesse" am besten eingefangen ist, wie man sich die Beziehung von Schülern zum Fach Mathematik aus pädagogisch-didaktischer Sicht idealtypisch vorstellt bzw. wünscht. Interesse an der Mathematik wäre demnach ein fundamentales Ziel für den schulischen Mathematikunterricht", [Bauer 1989, S. 142]. Bauer schreibt weiter: "Interesse konstituiert sich in der aktiven Auseinandersetzung des Menschen mit einem Gegenstand seiner Erfahrung, in einem aktuellen Handlungsvollzug, der sich auf einen Gegenstand richtet", [Bauer 1989, S. 144]. "Interesse existiert nicht ohne emotional-affektive Anziehungskraft. Der Umgang mit einem Interessengegenstand läßt das Subjekt nicht "kalt", [Bauer 1989, S. 145].

Ob architektonische Formen, präsentiert nach dem Prinzip des konkreten Zugangs, geeignet sind, Pfade so in die Welt der Mathematik zu legen, daß Interesse am Gegenstand im obigen Sinne entsteht, daß zudem aus spielerischer Haltung die Betrachtungen über die untersuchten architektonischen Objekte hinauswachsen, müßte experimentell untersucht werden. Das zu tun, geht aber über den Rahmen des Konzeptionellen und damit auch über den dieser Arbeit weit hinaus und wäre an anderer Stelle zu leisten. Ohne einer solchen Untersuchung allerdings vorzugreifen, möchte ich im folgenden konkreter als in diesem expositorischen Kapitel Konzepte für Unterricht aus architektonischen Formen entwickeln. Dies im Optimismus, daß sie sich motivationsfördernd und im Bauerschen Sinne als interessant erweisen.

Wie angenehm aber das Interesse an der Baukunst und die Beschäftigung damit ist, zeigt sich sowohl in anderem als auch darin, daß man niemanden finden dürfte, der nicht, sobald er nur die Fähigkeit besitzt, mit Leib und Seele danach strebt, etwas zu erbauen. Und wenn er etwas zur Baukunst ersonnen hat, so kann er es mit dem besten Willen nicht ertragen und muß es, wie durch natürlichen Antrieb, für die allgemeine Benützung preisgeben.
Leon Battista Alberti, Zehn Bücher über die Baukunst

Kapitel 2: Castel del Monte

In diesem Kapitel möchte ich einen ersten umfassenderen Gegenstand aus der Geschichte der Architektur - das Castel del Monte in Apulien und insbesondere seinen Grundriß - aus didaktischem Blickwinkel beschreiben.

Dabei gehe ich in zwei Schritten vor: Im ersten erläutere ich die Konstruktion des Grundrisses aus historischer-geometrischer und didaktischer Sicht, im zweiten wird auf dieser Basis in einer ersten Näherung versucht, am Beispiel wesentliche Merkmale der Behandlung von architektonischen Formen im Mathematikunterricht zu beschreiben, um so diesbezügliche Charakteristika herauszuarbeiten, die dann an noch zu entwickelnden Unterrichtsreihen weiter verfolgt werden sollen.

2.1 Castel del Monte: architektonisch-geometrische Sicht

Es würde an dieser Stelle zu weit führen, auf die Faszination einzugehen, die Castel del Monte, die Stauferburg Friedrichs II. in Apulien, auf den Betrachter ausübt. Dennoch seien wenige Zeilen zitiert. H. Götze schreibt in seinem umfassenden Buch [Götze, S. 55], das ich im folgenden als Basis für meine

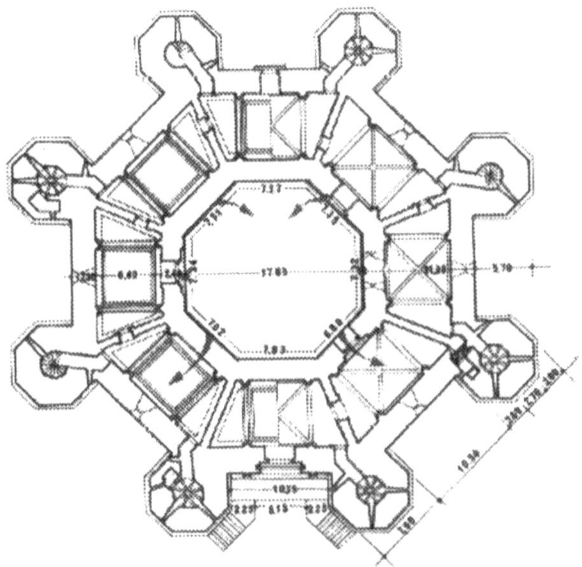

Bild 2.1.1

Darstellung benutze: "Das Kastell leuchtet dem sich Nähernden wie eine märchenhafte Erscheinung aus der Ferne entgegen und enthüllt beim Näherkommen immer eindrucksvollere Formen - besonders wenn die Sonne Apuliens Licht und Schatten der Plastik dieses Bauwerks trennt und ihre scharfen Umrisse zu erkennen gibt." E. Peterich, der große Italienreisende, [Peterich, S. 262], schreibt: "Läßt sich absolutere Architektur denken? Damit gehört Castel del Monte zu den absoluten Bauten wie es die ägyptischen Pyramiden sind. Man mag auch an das Atreusgrab von Mykenae denken. Reine Geometrie."

Worin besteht diese reine Geometrie, von der Peterich spricht? Man erhält den Grundriß von Castel del Monte, wenn man von einem regelmäßigen Achteck oder von einem Achtstern ausgeht, dem an den acht Ecken, bzw. an den Spitzen des Sterns, jeweils ein achteckiger Turm angesetzt ist. Der Innenhof des Gebäudes bildet wiederum ein Achteck, dessen Kanten zu denen des äußeren parallel liegen. Mißt man den Abstand des Mittelpunktes der Diagonalen zu den Seiten des inneren Achtecks und verdoppelt ihn, so erhält man die Entfernung zu den Seiten des äußeren Achtecks.

Götze rekonstruiert in seinem Buch [Götze, S. 90ff.], mit welcher Technik der Grundriß vermutlich 1240 auf der Baustelle in Orginalmaßen aufgezeichnet wurde. Da diese Vorgehensweise für die nachfolgenden didaktischen Überlegungen wichtig ist, beschreibe ich sie hier.

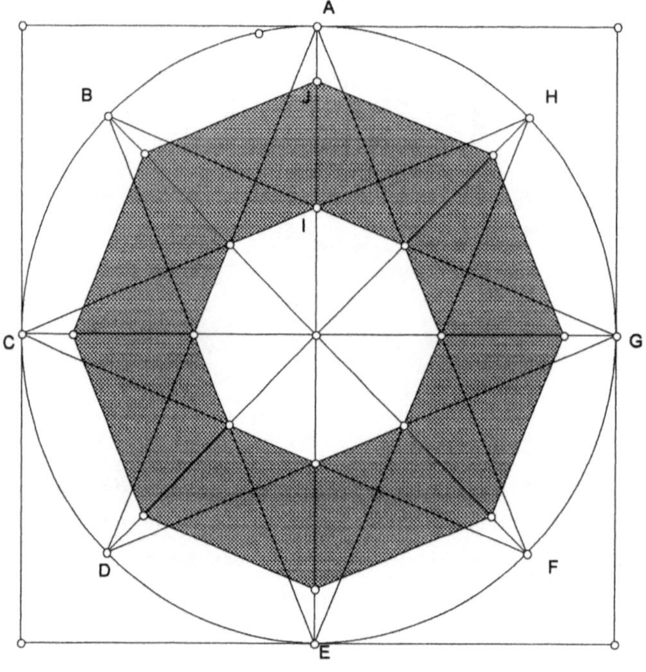

Bild 2.1.2

Stufe 1:
Man versieht ein Seil mit zwölf Knoten in gleichem, für die Maße des Gebäudes erforderlichen Abstand und verknüpft dann so, daß man mit Hilfe von drei Pflöcken ein rechtwinkliges Dreieck im Sinne des Satzes von Pythagoras auslegen kann. Diese Methode war höchstwahrscheinlich bekannt und wurde auch beim Bau der gotischen Kathedralen verwendet. Eine feierliche Handlung war dabei insbesondere die Festlegung der Hauptrichtung des Gebäu-

des; vgl. [Götze, S.93]. Indem man nun |OA| auf |OB| von O aus in Richtung B abträgt und zu einem Quadrat ergänzt, erhält man eines der vier Quadrate, die zusammengesetzt das große Quadrat bilden, in dem der Achtstern dann konstruiert wird.

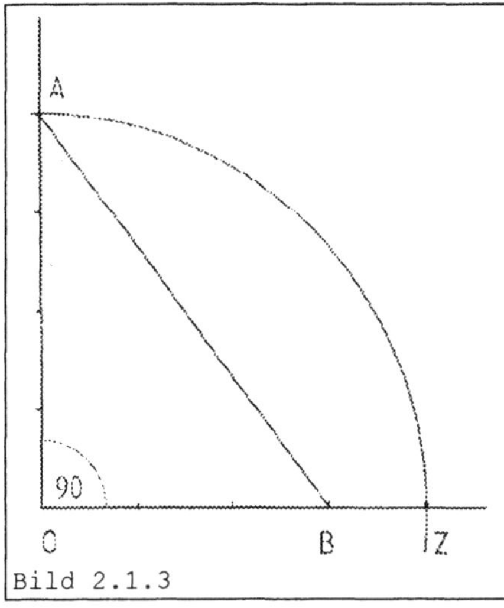

Bild 2.1.3

Stufe 2:

In dem entstandenen großen Quadrat wird der Inkreis durch die Punkte A, ..., H und die acht Diagonalen eingezeichnet. Den Achtstern erhält man nun, indem man jeden Schnittpunkt der acht Symmetrieachsen in Bild 2.1.2 mit dem Kreis mit seinem überübernächsten Nachbarn verbindet. Im Innern des Sterns entsteht das Achteck, das den Hof des Kastells bildet. Die vorläufige äußere Begrenzung ergibt sich durch eine zentrische Streckung des Achtecks mit dem Schnittpunkt der Diagonalen als Zentrum und dem Streckfaktor zwei.

Stufe 3:

Um die Eckpunkte A bis H zeichnet man Kreise mit |AJ| als Radius. Die Konstruktion der Ecktürme findet man ausgehend von diesen Kreisen in der Detailzeichung. Die äußeren Wände setzen schließlich in den Punkten K an.

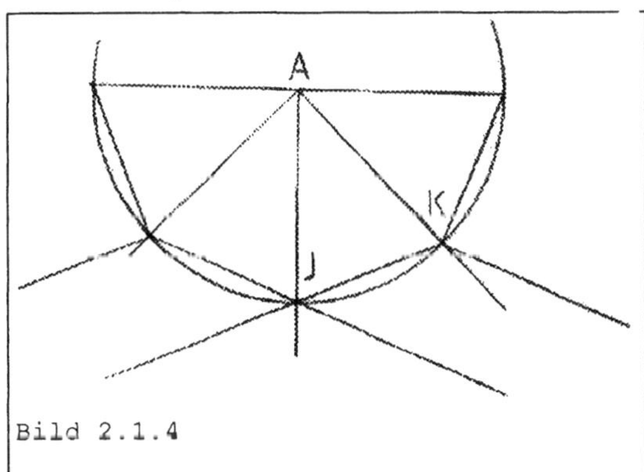

Bild 2.1.4

Auf diese Weise wird die Idee deutlich, die der Konstruktion des Grundrisses von Castel del Monte zugrunde liegt.

2.2 Castel del Monte im Unterricht - der Grundgedanke

Wie läßt sich ein Thema aus der Geschichte der Architektur in verschiedenen Jahrgangstufen gestalten? Vielfach geschieht in Unterricht, der anwendungsorientiert genannt wird, das, was man besser einen Unterricht mit Anwendungsanlaß nennen sollte. Zu Beginn wird dabei ein außermathematischer Gegenstand, eine Situation präsentiert, die Anlaß zu einer mathematischen Frage gibt. Nach kurzer Zeit spielt der Stundenbeginn schon keine Rolle mehr. Schüler durchschauen das - sie klammern den Anlaß oft sofort wieder aus. Im Gegensatz dazu strebe ich hier eine unterrichtliche Auseinandersetzung mit der architektonischen Form, mit dem Gebäude, der Brücke an, die über die anfängliche Betrachtung hinaus ein wiederholtes, häufiges Zurückkehren zum Gegenstand auf höherer Ebene einerseits und in verschiedenen Jahrgangstufen andererseits intendiert.

Zu Beginn einer Reihe über Castel del Monte wird die Burg mit Hilfe von Fotos, je nach unterrichtlicher Absicht auch mit Grundriß präsentiert, um eine möglichst detaillierte Beschreibung als Indiz für sorgfältige Beobachtung durch die Lerngruppe zu erreichen. Ein Hilfsmittel des Lehrers könnte darin bestehen, seine Schülerinnen und Schüler zum Skizzieren des Grundrisses und der Eingangsfront anzuregen. Das bereitet die dann erfolgende altersgemäß zu konzipierende Rekonstruktion des Grundrisses vor.

In der weitergehenden Auseinandersetzung erfolgen Berechnungen oder anderweitige Aufgabenstellungen, die sich mit dem Grundriß oder mit dem ganzen Gebäude befassen. Die letzte Etappe der Unterrichtsreihe könnte man dann mit dem Schlagwort "Schüler als Architekten" umreißen: In Anlehnung an das gerade betrachtete Objekt wird überlegt, ob man den Grundriß oder die Vorderfront auch anders hätte konstruieren können, um dennoch im wesentlichen den gleichen Zweck oder den gleichen Eindruck zu erzielen. Architektur erscheint Schülern so als das, was sie - neben anderem - ist oder sein sollte: Kunst mit Zwangsbedingungen.

2.3 Das Thema in verschiedenen Jahrgangstufen

Im folgenden beschäftige ich mich also mit der Skizzierung von möglichen Units zum Thema Castel del Monte in der Sekundarstufe I; dabei gehe ich von der Idee aus, sich dem Thema spiralförmig in verschiedenen Jahrgangsstufen zu näheren.

In der Klasse fünf oder sechs wird man die Kinder zunächst bitten, das Kastell an Hand von Fotos und einem Grundriß sorgfältig zu beschreiben. So arbeiten sie die konstituierenden Elemente des Gebäudes heraus. Nach dieser Vorbereitung sollte jeder Schüler ein Achteck, eventuell einige in verschiedenen vorgegebenen Größen, mit Geodreieck, Zirkel und Lineal konstruieren. Daß diese Aufgabe für eine Klasse fünf oder sechs nicht trivial ist, weiß jeder Lehrer. Aus dem Achteck wird der Grundriß: Man faßt das Achteck als Begrenzungsmauer des Innenhofes auf und zeichnet das äußere Achteck, das allerdings noch nicht die äußere Begrenzungsmauer bildet. Ausgehend von der Vermessung des Grundrisses sollten die Schüler dabei die wesentlichen Größenbeziehungen, die zwischen dem inneren und äußeren Achteck bestehen, vgl. Abschnitt 2.1., in ihrer Konstruktion erfassen. Schließlich werden nach weiterer Vermessung des Grundrisses die acht Türme vereinfacht als Kreise angesetzt und die äußeren Begrenzungsmauern hinzugefügt. Sinnvoll erscheint auch, in Gruppen ein vereinfachtes, türmeloses Modell von Castel del Monte aus festerem Papier basteln zu lassen, einen passend geknickten Rechteckstreifen für die Quasi-Außenmauer, einen für die Innenmauer, einen Achteckring für die Grundfläche.

Was erreicht man so? Es wird eine umfangreiche, bedeutungstragende Konstruktionsaufgabe mit Elementen des Ausmessens, des Übertragens und des handwerklichen Umgangs mit Zeichengeräten durchgeführt, dem sich zudem ein Modellbau auf natürliche Weise anschließt. An der gezeichneten Figur bieten sich dann einige Übungen zur Winkelmessung an; Winkelmessung ist für jede fünfte Klasse ein Problem. Wesentlich erscheint ferner, als Abschluß der Unterrichtsreihe den historischen Bezug altersgemäß herzustellen: Man sollte die Schüler bitten, sich über Friedrich II.

an Hand des Geschichtslehrbuchs oder eines Lexikons zu informieren.

Steht im Unterricht der Satz des Pythagoras zur Verfügung, etwa in der Klasse acht oder neun, vielleicht auch eher, so läßt sich die in Abschnitt 2.1 beschriebene Konstruktion mit dem Zwölf-Knoten-Seil konkret durchführen. Im Sinne eines vertieften historisch-technischen Verständnisses erfahren Schülerinnen und Schüler, welche Probleme auftreten, wenn man den Grundriß wie bei Baubeginn in großen Abmessungen mit Kreide auf dem Schulhof aufzeichnet. Der Durchführung geht die mutmaßliche historische Konstruktion auf Papier voraus, vgl. Abschnitt 2.1. Dann knotet man in ein Seil zwölf Knoten mit gleichem Abstand von z.B. einem Meter, benutzt weitere Seile und Latten, um Zirkel, Lineal und Geodreieck als jetzt ungeeignete Werkzeuge zu ersetzen, und läßt den Grundriß in Abmessungen durchführen, die denen des Orginalbaus schon wesentlich näher kommen. Wieder schließen sich weitere Berechnungen an, Grundflächen, Flächen von Seitenmauern, etc.

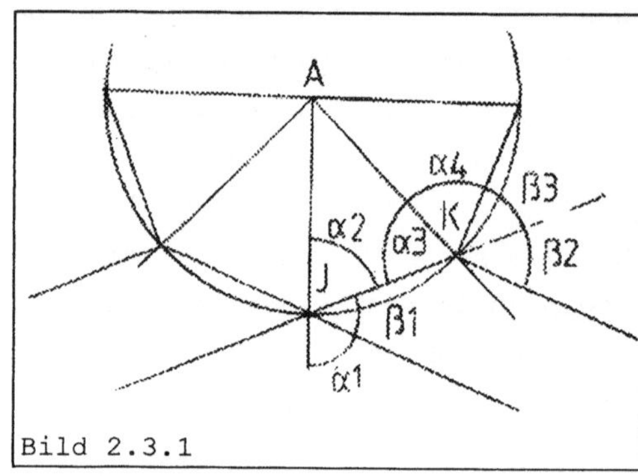

Bild 2.3.1

Dazu ein Beispiel: Welchen Winkel bilden die Außenmauern jeweils mit den Turmmauern, vgl. Bild 2.3.1, die an ihnen ansetzen? Auf Grund der Konstruktion des regelmäßigen Achtecks haben die Winkel $\alpha 1,\ldots,\alpha 4$ jeweils das Maß 67.5°. Die Winkel β1, β2 und β3 haben nach dem Innenwinkelsatz für Dreiecke und wegen der Parallelität der Mauern so das Maß 45°.

Wie muß man sich die Tätigkeit des Architekten in der Zeit der Kathedralen vorstellen? Diese Frage gehört hier zweifellos in den Kontext,wenn sich Mathematikunterricht allgemeinbildend versteht. Ich zitiere einige charakteristische Sätze aus dem Buch von W. Schäffke [Schäffke, S. 49], der gesamte Text bietet sich als Referat für die Klasse an: "Der Architekt ... war ein

Laie. Fast nur die Zisterzienzer schicken noch baukundige Ordensmitglieder von Bauplatz zu Bauplatz und entwickeln dabei ihre eigene, wirksame Formensprache. Der Architekt hat seinen Beruf am Bau gelernt. Mit kleinen Hilfsarbeiten beginnend, hat er dann Steine maßgerecht gehauen. ... Der Plan muß in die Wirklichkeit übertragen werden. Dafür gibt es nicht, wie heute, eine Angabe des Maßstabs. Keiner der mittelalterlichen Pläne wäre dafür auch genau genug. ... Der jeweilige Plan, sei es ein Grundriß, ein Fassadenriß oder nur ein Teilplan, dient dem Architekten nur dazu, sich an den Konstruktionsweg zu erinnern, den er während des Bauens Schritt für Schritt in natürlicher Größe wiederholt..."

Im Geometrieunterricht der Klasse neun mit dem Thema Ähnlichkeit oder im Trigonometrieunterricht der Klasse 10 stellt sich schließlich die reizvolle Frage: Welche Beziehung besteht zwischen der Kantenlänge des Quadrats in Bild 2.1.3 , mit dem die Konstruktion beginnt, und der Länge der Achteckseiten im Innenhof des Kastells, d.h. mit welcher Kantenlänge bei der Zwölf-Knoten-Konstruktion muß man beginnen, um eine vorgegebene Innenhofkantenlänge zu erhalten? Ich skizziere zunächst einen Weg unter Verwendung des Kosinussatzes und gehe dann noch kurz auf den etwas artifiziellen Weg ein, der mit ähnlichen Dreiecken arbeitet.

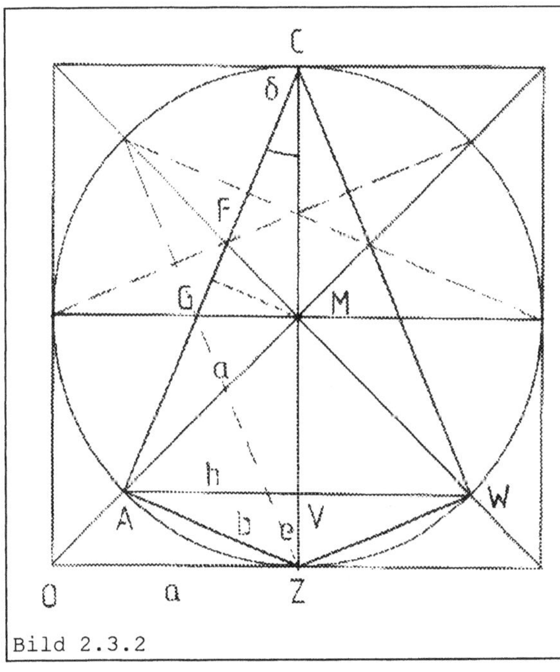

Bild 2.3.2

In Bild 2.3.2 wendet man auf das Dreieck AZM den Kosinussatz an und erhält

$$b = \sqrt{2a^2 - 2a^2 \cos 45^\circ}, \text{ bzw.}$$
$$b = a\sqrt{2 - \sqrt{2}}.$$

Im Dreieck AZC folgt dann

$$|AC| = \sqrt{(2a)^2 - a^2(2 - \sqrt{2})} = a\sqrt{2 + \sqrt{2}}.$$

Im Dreieck CGM erhält man

$$|GM| = a \tan \delta \ mit \ \delta = 22.5^\circ.$$

Mit dem Kosinussatz, bezogen auf das Dreieck GMF, errechnen wir nun die Kantenlänge des inneren Achtecks und erhalten:

$$|GF| = \sqrt{2|GM|^2 - 2|GM| \cos 45^\circ}, \text{ also}$$
$$|GF| = |GM|\sqrt{2 - \sqrt{2}}.$$

Wir erhalten so

$$|GF| = a \tan \delta \sqrt{2 - \sqrt{2}}.$$

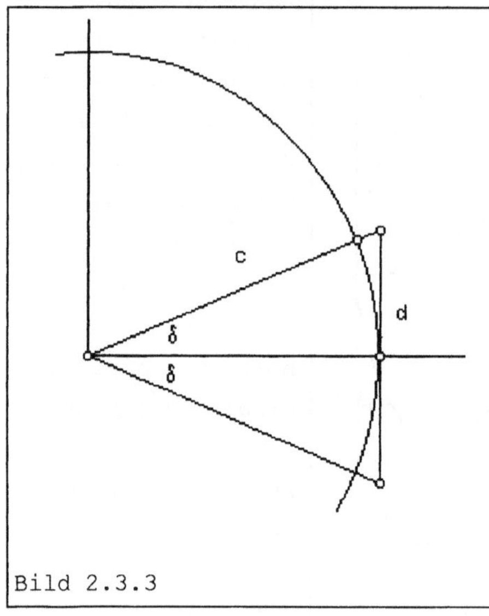

Bild 2.3.3

Damit ist der gewünschte Bezug zwischen den beiden Kantenlängen hergestellt. In der Rechnung fällt auf, daß $\sqrt{2}$ offensichtlich charakteristisch für das Ergebnis ist. Läßt sich der Tangensterm auch noch mit $\sqrt{2}$ formulieren? In Bild 2.3.3 wenden wir den Kosinussatz und den Satz des Pythagoras an und erhalten ein Gleichungssystem zur Berechnung von $\frac{d}{2} := \tan \delta$.

Die kanonische Lösung führt zu tan $\delta = \sqrt{2} - 1$. Wir erhalten so

$$|GF| = a(\sqrt{2} - 1)\sqrt{2 - \sqrt{2}},$$

also in der Tat eine Darstellung, die im wesentlichen mit $\sqrt{2}$ geschrieben werden kann.

Eine weitere Lösung verwendet ähnliche Dreiecke: Man beachte, daß in Bild 2.3.2 das Viereck AZWM bei M einen rechten Winkel hat. Mit dem Satz des Pythgoras berechne man in Dreieck AVM die Länge h und erhält e=a-h. In dem Dreieck AZV berechnet man dann die Länge b und erhält wie oben $b=a\sqrt{2-\sqrt{2}}$. Da die Dreiecke AZV und GMC ähnlich sind, läßt sich bei der Berechnung von |GM| die Verwendung von tan δ umgehen. Ebenso schließt man, wenn man im Dreieck GFM die Länge |GF| berechnet: Durch Einzeichnen der Höhe erhält man wiederum zwei zu AZV ähnliche Dreiecke, so daß man auch so die Kantenlänge des inneren Achtecks erhält.

You will also soon discover the vanity of saying of a work of art that it is greater than another work of art. You will realize that the humblest work may possess eternal greatness if it possesses sincerity.
Paul J. Grillo,
Form, Function and Design

Eine gegebene Strecke so zu teilen, daß das Rechteck aus der ganzen Strecke und dem einen Abschnitt dem Quadrat über dem anderen Abschnitt gleich ist.
Euklid, Buch II, § 11

2.4 Castel del Monte mit anderen Grundrissen?

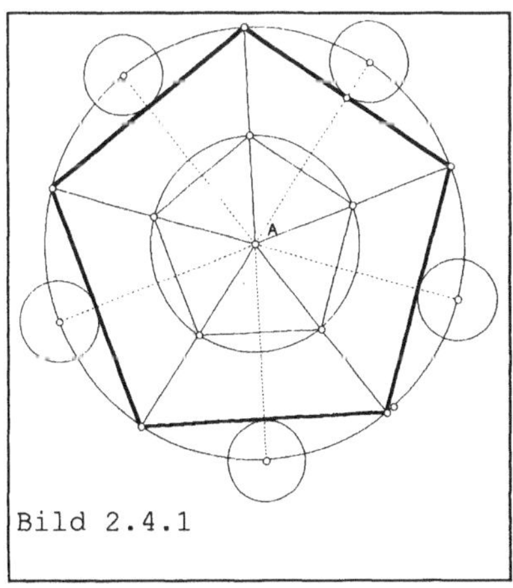

Bild 2.4.1

Die letzte Phase einer Unterrichtsreihe über das Castel del Monte sollte sich mit dem Grundriß des Kastells in spielerischer Weise auseinadersetzen. Man fordert seine Schüler auf, das Kastell mit einem anderen regelmäßigen Grundriß zu konstruieren: Ist die Burg z. B. auf der Basis eines Fünf- oder Sechsecks denkbar? Dabei wird man diesen Reihenabschnitt mit einer bewußt unpräzisen Aufgabenstellung beginnen, um die möglichen Designansätze seiner Schüler zunächst nicht zu beeinflussen. Bild 2.4.1 zeigt eine Skizze, die durch lockere Analogiebildung entstanden ist. Eine dezidiertere Adaption wird sich von der zuvor durchgeführten Achtsternzeichnung leiten lassen und ausgehend etwa von einem regelmäßigen Fünf- oder Sechseck zuerst die entsprechende Sternkonstruktion durchführen. Ich gehe kurz auf die eher einfache Situation des Sechsecks ein, um dann den Fünfeckgrundriß genauer zu untersuchen.

Man beginnt wie beim Achteck mit einem Quadrat und seinem Innenberührkreis. Mit ihm wird auf übliche Weise ein regelmäßiges Sechseck konstruiert, in das man alle Diagonalen einträgt. Es entsteht so ein Stern und ein inneres Sechseck analog zum Grundriß von Castel del Monte. Dieses Sechseck geht aber bei einer zentrischen Streckung um den Schnittpunkt der Quadratdiagonalen mit dem Streckfaktor 2 in das äußere Ursprungssechseck über, d. h. es ergibt sich keine Streckenlänge, die als Radius für die Außentürme dienen könnte. Die Adaption im strengeren Sinne mißlingt also. Man erkennt aber, wie sie zu retten ist: Auf das innere Sechseck wendet man zentrische Streckungen, etwa mit den Faktoren 0.5 und 1.5 an. Nun lassen sich auch die Türme einzeichnen. Überlegungen zu Kantenlängen stellen einfache und sinnvolle Übungen bezüglich zentrischer Streckungen dar, eine reizvolle Aufgabe zur Ergänzung der Betrachtung zum Achteck.

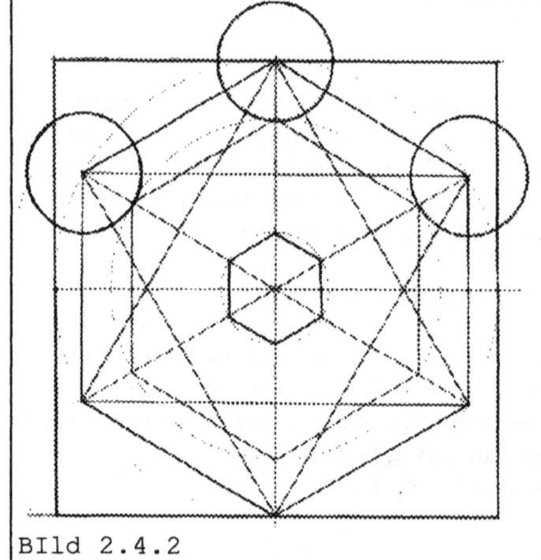
BIld 2.4.2

Um nun die gleiche Konstruktion für ein regelmäßiges Fünfeck durchzuführen, geht man vom Quadratinnenkreis aus und zeichnet zunächst mit Hilfe des Winkelmessers die Figur und ihre Diagonalen. Es entsteht das Pentagramm mit seinem kleineren Fünfeck im Inneren. Mit dem Streckfaktor 2 läßt sich die Analogkonstruktion weiterführen: Man erhält das Castel del Monte mit Fünfeckgrundriß, aber Türmen, die auf der Mitte der Quasiaußenmauern ansetzen, wenn ihre Grundrißmittelpunkte weiterhin in den Sternspitzen liegen sollen. Nachdem man die Außentürme gezeichnet hat, natürlich auch wieder mit Fünfeckgrundriß, verbindet man ihre Innenecken miteinander und erhält so die Außenbegrenzungen, die denen von Castel del Monte entsprechen. Vergleichen wir die ästhetische Wirkung der Orginalkonstruktion mit unserem Neuentwurf: Die Fünfeckkonstruktion wirkt wesentlich plumper; Friedrich II. wußte, was er wollte.

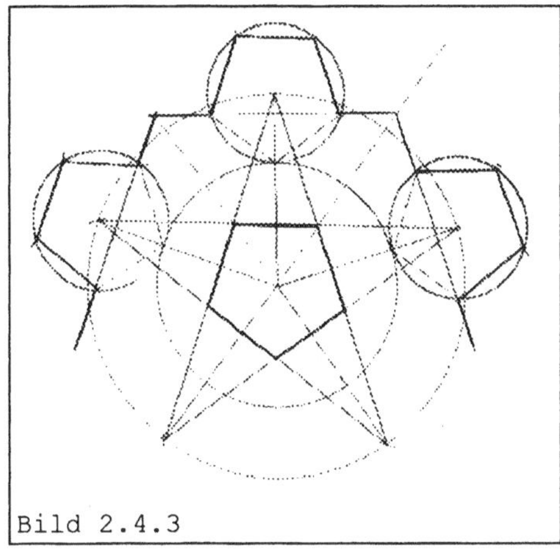

Bild 2.4.3

Bei der unterrichtlichen Realisierung sollte im Schema von Abschnitt 2.3 gedacht werden. In den Klassen fünf und sechs wird man demnach im Anschluß an den Achteckgrundriß den Sechseck- und den Fünfeckgrundriß als wertvolle Übung mit den noch nicht vertrauten Zeichenwerkzeugen anfertigen und insbesondere auf das richtige Abtragen der Winkel achten.

In den Klassen neun und zehn stellt sich dann auf natürliche Weise die Frage nach der Konstruktion des regelmäßigen Fünfecks mit Zirkel und Lineal, zweifellos eine der schönsten Aufgaben der Sekundarstufe I. Ich verweise an dieser Stelle nur kurz auf den weiten Problemkreis, der hier angesprochen ist, und nenne den goldenen Schnitt und die Fibonacci-Folge als die zentralen Stichworte einer Unterrichtsreihe, die hier anschließen könnte. Bezüglich der sehr umfangreichen Literatur sei inbesondere auf das architekturhistorische Buch von P. v. Naredi-Rainer [Naredi-Rainer, S. 193 ff.], auf mathematikhistorische Werke wie [Gericke, S. 197 ff.] und [Pedoe, Kap. 2] oder auf mathematikdidaktische Texte wie [Wittmann 1987, S. 158 ff.] und [Beutelspacher/Petri, S. 31 ff. und S. 136 ff.] verwiesen.

Zwei reizvolle Detailprobleme sollen das Unterrichtsthema Castel des Monte beenden: die kritische Untersuchung einer Näherungskonstruktion für das Fünfeck, die sogenannte Roriczer-Konstruktion, und die Kantenlängenberechnung des Fünfeckinnenhofs analog zu der Rechnung in Abschnitt 2.3 .

Will man auch hier mit seiner Lerngruppe einen Grundriß in großen Abmessungen auf den Schulhof zeichnen, vgl. Abschnitt 2.3, so sollte man zuvor diese Näherungskonstruktion, mindestens bekannt seit Matthias Roriczer, Baumeister in Nürnberg, Eßlingen, Eichstätt und Regensburg - er starb 1492/95 - im Unterricht thematisiert haben. Sie ist praktikabler als präzise Zirkel-und-Lineal-Konstruktionen, in ihrer Fehlerhaftigkeit ist sie aber wiederum so genau, daß sie zeichnerisch kaum falsifiziert werden kann. Ihr unterrichtlicher Wert liegt so über die Durchführung hinaus in der Diskussion der Frage, ob überhaupt ein Fehler vorliegt. Wir haben also ein Objekt echter mathematischer Forschung für eine Klasse zehn vor uns, das mit Geduld unterrichtet werden will.

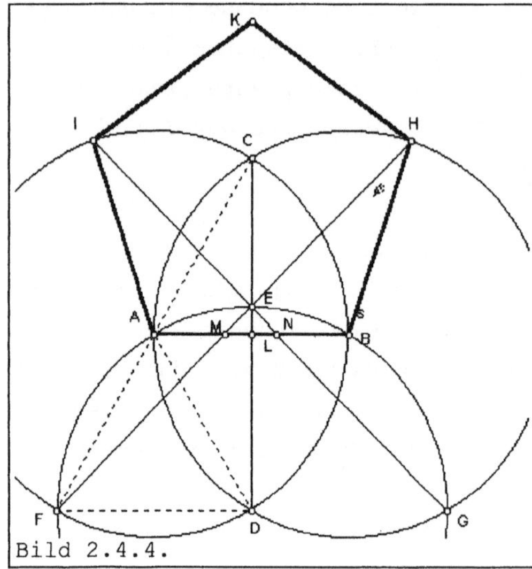

Bild 2.4.4.

Zur Durchführung: Um ein Fünfeck mit der Kantenlänge $r:=|AB|$ zu zeichnen, beginnt man mit zwei Kreisen K(A;r) und K(B;r), die sich in C und D schneiden. Um D zeichnet man den Kreis K(D;r); er schneidet die beiden anderen Kreise in den Punkten F und G und die Verbindungsstrecke der Punkte C und D in E. Die Gerade durch E und G schneidet den Kreis K(A;r) in I, analog die Gerade durch E und F den Kreis K(B;r) in H. Man zeichne K(H;r) und K(I;r); ihr Schnittpunkt K ist der noch fehlende Eckpunkt des gesuchten Fünfecks ABHKI. Man erkennt den handfesten Vorteil der Konstruktion auf der Baustelle: Alle Kreise haben den gleichen Radius.

Nun zur Frage der Genauigkeit. Auch sie wurde natürlich schon früh gestellt. In seiner Geometria practica, Rom 1604, rechnet Christoph Clavius den entstehenden Fehler, der ja nur in den Winkelmaßen liegen kann, nach, vgl. [Gericke, S.184]. Es gilt

$$|CD| = 2\sqrt{r^2 - (\frac{r}{2})^2} = r\sqrt{3},$$
$$|CE| = r\sqrt{3} - r = r(\sqrt{3} - 1), \textit{ also}$$
$$|EL| = |CL| - |CE| = \ldots = r(1 - \frac{1}{2}\sqrt{3})$$

Wir setzen α:=w(LCA) und erhalten $\alpha = 30^0$, da $sin(\alpha) = \frac{1}{2}$ gilt. Da ferner FDA gleichseitig ist, gilt w(FDE)=90^0, so daß mit FDE auch MLE gleichschenklig ist. Dann folgt

$$|MB| = \frac{r}{2} + |ML| = \frac{r}{2} + |EL|, \textit{ und so}$$
$$|MB| = \frac{r}{2}(3 - \sqrt{3})$$

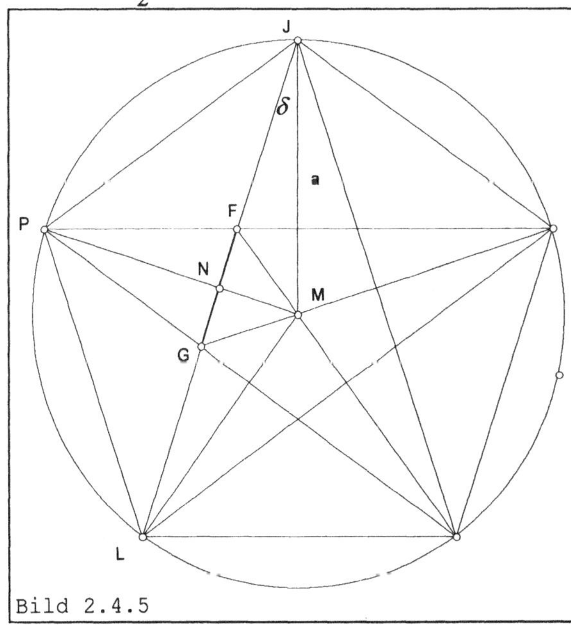

Bild 2.4.5

Wir erhalten φ:=w(MHB) mit dem Sinussatz

$$\frac{sin\,\varphi}{|MB|} = \frac{sin\,45^\circ}{r},$$
$$\varphi = arcsin(\frac{1}{4}\sqrt{2}(3 - \sqrt{3})) \approx 26.63^\circ,$$
$$\alpha = \ldots = 108.37^\circ.$$

Man sieht, eine unterrichtenswerte Anwendung des Sinussatzes für eine Klasse zehn.

Nun zur Kantenlänge: Wie berechnet man die Kantenlänge des inneren Fünfecks, wenn man von der Länge a, der halben Kantenlänge des Ausgangsquadrats, ausgeht? Im Dreieck NMJ gilt

$|NM| = a\sin(\delta)$ *mit* $\delta = 18°$.

Dann folgt wegen $|PN| = |PM| - |NM|$

$$|PN| = a(1 - \sin(\delta))$$

und damit

$$|FN| = a(1 - \sin(\delta))\tan(\delta) \text{ bzw.}$$

(1) $|GF| = 2a(1 - \sin(\delta))\tan(\delta)$

für die gesuchte Kantenlänge.

Damit haben wir im wesentlichen das Ziel erreicht, aber auf unschöne Weise. Mit etwas Rechenaufwand läßt sich eine Darstellung finden, die einen Vergleich mit der 8-Eck-Kantenlänge erlaubt. In dem nebenstehenden Dreieck sei |MA|=1 und der Mittelpunktswinkel habe das Maß $2\delta = 36^0$. Dann gilt bekanntlich:

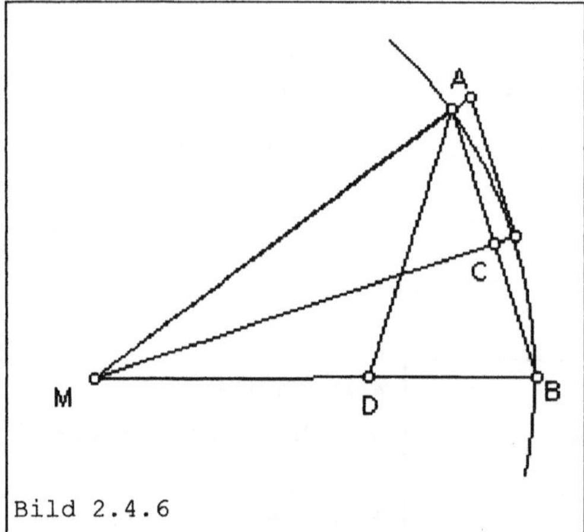

Bild 2.4.6

$$|AD| = |AB| =: x$$

und weiter

$$\frac{1}{x} = \frac{x}{1-x} \text{ bzw. } x = \frac{1}{2}\left(\sqrt{5} - 1\right).$$

Wegen $\frac{x}{2} = \sin(\delta)$ folgt so $\sin(\delta) = \frac{1}{4}(\sqrt{5} - 1)$.

Aus $\sin(\delta)$ gewinnen wir ferner eine entsprechende Darstellung für $\tan(\delta)$. Wir setzen nun in (1) ein und errechnen etwa mit Derive

$$|GF| = \frac{1}{2}a(\sqrt{5} - 1)\sqrt{5 - 2\sqrt{5}}.$$

Eine gewisse Analogie zur Kantenlänge des Inneren Achtecks

$$|GF| = a(\sqrt{2} - 1)\sqrt{2 - \sqrt{2}}$$

ist auffällig. Abschließend sei darauf hingewiesen, daß sich die Aufgabe natürlich auch anbietet, um den goldenen Schnitt einzuführen.

Lebhaft vordringende Geister begnügen sich nicht mit dem Genusse, sie verlangen Kenntnis. Diese treibt sie zur Selbsttätigkeit, und wie es ihr nun auch gelingen möge, so fühlt man zuletzt, daß man nichts richtig beurteilt, als was man selbst hervorbringen kann.
Goethe, Italienische Reise, zweiter römischer Aufenthalt

Das Ziel jeder strukturalistischen Tätigkeit, sei sie nun reflexiv oder poetisch, besteht darin, ein "Objekt" derart zu rekonstruieren, daß in dieser Rekonstruktion zutage tritt, nach welchen Regeln es funktioniert.
G. Schiwy, Der französische Strukturalismus

2.5 Nachkonstruieren

Der Zweck des zweiten Teils dieses Kapitels liegt in seinem Brückencharakter: Ich möchte wesentliche Aspekte der Thematisierung von Architektur im Mathematikunterricht, die ich in Kapitel 1 schon angedeutet habe, an der Reihe über Castel del Monte herausarbeiten, um sie später - nach der Skizzierung von Units, die nicht nur der Geometrie, sondern auch der Analysis verpflichtet sind - weiter zu verfolgen und zu vertiefen. Kurz, man baut die Brücke, indem man den ersten Pfeiler setzt und hofft, daß er sich später als tragfähig erweist.

Am Anfang der Auseinandersetzung in der Klasse mit dem Gebäude steht also im Sinne des Prinzips vom konkreten Zugang eine Analyse: An Hand eines Bildes, eines Grundrisses, beschreiben Schülerinnen und Schüler das Bauwerk, sie fertigen vielleicht eigene Skizzen an und beginnen nach Vermessungen am Plan mit einer vereinfachten, abstrahierenden Rekonstruktion. Es liegt nahe, diesen Vorgang in Zusammenhang mit dem Begriff der Mathematisierung zu sehen, wie er etwa bei [Blum, S. 200ff.] oder sehr ausführlich in [Fischer/Malle, S.100 ff.] beschrieben wird. Während aber der Architekt des Kastells seine Ideen, entstanden auf dem Boden von historisch bedingten Lebensformen, mit Hilfe mathematischer Werkzeuge entwirft, d. h. seine Vorstellung des Gebäudes als Plan, also als geometrisches Modell im eigentlichen Sinn konkretisiert, analysieren Schüler das reale Bauwerk, z. B. durch Vermessungen, oder unterrichtstechnisch einfacher, mit Hilfe von Abbildungen und Bauplänen. Sie befinden sich also als Detektive auf der Spur von Ideen des Architekten und mathematisieren allenfalls auf nachgeordneter Ebene. Ich möchte diese Tätigkeit deshalb zur Unterscheidung von der üblichen Benennung "Sekundärmathematisierung" nennen. Wer gewohnt ist, mit Plänen umzugehen, wird diesen Mathematisierungsprozeß weniger deutlich empfinden als etwa den, der bei der Beschreibung eines Wachstumsprozesses mit einer Differentialgleichung erfolgt, vgl. z. B. [van Briel/Neveling/ Riemer, S. 296]. Lehrer hingegen, die schon einmal mit ihrer Klasse Gebäudeteile der Schule auf Bauplänen identifiziert haben, wissen, wie schwer solche Aufgaben oft fallen. Der Übersetzungsprozeß zwischen dem realen Gebäudetrakt und dem Plan ist nicht trivial.

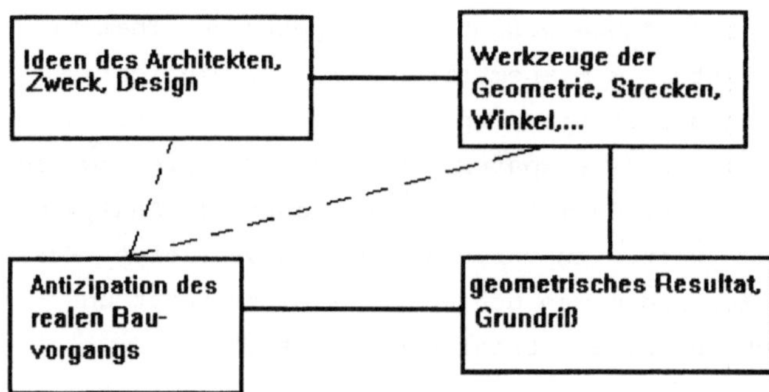

Bild 2.5.1
Die gestrichelten Strecken sollen einen möglicherweise zyklischen Prozeß andeuten.

Ziel des Sekundärmathematisierungsprozesses ist also Verstehen, und dieses Verstehen läßt sich nun wiederum auf mindestens zwei verschiedene Weisen auffassen: Verstehen kann im technischen Bereich oder im erweiterten kulturellen Zusammenhang unterrichtlich angestrebt werden. Im ersten Sinne erkennen die Schüler, daß das Kastell im wesentlichen einen Achteckgrundriß hat; wie die Türme angesetzt sind, wie breit, wie lang die Räume des Schlosses sind und - in der Großkonstruktion auf dem Schulhof - wie schwierig dieser Vorgang im Mittelalter offensichtlich war. Im kulturellen Sinn würde man sich im Unterricht damit befassen, warum gerade ein Achteckgrundriß gewählt wurde; man würde mit anderen Gebäuden - dem Aachener Münster, dem Felsendom in Jerusalem, der Omayyadenmoschee in Córdoba vergleichen; [Götze, S. 74ff.]; schließlich würde man vielleicht erwähnen, daß in der Geschichte der Achtstern oft als ein Mandala gesehen wurde.

Man sieht: Sowohl der technische als auch der kulturelle Aspekt haben eine historische Komponente. Auf natürliche Weise ergibt sich im Unterricht ein Bezug zur allgemeinen Geschichte im Sinne des Schulfachs wie auch zu spezielleren, fachbezogenen Fragestellungen. Die Einbeziehung des oben zitierten Textes von W. Schäfke oder ein mit der Frage " Welche Mathematik beherrschten die Archtitekten des Mittelalters?" einzuleitender Unterrichtsabschnitt zur Wissenschafts- und Mathematikgeschichte des Mittelalters an Hand von ausgewählten Texten für Schüler liegt nahe. Auf einige dieser Texte, die mir für Referate etwa ab Klasse acht geeignet erscheinen, weise ich kurz kommentierend hin:

F. Kaderavek, Geometrie und Kunst in früherer Zeit, enthält eine kleine Einführung in den Baubetrieb der Dombauhütten, sehr reizvoll für Schüler und Lehrer,

H. Kaiser, W. Nöbauer, Geschichte der Mathematik für den Schulunterricht, Kapitel 7 über die Mathematk des Mittelalters,

W. Popp, Wege des exakten Denkens, vier Jahrtausende Mathematik, Kapitel IV, über das Mittelalter, recht elementar gehalten, etwa für Klasse acht,

H. Gericke, Mathematik im Abendland, Kapitel 2, für die Hand des Lehrers oder für Schüler in der Sekundarstufe II.

Man kann den Verstehensprozeß in der Architektur auch mit der Interpretation eines Textes vergleichen. Unseren mathematischen Werkzeugen entsprechen hier literaturwissenschaftliche Begriffsbildungen und Modelle zur Erschließung des Sinngehaltes. Erwähnt seien kurz der hermeneutische Ansatz und der Strukturalismus der siebziger Jahre. Andere Ansätze scheinen vielleicht auch möglich.

Die Idee des Strukturalismus geht von der Tätigkeit des Zerlegens und wieder Zusammensetzens aus: Indem ich die Bestandteile des Kastellgrundrisses betrachte, sie einzeln analysiere, etwa die Begrenzung des Innenhofes oder die Form eines Turms, um dann vereinfacht den Grundriß des ganzen Gebäudes neu zu zeichnen, entsteht, so G. Schiwy in [Schiwy, S. 154] etwas Neues, etwas "allgemein Intelligibles", "das Simulacrum, das ist der dem Objekt hinzugefügte Intellekt".

Der wiederholten Thematisierung in verschiedenen Jahrgangstufen hingegen liegt natürlich die Idee des Spiralprinzips im Sinne Bruners zugrunde, dem ich in diesem Zusammenhang den sogenannten hermeneutischen Zirkel aus der geisteswissenschaftlichen Wissenschaftstheorie an die Seite stellen möchte. Dazu schreibt H. Seiffert: "Denn im Bereich der Hermeneutik ist der Zirkel unausweichlich: Bevor wir etwas systematisch lernen, wissen wir bereits etwas darüber. Und das ist auch notwendig: denn nur dann können wir etwas lernen wollen, wenn wir schon etwas darüber wissen", [Seiffert, S. 89]. Ich werde auf Fragen dieser Art später, auf der Basis reicheren Beispielmaterials erneut eingehen.

Zudem ist in unserem Zusammenhang auf einen weiteren Aspekt zu verweisen: Wenn man vom Achteckgrundriß abweicht und, wie oben etwa, symmetrische Fünfeck- oder Sechseckformen studiert, ändert sich die Blickrichtung: Der Analyse folgt ein spielerischer Umgang mit dem Gegenstand, der Grundriß wandelt sich zur rein mathematischen, nicht länger kunsthistorischen Figur. Ich möchte auf diesen Übergangsgedanken vom Realen zum Spielerischen explizit aufmerksam machen, hinweisen also auf den Weg von der abgeänderten mathematischen Form zum neuen architektonischen Entwurf, - schon in Abschnitt 1.3 kurz angedeutet -, den ich für außerordentlich wichtig halte und der für die Integration architektonischen Formen in den Mathematikunterricht sehr fruchtbar ist, da er zu experimentartigen Problemsituationen führt; auch er soll später an weiteren Beispielen vertieft werden.

2.6 Castel del Monte dynamisch

Daß insbesondere jüngere Schüler bei der unterrichtlichen Arbeit am Grundriß von Castel del Monte die Konstruktionen zunächst mit Handskizzen und dann mit Zirkel, Lineal und Geodreieck durchführen, scheint mir sinnvoll zu sein: Das Vorhandensein moderner Geometriesoftware ändert daran nichts.

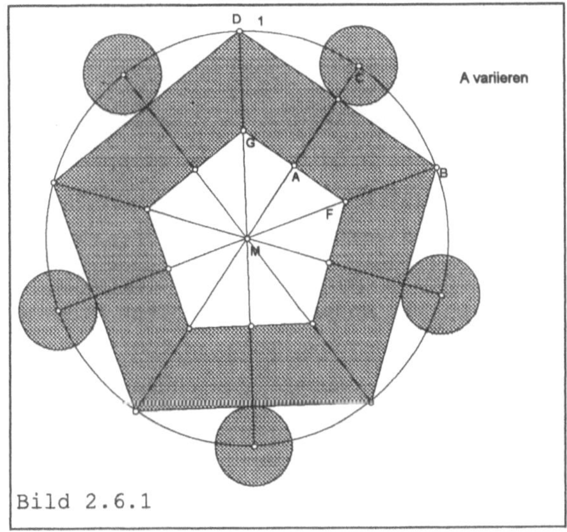

Bild 2.6.1

Wenn ich nun dennoch am Beispiel von Castel del Monte eine Unterrichtseinheit skizziere, die Schüler im Kleinen erfahren lassen soll, wie man architektonische Designfragen gerade mit CAD-Methoden sehr überzeugend angehen kann, so gehe ich von der Vorstellung aus, daß der schon bekannte Gegenstand im Sinne des Spiralprinzips später, etwa in der Klasse acht oder neun, mit dem Ziel wieder aufgenommen wird, über Designfragen hinaus dynamische Methoden und Transformationen als Werkzeuge einzuführen.

Die Sketchpadkonstruktion von Bild 2.6.1 schließt sich gedanklich an Abschnitt 2.4 an. Sie im Unterricht anzufertigen, stellt eine erste kompliziertere Übung zur Konstruktion eines Eigenentwurfs für ein anderes Castel del Monte dar. Nach einer elementar gehaltenen Einführung in das Programm und nach ersten einfachsten Konstruktionen werden Zeichnungen obiger Art in zwei Etappen angefertigt:

In der ersten wird ausgehend vom Kreis das Fünfeck konstruiert, der Punkt A objektgebunden auf dem Lot einer Außenmauer gewählt; abschließend werden die Türme etwa mittig angesetzt.

Nach dieser ersten Konstruktion wird man über die Symmetrien der Figur sprechen und die Rotationsoption des Programms erklären, um dann mit der Klasse zu besprechen, wie man sie ausnutzen kann, um die Konstruktion einfacher zu erhalten. In der zweiten Etappe wird die Konstruktion nun unter Verwendung von Rotationen wiederholt: Man führt zunächst MFBCDG mit Turm vollständig aus und dreht nun diese Teilfigur fünfmal um M mit einem Drehwinkel von 72° weiter.

Diese Arbeitsweise bewährt sich insbesondere bei nachfolgenden umfangreicheren Entwürfen, für die Bild 2.6.2 ein Beispiel sein möge. Indem in ihr der Punkt E auf DK wandert, kann man die Proportionen des Grundrisses, das Verhältnis der Größe von Innenhof zur Räumen im Fünfeckgebäude und zu den Turmräumen studieren. Schüler dürfen sich als moderne Architekten an einem mittelalterlichen Gebäude fühlen. Weitere Ideen zur Unterrichtsgestaltung seien nur kurz angedeutet: Zum Fünfeckgrundriß sind die von uns angesetzten Türme eigentlich ungeeignet, man versuche es mit Seckseck-, Achteck- oder Rundtürmen. Welche anderen Grundrisse sind brauchbar, welche Turmformen? Welchen Grundriß hat das eigene Schulgebäude und wie läßt er sich vereinfacht nachkonstruieren, was bewährt sich, wo könnte man ihn verbesseren, welche Vorteile hätte das für den Schulbetrieb etc.

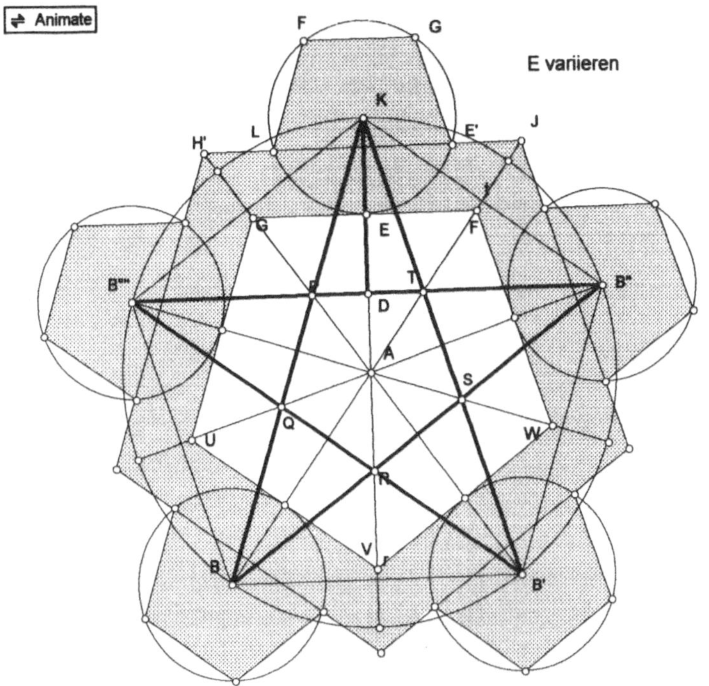

Bild 2.6.2

Indem Schüler etwa einen Punkt auf einer Strecke wandern lassen, hier E auf DK, um Abhängigkeiten zu studieren, lernen sie an einem ersten Beispiel Geometrie unter dynamischem Blickwinkel kennen. Dabei verstehe ich unter dem dynamischen Ansatz das Studium der Veränderungen einer Figur unter Beibehaltung wesentlicher Relationen. Im Handbuch zu Sketchpad [Jackiw/Steketee, S. 75], einer dynamischen Geometriesoftware, heißt es dazu: "The major principle of dynamic geometry is that whenever you make a change to an object, sketchpad maintains the mathematical relationship between the object and its parents and children."

Abschließend möchte ich kurz auf einen wichtigen Sachverhalt hinweisen: Im traditionellen Geometrieunterricht treten die üblichen Abbildungen häufig als Zeichenübungen auf, die ihren Wert nur in sich haben. Das mag in gewissem Umfang auch seine Berechtigung haben. Unsere obigen Konstruktionen jedoch verwenden Drehungen als Hilfswerkzeuge, bei anderem Konstruktionsanfang könnten ebensogut zentrische Streckungen

Anwendung finden, bei achsensymmetrischen Grundrissen auch Achsenspiegelungen. Man sieht, daß hier die Verwendungsweise eine andere - ich meine - bereichernde ist. Ziel von Geometrieunterricht in allgemeinbildenden Schulen kann nicht nur Kennenlernen, Zeichnenkönnen und Klassifizieren von Abbildungen sein.

2.7 Zusammenfassung: Architektur als Anwendungsfeld

In einer ersten Näherung an das Anwendungsfeld Architektur auf der Basis der Beschreibung einer stark geometrisch orientierten Unterrichtseinheit sind also die folgenden Aspekte zu nennen:

Der curriculare Aspekt: Architekturthemen sollten in verschiedenen Jahrgangsstufen spiralförmig behandelt werden. Im Sinne des Prinzips des vorwegnehmenden Lernens, vgl. [Wittmann 1981, S. 86], scheint eine Aufschiebung bis zur erschöpfenden Behandlung auch hier nicht sinnvoll.

Der Aspekt des Verstehens: Verstehen im technischen Sinne erfolgt im wesentlichen durch Nachkonstruieren, um Strukturen so erfahrbar zu machen.

Der Aspekt des Historischen: Das Nachkonstruieren sollte, zwar nicht ausschließlich, aber doch als wichtiges Moment architekturhistorische und technische Bedingungen mit einbeziehen, um Konstruktionen unter verschiedenen Blickwinkeln sehen und verstehen zu können. Häufig ergeben sich auf natürliche Weise Übergänge zu mathematikgeschichtlichen oder kulturhistorischen Themen.

Der Aspekt des Spielerischen: Durch die Abwandlung der zugrunde liegenden architektonischen Form in eine verwandte entsteht eine veränderte, zu kreativem Verhalten auffordernde Aufgabenstellung; dem analytischen folgt der synthetische Ansatz. Die Spielregeln des spielerischen Aspektes ergeben sich häufig implizit.

Läßt sich das Anwendungsfeld Architektur bzw. Architekturgeschichte als umfassendes Feld für Mathematikunterricht etablieren, so sollten seine Themen umfassend sein, d. h. sie sollten einerseits einige oder alle der oben beschriebenen Aspekte aufweisen und andererseits in ihren Inhalten so reichhaltig sein, daß hinreichende Affinitäten zu gängigen Gegenständen des Mathematikunterrichts bestehen. Dies ist wichtig, damit Chancen zur Einbeziehung in den Mathematikunterricht überhaupt bestehen.

Kapitel 3: Bögen

In diesem Kapitel möchte ich zwei Gedanken nachgehen, die eng miteinander verwandt sind. Aus der Absicht heraus, architektonische Formen zur Gestaltung von beziehungshaltigem, bedeutungstragendem Mathematikunterricht heranzuziehen, versuche ich, Konzepte zu entwickeln, die ihre Verwendung in der Funktionenlehre der Sekundarstufe I und in der Differential- und Integralrechnung der Sekundarstufe II finden sollen. Dabei geht es um die unterrichtliche Auseinandersetzung mit Bögen in der Architektur; es geht um romanische und gotische Bögen, um Kreis-, Spitz- und Korbbögen und ihre Krümmung, um Brückenbögen und Autobahnabfahrten. Analysiert werden sie mit geometrischen und analytisch-approximativen Methoden. Man hätte für das Kapitel als Überschrift auch ´architektonische Graphen´ wählen können.

Gängiger Mathematikunterricht in der Sekundarstufe ist - wie dargestellt - üblicherweise termorientiert, d. h. am Anfang eines Problems oder einer Aufgabe steht ein gegebener Term, der in irgendeiner Form zu analysieren ist. Für sinntragenden Mathematikunterricht ist nun vor allem wichtig, woher dieser Term stammt. In [Kayser/Neveling, S. 16] habe ich kurz dargestellt, daß Terme normalerweise aus Approximationen oder aus deduktionsähnlichen Vorgängen, z. B. aus Naturgesetzen via Differentialgleichungen, entstehen. Daher auch die Forderung, Differentialgleichungen möglichst früh, etwa in der Jahrgangsstufe 11, übliche Curriculum-Vorstellungen vorausgesetzt, zu thematisieren.

Hier nun möchte ich dem Approximationsgedanken auf recht einfache, aber unterrichtstechnisch brauchbare Weise nachgehen. Dazu benutze ich in naheliegender Weise die Methode der graphischen Approximation, die man auch die Super-Kurvenlineal-Methode nennen könnte: Terme zu Graphen werden durch optische Anpassung ermittelt; als wesentliche Hilfsmittel dienen graphische, programmierbare Taschenrechner oder, in komplizierteren Fällen,

Computer-Algebra-Systeme, kurz CA-Syteme genannt, wie Derive oder Mathematica.

Approximiert werden architektonische Graphen. Ausgehend von Abbildungen, etwa Fotos, fragt man im obigen Sinne: "Liegt bei der Darstellung eines Brückenbogens ein Graph vor, der mit aus dem Unterricht bekannten Funktionen beschreibbar ist?" Und weitergehend:" Warum ist die Brücke mit einem Parabelbogen gebaut worden?"

Man würde nun dem architektonischen Gegenstand nicht gerecht, wenn man nur mit approximativen Ansätzen arbeitete. Natürlich sind oft auch rein geometrische Nachkonstruktionen, etwa bei Korbbögen wichtig. Die Verfahren können aber miteinander kombiniert werden: geometrische und analytische Methoden ergänzen einander, werfen neue Fragen auf. Ziel ist wie bei den Grundrissen des vorherigen Kapitels das Verstehen, Verstehen der Form mit mathematischen Mitteln.

3.1 Graphische Approximation

Bild 3.1.1

Die Methode der graphischen Approximation führe ich am Beispiel eines Brückenbogens ein. Das nebenstehende Foto zeigt eine Autobahnbrücke über die A46 im Bereich Wuppertal. In der Klasse neun wird man dieses oder ein anderes möglichst wenig verzerrtes Foto vorlegen und nach einem konkreten Term fragen, der den Bogen beschreibt. Ein graphischer Taschenrechner in der Hand jedes Schülers stellt das entscheidende Hilfsmittel dar.

Im ersten Schritt wird der Bogen handdigitalisiert, d. h. er wird näherungsweise auf eine Overheadfolie gepunktet, um dann mit Hilfe einer Millimeterpapierfolie, auf der sich ein cartesisches Koordinatensystem befindet, in eine Wertetabelle umgesetzt zu werden: In Abhängigkeit von der Gestalt des Graphen wird das Koordinatensystem geeignet gelegt und die den Punkten entsprechenden Zahlenpaare in eine Wertetabelle geschrieben.

Im zweiten Schritt wird die Wertetabelle auf den Taschenrechner übertragen: Da programmierbare Rechner mit Matrizen arbeiten können, speichert man die Zahlenpaarmenge praktischerweise in einer (n × 2)- Matrix ab. Ein für den Taschenrechner geschriebenes einfaches Programm setzt die Matrix wieder in einen Punktgraphen auf dem Taschenrechnerdisplay um.

Dritter Schritt - graphisches Approximieren: Auf der Basis eines schon erworbenen Expertentums versuchen Schülerinnen und Schüler, auf dem Taschenrechner die Punktmenge mit einem über die Tastatur einzugebenden Graphen anzunähern.

Zur genaueren Beschreibung des Verfahrens verwende ich einen Taschenrechner TI 85.

Zunächst wird die Koordinatensystemfolie so auf den gepunkteten Graphen gelegt, daß sein ungefährer Tiefpunkt im Koordinatenursprung und der Graph, nach oben geöffnet, in etwa symmetrisch zur y-Achse liegt; man erhält so eine möglichst einfache Darstellung des Terms. Man bezeichne die Matrix der Wertetabelle mit B und erhält in Taschenrechnernotation:

```
[[  45   40]
 [  42   37]
 [  40   33]
      ...
 [ -40   30]
 [ -45   37]
 [1000 1000]]
```

Das in eine Taschenrechnergraphik umsetzende Programm besteht im wesentlichen aus einer Schleife:

```
 Program: Werttab
:" Wertetabelle"
:" Plottet (n×2)-Matrix"
: cllcd                    ; löscht den Bildschirm
: 1→k
: while B(k,1)≠1000        ; Eingabe von Koordinate
                             1000
                             als Abbruchbedingung
:     pton(B(k,1),B(k,2))  ; setzt den Punkt auf den
                             Bildschirm
:     k→k+1
: end
```

Ist die Graphik einmal erzeugt, empfiehlt es sich, sie als Bilddatei abzuspeichern, um sie ggf. schnell wieder reproduzieren zu können. Die graphische Approximation durch die Funktion

$$f \text{ mit } f(x) := a\,x^2,\ x \in R$$

gelingt z. B. mit a=0.018 oder a=0.019, und man hat relativ erfolgreich einem Graphenbild einen Term zugeordnet, also den Weg vom Bild zum Term zurückgelegt. Als Term für den Brückenbogen ergibt sich schließlich

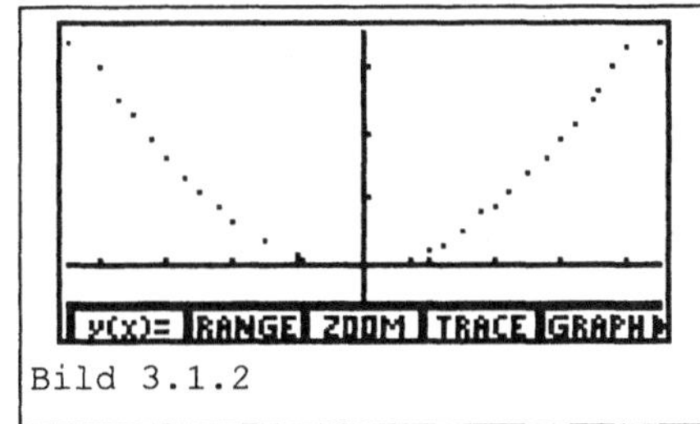

Bild 3.1.2

$$f_1(x) := -ax^2 + c$$

mit noch zu bestimmendem $c \in R$. In den Lehrbüchern zur Ähnlichkeitsgeometrie, z. B. [Penßel/Penßel/Roth, Bd. 9, S.149f.] werden diesbezügliche Methoden beschrieben; eine einfache verwendet das sogenannte Försterdreieck, ein rechtwinklig-gleichschenkliges Holzdreieck, das der Förster benutzt, um die Höhe einer Tanne durch eine Peilung ungefähr abzuschätzen.

Das gerade beschriebene Verfahren hat einige Aspekte, die es aus didaktischer Sicht wertvoll machen und auf die ich eingehen möchte.

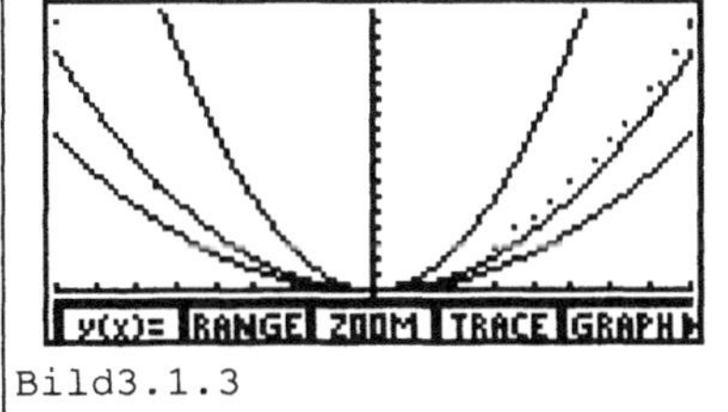

Bild3.1.3

1. Graphische Approximation ist ein mathematisches Verfahren, das wegen seiner Einfachheit sicher in der Sekundarstufe I benutzt werden kann, wenn graphische Taschenrechner verfügbar sind. Davon wird man aber in

den nächsten Jahren ausgehen können. Schüler werden, evtl. nach ersten Erfahrungen mit Näherungsrechnungen im Bereich der Grundrechnungsarten, vielleicht auch nach Kenntnis des Heronverfahrens, nun mit dem für sie neuen Aspekt der globalen Approximation vertraut gemacht, ohne daß dabei größere technische Schwierigkeiten auftreten.

Das Verfahren kann nur gelingen, wenn gewisse Kenntnisse über den Verlauf von Graphen, also Vorstellungen über graphische Eigenschaften von Funktionenklassen schon verhanden sind; denn nach graphischen Kriterien fällt die Entscheidung für die Funktionenklasse. Diese Kenntnisse müssen vorher erworben sein. Dabei ist zu hoffen, daß der graphische Taschenrechner seinem Besitzer auf dem Weg zu einem solchen Expertentum hilft.

F. Klein unterscheidet bekanntlich im dritten Band seiner Elementarmathematik vom höheren Standpunkt [Klein, Band III, S. 5] zwischen Präzisions- und Approximationsmathematik und schreibt:" Die Approximationsmathematik ist derjenige Teil unserer Wissenschaft, den man in den Anwendungen tatsächlich braucht; die Präzisionsmathematik ist sozusagen das feste Gerüst, an dem sich die Approximationsmathematik emporrankt." Daß dies im Unterricht deutlich werden sollte, und zwar im Sinne spiralförmig konstruierter Curricula, muß nicht betont werden. In der DMV-Denkschrift von 1976 heißt es: "Es ist eine Fehlentwicklung, wenn man in der Schule Mathematik auf formales Schließen und exaktes Beweisen reduziert und meint, zur Behandlung numerischer Verfahren und Algorithmen neue Fächer wie ´Angewandte Mathematik´ und ´Informatik´ schaffen zu müssen", zitiert nach [Blankenagel, S.135].

Klein beleuchtet übrigens exakt unsere Problemsituation, wenn er schreibt: "Wir legen ein rechtwinkliges Koordinatensystem fest und fragen, wieweit uns y als Funktion von x durch eine Kurve gegeben ist, die wir uns entweder durch einen zusammenhängenden Federstrich zeichnen oder uns auch durch einen Registrierapparat (der etwa die Temperatur als Funktion der Zeit liefert) gegeben denken. Übrigens können wir uns eine Kurve auch festlegen, indem wir gar keinen zusammenhängenden Zug machen, vielmehr unstetig einzelne Punkte aneinanderreihen"; vgl. [Klein, Band III, S. 15]. Während er aber dann ausführlich auf Fragen des Kontinuums eingeht und schließlich physiologische und psychologische Aspekte des sensitiven Erfassens von empirischen Graphen diskutiert, die im Unterricht sicher zu weit führen, bietet es sich in der Klasse an, die verschiedenen Fehlerquellen herauszustellen, die bei visueller Approximation eine Rolle spielen und so die Verfahrensentwicklung durch Verfahrenskritik sinnvoll ergänzen.

2. Es mag schwierig sein, wie ein Aufsatz von F. Schweiger [Schweiger, S. 207f.] zeigt, Begriffe wie fundamentale Idee oder Grundidee hinreichend genau zu beschreiben. Ein Konsens scheint aber darüber zu bestehen, daß die Idee der Approximation in diesen Kontext gehört. Ohne an dieser Stelle die diesbezügliche Diskussion aufzugreifen, möchte ich auf die Charakteristika fundamentaler Ideen von H. Schupp in [Schupp, 1992, S. 103ff.] verweisen. Man sollte die unterrichtliche Chance, die sich in der Verwendung des Verfahrens bietet, nicht gering schätzen.

3. Schüler der Sekundarstufe II lernen die Idee der Approximation, wenn überhaupt, normalerweise im Zusammenhang der Differenzierbarkeit kennen. Wie schwer es aber fällt, zum Tangentenaspekt den weiterreichenden, wertvolleren Approximationsaspekt hinzuzufügen, weiß jeder, der ihn unterrichtet hat. Hat man aber globale Approximation zuvor kennengelernt, so kann man sie mit lokaler vergleichen. Der eine Gedanke bereichert den anderen.

4. Ich möchte auch auf die ausbaufähige Analogie zur statistischen Regression und natürlich insbesondere auf die Offenheit im Verfahren der graphischen Approximation gemäß [Fischer/Malle, S. 264] verweisen: Unser Beispiel führte zu mindestens zwei Graphen zur Beschreibung des Brückenbogens, weitere sind denkbar. Die offene Problemstellung läßt verschiedene Lösungen zu, die miteinander verglichen bzw. diskutiert werden können.

3.2 Einschätzung von Approximationen

Da die Methode der graphischen Approximation normalerweise zu mehreren, möglichen Graphen führt, stellt sich die Frage nach Kriterien zur Auswahl. Die Diskussion im Unterricht dürfte dazu führen, daß von zwei Graphen der geeigneter ist, er im Schnitt näher bei den empirisch ermittelten Punkten liegt. Bekanntlich gibt es verschiedene Ansätze statistischer Art, die hier herangezogen werden können; ich verweise auf den mittleren, absoluten Abstand der y-Werte

(1) $$d = \frac{1}{n}\sum_{i=1}^{n}|y_i - f(x_i)|$$

und auf die Varianz

(2) $$\text{var} = \frac{1}{n}\sum_{i=1}^{n}(y_i - f(x_i))^2 \quad .$$

Die folgende Untersuchung führe ich mit der Varianz, oder - in anderen Worten - im Sinne der Methode der kleinsten Quadrate durch: Je kleiner die Varianz, desto besser die Approximation. Es muß nicht darauf hingewiesen werden, daß in jeder Klasse mit Sicherheit eine ausführliche Thematisierung der hinter (1) und (2) stehenden Ideen dringend erforderlich ist, daß ferner dann der Übergang zu den Formulierungen (1) und (2) sorgfältig zu planen ist, weil er für viele Schüler nicht offen liegt.

Zunächst sollte ein Taschenrechnerprogramm geschrieben werden, das die Varianz zu festem $a \in R$ ausrechnet. Bei seiner Entwicklung wird man sich an der schon geleisteten Arbeit orientieren; man lernt u. a. programmieren, indem man bestehende Programme abändert. In unserem Fall erhält man etwa:

```
 Program:shoch2
:"S hoch 2"
:"berechnet die Varianz"
:cllcd
:disp "A:"                    ; A: in die Anzeige
                                schreiben
:Input A
:0→Summe                      ; Beginn der
                                Summenprogrammierung
:1→k
:while B(k,1)≠1000            ; Abbruch bei
                                Koordinatenwert
                                x=1000
:  A*(B(k,1))^2→F              ; setze f=a*x^2
```

```
:  Summe +(B(k,2)-F)^2→Summe
:  k+1→k
:end
:Summe/(k-1)→var
:disp k-1,var
```

Mit dem Programm läßt sich so zu verschiedenen Parametern a bequem die zugehörige Varianz als Maß für die Qualität der Approximation ermitteln. Mit dem nächsten Programm wird dieses Verfahren nun weiter automatisiert: In einem For-Statement wird die Varianz als Funktion von a für eine sinnvoll erscheinende diskrete Definitionsmenge errechnet und geplottet.

```
 Program: Varg                 ; Graph der Varianz
:"Varianz Graph"
:"berechnet den Graphen der Var"
:cllcd
:
:for(a,0.012,0.026,0.0005)    ; "For a=0.012 to 0.026
                                 step 0.0005"
:   0→Summe
:   1→k
:   while B(k,1)≠1000
:      ...                     ; gleicher Block wie
                                 oben
:   end
:   Summe/(k-1)→var
:   pton(a,var)
:end
```

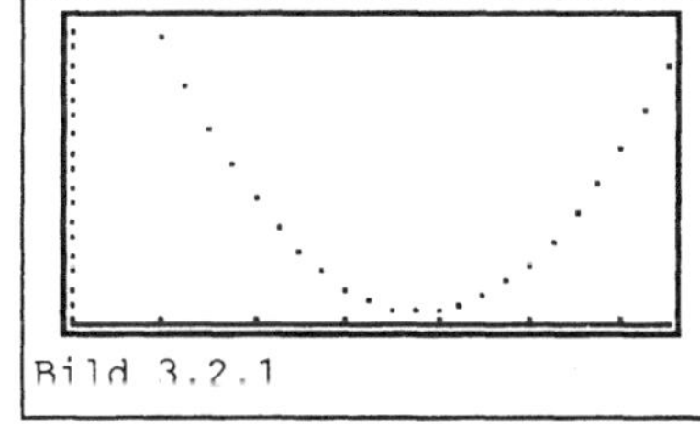
Bild 3.2.1

Die nebenstehende Abbildung zeigt den Graphen. Das gesuchte Minimum wird nach Wahl eines geeigneten Zoomfensters ungefähr abgelesen.

In der Jahrgangstufe 11 kann man das Problem erneut aufgreifen und mit den üblichen Methoden der Differentialrechnung bearbeiten. Man erhält mit

$$v(a) := \sum_{i=1}^{n} (y_i - f(x_i))^2 \quad bzw.$$

$$v(a) := \sum_{i=1}^{n} (y_i - a x_i^2)^2$$

für die Ableitung

$$v'(a) = \sum_{i=1}^{n} 2(y_i - a x_i^2)(-x_i^2)$$

und errechnet aus der Bedingung var´(a)=0

$$\sum_{i=1}^{n} y_i x_i^2 - a \sum_{i=1}^{n} x_i^4 = 0,$$

so daß sich für a

$$a = \frac{\sum_{i=1}^{n} y_i x_i^2}{\sum_{i=1}^{n} x_i^4}$$

ergibt. In Taschenrechner-Notation heißt das

$$a = \frac{\sum_{k=1}^{n} B(k,2)(B(k,1))\wedge 2}{\sum_{k=1}^{n} (B(k,1))\wedge 4}.$$

Daß es sich nur um ein Minimum handeln kann, ist aus der Graphik schon klar. Den minimalen Wert von a berechnen wir mit einem weiteren Programm:

```
 Program: Optimal
:"Berechnet optimales a"
:cllcd
:1→k
:0→Zae                   ; Variable für den Zähler
:0→Nen                   ;          für den Nenner
:while B(k,1)≠1000
:   zae+B(k,2)*(B(k,1))^2→zae
:   nen+B(k,1)^4→nen
:   k+1→k
:end
:disp zae/nen
```

In der Schleife wird die Summe berechnet; man erhält im Falle unseres Beispiels a=0.01964. Waren die Ausgangsdaten hinreichend genau, so hat man jetzt eine überzeugende Näherung ermittelt.

Dazu einige Anmerkungen:

1. Der wesentliche, inhaltlich wertvolle Gedanke liegt in dem Verfahren, einer Punktmenge einen Graphen zuzuschreiben, dessen Term man dann auch kennt. Verglichen damit, stellt die in diesem Abschnitt beschriebene Bewertung einer approximativen Funktion mit der Varianz als Gütezahl bis hin zur Ermittlung einer besten Näherungsfunktion ein Verfahren dar, das natürlich die ursprüngliche Idee anspruchsvoll verfeinert, aber auch - obwohl wichtiges, mathematisches Methodenwissen - weggelassen werden kann: Die bei der Planung jeder Unterrichtsreihe mitzubedenkenden Abbruchbedingungen ergeben sich hier, nachdem man jeweils ein Programm entwickelt hat.

2. Die im Verlauf der Reihe entwickelten Programme können als ein kleiner, themenbezogener Programmierkurs angesehen werden. Sie sind kurz, schnell von jedem Schüler zu erstellen und haben alle die gleiche Struktur, sie verwenden wie moderne Sprachen while-Schleifen oder for-Statements, die programmiertechnische Einbeziehung von Graphik stellt - im Gegensatz zu früher - kein Problem mehr dar. Der goto-Befehl gehört bei der neuen Taschenrechnergeneration dankenswerterweise der Vergangenheit an. Kurz: Es findet im Mathematikunterricht der Teil an Programmierung statt, der ihm gemäß ist.

3. Kann man überhaupt sicher sein, daß der A46-Brückenbogen ein Parabelgraph ist? Auf Grund unseres Verfahrens sicher nicht. Die Statik lehrt aber, daß ein Parabelbogen senkrecht einwirkende, gleiche Kräfte optimal, d. h. ohne Querkräfte, auf die Fußstützen überträgt. Weidig geht in [Weidig, S.13] auf diese Frage ein: Geschicktes Ausnutzen von Kräfteparallelogrammen nach dem sog. Seileckverfahren liefert die Begründung für die Parabelgestalt des Bogens. In unserem Fall würde man dann allerdings mehr als zwei Stützen erwarten. Ob man im Unterricht das Seileckverfahren nur erwähnt oder ob man es ausführlich thematisiert, mag an dieser Stelle offen bleiben.

4. Nachdem man mit einem gewissen Aufwand eine Funktion näherungsweise ermittelt hat, sollte man sie und ähnliche im Unterricht auch weiterverwenden. Aufgaben dazu ergeben sich sofort, wenn man Brückenbögen konstruieren läßt, die gegebenen Bedingungen bezüglich Höhe und Breite genügen sollen. Hierzu sei auch auf [Becker/Henning u. a., S.35 ff.] und die Schulbuchliteratur verwiesen.

3.3 Approximation mit Mathematica

Bei der Durchführung der graphischen Approximation des Brückenbogens fiel zu Beginn eine wichtige Entscheidung: Das Koordinatensystem wurde so gelegt, daß in dem gesuchten Parabelterm nur ein Parameter auftrat. Das erleichterte die Suche und erlaubte, Methoden der Differentialrechnung (einer Veränderlichen) anzuwenden.

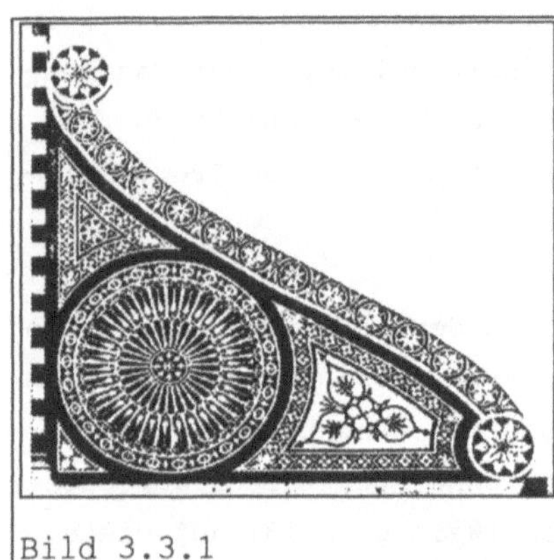
Bild 3.3.1

Wie verfährt man, wenn in dem anzupassenden Term mehrere Parameter auftreten, wenn also eine komplizierte Situation vorliegt? Dazu ein Beispiel: Die nebenstehende Abbildung in diesem Abschnitt zeigt ein Detail aus dem oberen Bereich der Fassade von S. Maria Novella in Florenz.

Wie läßt sich der Graph beschreiben, den der Architekt L. B. Alberti für sein Ornament verwendete? Ich gehe so vor: Zunächst beschreibe ich den Approximationsbefehl des CA-Sytems Mathematica, dann entwerfe ich ein Konzept, wie er im Unterricht in Verbindung mit diesem Ornament verwendet werden kann.

Mathematica stellt für die Anpassung von Funktionen an empirische Daten nach der Methode der kleinsten Quadrate den Befehl

Fit[daten, funs, vars]

zur Verfügung. Dabei bezeichnet

"daten" den Parameter für die Datenmenge, in unserem Fall der graphischen Approximation eine (n×2)-Matrix,

"funs" eine Menge von Funktionstermen, aus denen eine Linearkombination zur Approximation gebildet werden soll und

"vars" die Funktionvariable.

Als Ergebnis erhält man die Linearkombination der ausgewählten Funktionsterme.

Diesen Befehl in den Unterricht zu integrieren, ist natürlich nur denkbar, wenn eine Reihe im oben beschriebenen Sinne schon durchgeführt wurde. Man wird bei seiner Verwendung in mindestens zwei Etappen vorgehen: Da Mathematica eine nahezu geschlossene Oberfläche hat und zudem auch die benutzte Mathematik, im wesentlichen partielle Ableitungen, nicht bekannt ist, wird man den Befehl ´fit´ zunächst an bekannter Problemstellung testen, z. B. an dem Brückenbogen-Problem mit der Matrix B.

Man gibt also die Matrix in Mathematica als zweidimensionale Liste ein, stellt sie dar und erhält mit

Fit[b,{1,x,x^2},x]

als Ergebnis:

(1) 0.148248+0.0405155x+0.0193492x^2.

Mit

Fit[b,{x^2},x]

analog zu unserer Vorgehensweise in Abschnitt 3.1 erhält man:

(2) 0.0196382x^2,

also eine überzeugende Übereinstimmung. Bezüglich der genauen Durchführung sei auf den Anhang 3.3-2 verwiesen.

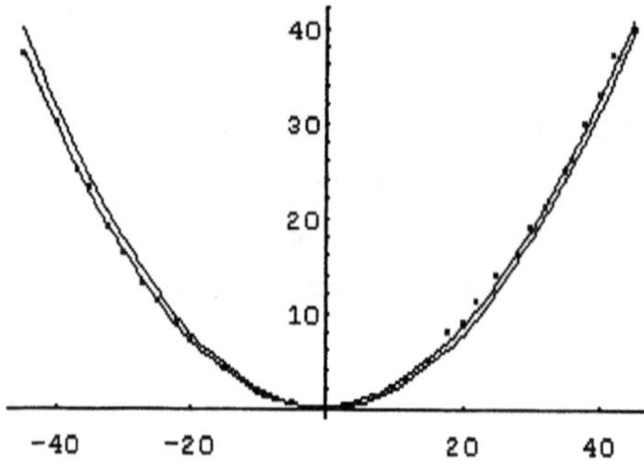

Bild 3.3.2

Die obige Abbildung stellt die Punktwolke und die beiden Näherungen dar. Sie erlaubt eine interessante Folgerung. Da der zu (1) gehörende Graph offensichtlich besser approximiert (siehe Anhang 3.3-1), muß man davon ausgehen, daß bei der Datenerfassung die Koordinatensystemfolie, wie zu erwarten, leicht ungenau angelegt wurde. Transformierte man (1) noch auf Hauptachsen, so erhielte man den Vektor, um den man die ursprüngliche Lage verändern müßte, um die reine Form ax^2 mit Fit[b,{1,x,x^2},x] zu erhalten. Das zu verifizieren, könnte eine Übung und ein weiterer Test für den Fit-Befehl sein.

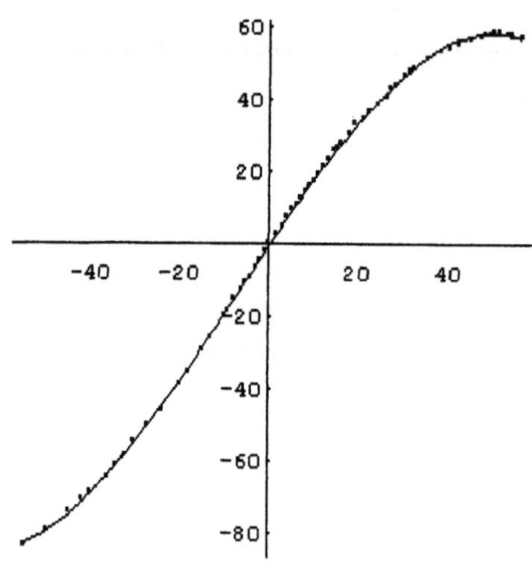

Bild 3.3.3

Mit dem Fit-Befehl wird nun das Alberti-Ornament untersucht: Man wendet das Verfahren der graphischen Approximation auf die begrenzende Kurve an, legt ferner den Koordinatenursprung mittig auf den um 90 Grad gedrehten Graphen und erhält nach der Auswertung eine Matrix, der wir den Namen "daten" geben, siehe Anhang 3.3-2. Den Fit-Befehl benutzen wir in der Form

```
Fit[daten,{1,x,x^2,x^3},x],
```

d. h. wir versuchen eine Approximation mit einer Parabel dritten Grades. Das durchaus befriedigende Ergebnis mit

(3) $-0.000202x^3 - 0.004x^2 + 1.8848x - 0.56767$

zeigt die obige Abbildung, vgl. auch Anhang 3.3-2.

Dazu einige Anmerkungen:

1. Der wesentliche Gedanke in der hier skizzierten Idee liegt in folgendem: Schülerinnen und Schüler lernen in überschaubarem Rahmen mit Hilfe des Taschenrechners und kleinen, selber geschriebenen Programmen ein Verfahren kennen, hier die Methode der kleinsten Quadrate, und wenden es in einer neuen Situation an, die für sie konzeptionell noch überblickbar ist. So wird ein Anwendungsumfang der Methode, des Verfahrens erreicht, der sonst kaum möglich wäre. Die untersuchte Kurve trägt zwar nicht zum Verstehen der Welt bei, gefiel aber Alberti und stellt einen Bezug zu ganzrationalen Funktionen dritten Grades her.

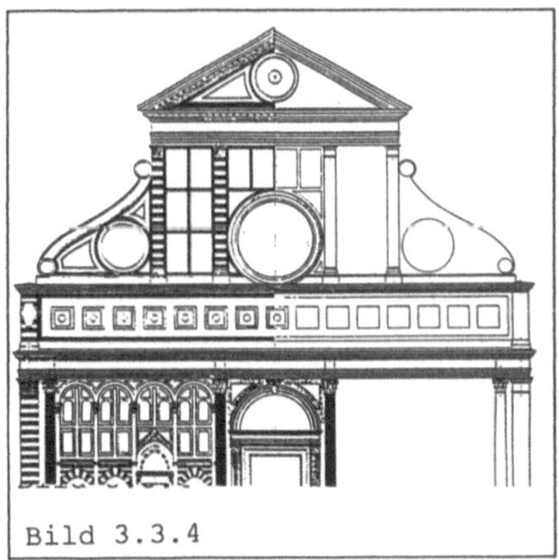

Bild 3.3.4

2. Hat Alberti etwa mit Parabeln dritten Grades modelliert? Diese Frage rekurriert (wiederum) auf historische Bezüge in der Architektur, aber auch auf Bezüge in der Mathematikgeschichte. Man wird dem in der Klasse vielleicht in Form vorn Referaten nachgehen und - vermutlich - zu der Einsicht kommen, daß für Albertis Konzeption Parabeln keine Rolle spielten. Er hat den Graphen wahrscheinlich intuitiv-zeichnerisch entwickelt; wenn er dabei von Kreisbögen ausging, wurde auf der Baustelle recht ungenau gear-

beitet. Aber: Mit Sicherheit läßt sich behaupten, daß mathematische Vorstellungen für ihn beim Entwurf der Kirchenfassade bedeutsam waren, so z. B. in großem Umfang Symmetrieüberlegungen, siehe Bild 3.3.4.

3. Ausgehend von der Form der Kurve wäre eine Approximation mit sin-Kurven sicher auch erfolgversprechend. Man würde dann in der Form

```
Fit[daten, {Sin[alpha x]},x}
```

oder

```
Fit[daten, {1,x,Sin[alpha x]},x}
```

ansetzen und entsprechende Näherungen erhalten, die überraschend(?) schlechter sind, vgl. Anhang 3.3-2. Die Diskussion könnte dann herausarbeiten, daß für die Qualität der Approximation auch die Anzahl der zur Verfügung stehenden Freiheitsgrade entscheidend ist.

4. Mit der approximativen Analyse des Graphen sind die unterrichtlichen Möglichkeiten des Alberti-Ornaments nicht erschöpft. Man könnte Schüler mit dem Taschenrechner oder mit Funktionenplottern ähnliche Graphen im Sinne des spielerischen Ansatzes entwerfen lassen.

Man könnte in der Jahrgangstufe 11 weitere Details des Ornaments mit offenen Aufgabenstellungen rekonstruieren lassen, etwa den mittig berührenden Kreis. Dazu errechnet man in einem festen Punkt des Graphen die Gleichung der Tangente und der Normalen, um dann mit ihr Mittelpunkte zu erhalten.

Schließlich ließe sich unterrichtlich auch auf die Rolle und damit auf die Größenordnung der Koeffizienten in (3) eingehen. Stimmt der Eindruck, daß sie sehr klein und damit unbedeutend sind?

Es ist, um die freilich sehr anspruchsvolle kunst- und kulturgeschichtliche Formel anzuwenden, Gotik, nicht Renaissance...
Th. Mann, Betrachtungen eines Unpolitischen

3.4 Maßwerk in dynamischer Sicht

In diesem Abschnitt möchte ich mich im Sinne des Prinzips des konkreten Zugangs exemplarisch mit einem relativ einfachen gotischen Maßwerk befassen, das insbesondere auch unter dynamischen Gesichtspunkten gesehen werden soll. In Schullehrbüchern wird dieses reizvolle Thema i. allg. eher stiefmütterlich behandelt. Ziel ist das Verstehen der geometrischen Konstruktion.

Die nebenstehende Abbildung zeigt die schematische Darstellung eines Fensters des Münsters von Schlettstadt aus [Dehio/Bezold, Band 5, Tafel 579]. Wenn sich Schüler im Unterricht mit Maßwerken befassen, so stellen sich zunächst einige elementare Fragen, die durch Nachkonstruktion zu klären sind. Man wird auf die Form der auftretenden Bögen eingehen und, ausgehend von der Hypothese, daß es sich um Kreisbögen

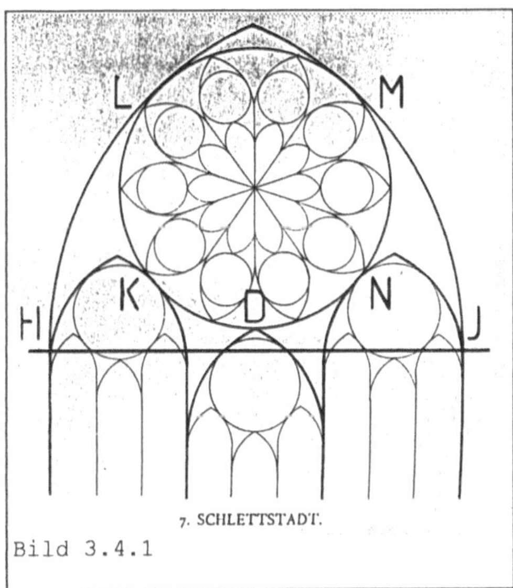

Bild 3.4.1

handelt, in der Abbildung den Mittelpunkt eines Bogens finden, um dann mit dem Zirkel festzustellen, ob sich die eigene konstruierte Kreislinie und die dargestellte zur Deckung bringen lassen - soweit das zeichnerisch überhaupt möglich ist. Man wird dann im folgenden davon ausgehen, daß tangentiale Übergänge überall da vorliegen, wo es Bild 3.4.1 nahelegt: Die große Rose berührt das sie umrahmende Fenster in zwei Punkten L und M; in N und K berühren einerseits die kleinen Fensterrahmen den großen und andererseits die kleinen Rosen auch ihre Rahmen, also idealisiert auch den großen. Dies als Verstehen auf erster Ebene.

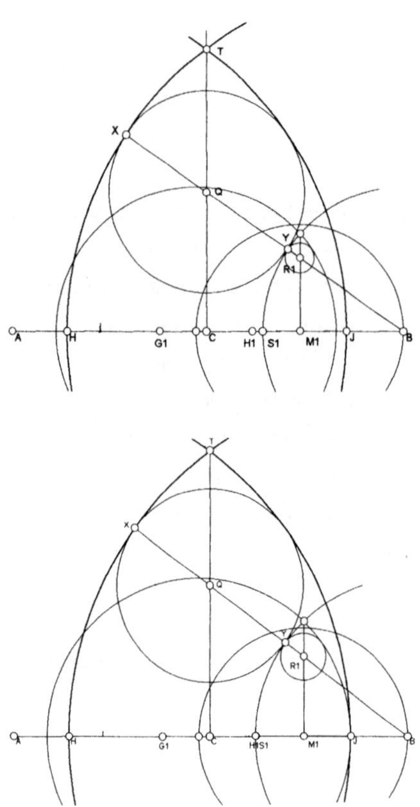

Bild 3.4.2 und 3.4.2a

Zu weiteren, mathematischen Einsichten gelangt man, wenn man sich fragt, welche Zusammenhänge zwischen dem großen gotischen Bogen mit Kreis und den unten eingefügten kleineren Ornamenten bestehen. Bezogen auf die Rekonstruktion des Fensters in [Dehio/Bezold]: Wo liegt die Strecke HJ, und sollte D in Bild 3.4.1 nicht auf ihr liegen?

Um das mathematische Beziehungsgefüge, das der Fensterkonstruktion zugrunde liegt, genauer zu verstehen, bauen wir das Maßwerk nach. Dabei gehen wir davon aus, daß der äußere Bogen gegeben ist. Wir passen in ihn die große Rose mit ihren Berührpunkten L und M variabel ein und bauen an sie in einem zweiten Schritt den linken kleinen Fensterrahmen mit seiner Rose tangential an. Dann ändern wir die Figur dynamisch so ab, daß unter der großen Rose drei kleine gleichbreite Rosen ihren Platz finden.In Bild 3.4.2 sind also der Radius $r_1=|HB|$ und die Breite des Fensters $|HJ|=:2c$ gegeben. Das Bild 3.4.2 wurde nun so mit Sketchpad konstruiert, daß ausgehend von dem großen Bogen zu einem beliebigen Punkt Q auf der Mittelsenkrechten zu AB der Berührkreis $K2:=K(Q;r_2)$ durch X an den Bogen konstruiert wurde.

Durch die Objektbindung von Q an die Mittelsenkrechte wird ermöglicht, verschiedene Lagen des Kreises zu studieren, dies die entscheidende Idee der Konstruktion. Weiter wurde dann das linke kleine Bogenornament an K2 und - von seiner Lage abhängig - in den großen Bogen eingepaßt. Die Lageveränderung von Q auf der Mittelsenkrechten zieht also die entsprechende Lageveränderung des kleinen gotischen Bogens nach sich. Da sich seine Breite durch Drittelung der Strecke HJ in Bild 3.4.1 ergibt, muß Q so auf der Senkrechten variiert werden, daß S1 auf H1, dem rechten Drittelungspunkt von HJ, liegt. Die dynamische Sicht, anders ausgedrückt, die Visualisierung von geometrischen, funktionalen Abhängigkeiten - hier die Lage von S1 als Funktion f von Q mit der Mittelsenkrechten als Definitionsmenge - führt also zu folgender Lösung: der Radius r_3 muß die Länge $|H1B|$ haben; dann erhält man ein Fenster vom Typ des Münsters in Selestat. Der Abstand $|CQ|$ läßt sich leicht errechnen:

$$e := r_1 - 2c = |JB|$$
$$\frac{2}{3}c + e = r_3$$
also
$$r_3 = r_1 - \frac{4}{3}c.$$
Dann folgt mit
$$\frac{r_1 - r_3}{2} = r_2 \quad (= \frac{2}{3}c)$$

für die Höhe des Mittelpunktes der Rose über AB bei drei gleichbreiten, einander berührenden, kleinen Ornamenten

$$|CQ| = \sqrt{(r_3 + r_2)^2 - (c+e)^2} \quad .$$

Der Punkt D liegt im allgemeinen nicht auf HJ, $r_2 \neq |CQ|$.

Eine Wertetabelle der Funktion
$$|CQ| \longrightarrow |JS_1|$$
ließe sich in Sketchpad durch die Messung der beiden Strecken und nachfolgender Lageveränderung von Q ermitteln. Die Bilder 3.4.2 und 3.4.2a zeigen zwei Etappen zur dynamischen Konstruktion des Maßwerks, ausgehend von Kreis K(Q; |QX|). Wenn Q sich auf der Senkrechten durch C zu AB bewegt, wandert S1 auf AB. In Bild 3.4.2a liegen dann H1 und S1 aufeinander.

Ein zweiter Lösungsweg ist in Bild 3.4.3 angedeutet: Man beginnt mit dem kleinen linken Ornament, d.h. man zeichnet den Kreis $K3 := K(B; \frac{2c}{3} + e)$ und konstruiert an ihn tangential einen weiteren Kreis, dessen Mittelpunkt Q auf der Mittelsenkrechten zu AB liegt. Indem man nun Y auf K3 variiert, ermittelt man dynamisch den Kreis K2, der den großen gotischen Bogen von innen berührt. In der Rechnung wird dann der Radius r_2 etwa in Abhängigkeit von Winkel $\alpha := w(CBY)$ dargestellt:
$$\frac{c+e}{r_2 + r_3} = \cos(\alpha),$$
also
$$r_2 = \frac{c+e}{\cos(\alpha)} - r_3.$$
Für die Streckenlänge |XB| erhält man so

(1) $r(\alpha) := |XB| = \frac{2(c+e)}{\cos(\alpha)} - r_3$, *bzw.*

(1a) $r(\alpha) = \frac{2(c+e)}{\cos(\alpha)} - (\frac{2c}{3} + e)$.

Setzt man nun $r(\alpha) = r_1$, so erhält man eine Gleichung, aus der der Winkel α zu berechnen ist, für den der Kreis K2 den großen gotischen Bogen berührt.

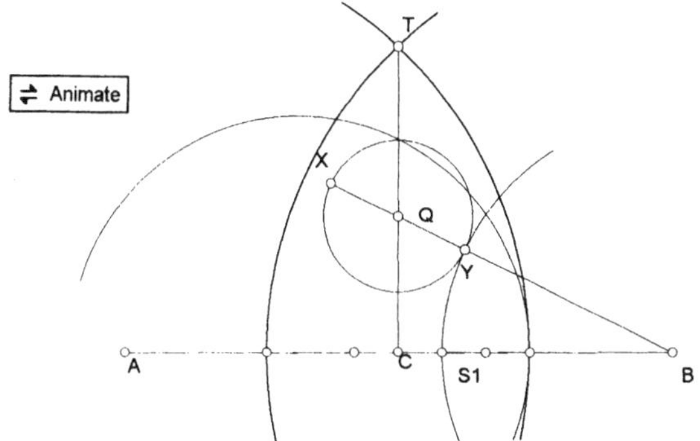

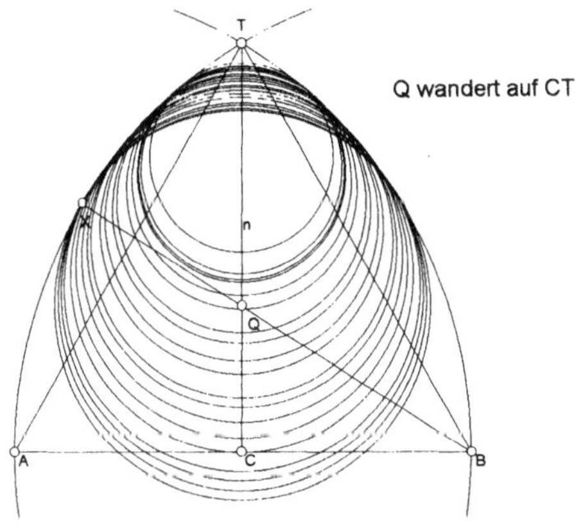

Bild 3.4.3 und 3.4.4

Dazu einige Bemerkungen:

1. Es scheint realistisch, in den Lösungsansätzen die Konstruktion von Schülern auf dem Papier genau vorplanen zu lassen, um dann den dynamischen Vorgang vom Lehrer per Programm vorführen zu lassen. Nur mit dynamischer Geometriesoftware vertraute Schüler werden die Konstruktion auf einem Rechner selbst durchführen.

2. Nachdem man beide Wege thematisiert hat, stellt sich natürlich die Frage, ob sie zu gleichem Ergebnis führen. Die dazu erforderlichen Überlegungen sind durchaus reizvoll; eine Möglichkeit, die Übereinstimmung festzustellen, besteht darin, in beiden Ansätzen $\cos(\alpha)$ in Abhängigkeit von r_1, c und e darzustellen.

3. Als einfachere Übungsaufgabe für den schülergemäßen Umgang mit dynamischer Software könnte sich die folgende anschließen:

> Man konstruiere zunächst einen gotischen Bogen mit gegebenen Maßen und füge dann einen Innenberührkreis so ein, daß er auch noch die Strecke AB, vgl. Bild 3.4.2, tangiert. Die Lösung ermittele man zuerst dynamisch und dann an Hand einer Gleichung.

Man wird dabei so vorgehen, daß man $|XQ|$ in Abhängigkeit von $|QC|$ darstellt, um dann die sich aus $|XQ|=|QC|$ ergebende Gleichung geeignet nach $|CQ|$ aufzulösen, um die Lage des gesuchten Mittelpunktes zu erhalten, vgl. Bild 3.4.4.

4. Alle Aufgaben verfolgen die gleiche Lösungsstrategie. Man konstruiert eine spezielle Situation, in der schon alle Bedingungen bis auf eine erfüllt sind. Durch den dynamischen Ansatz überzeugt man sich davon, daß eine Lösung des Problems existiert. Die rechnerische Lösung ergibt sich dann, nachdem man eine Gleichung formuliert hat.

5. Die Gleichungen (1) bzw. (1a) bieten einen Ansatz, um Polarkoordinaten und Funktionen in Polarkoordinaten einzuführen. Durch das zunehmende Vorhandensein von graphischen Taschenrech-

nern, die natürlich über alle üblichen Darstellungsformen verfügen, ist heutzutage eine nahezu ausschließliche Fixierung auf eine Darstellungsart keineswegs mehr sinnvoll. Die in Bild 3.4.3 zusätzlich eingezeichnete Kurve zeigt den Graphen von (1), erzeugt mit Sketchpad; man sieht: dynamische Systeme helfen auch hier.

6. Dynamische Geometrie als Designhilfe: Romanische oder gotische Bögen als Thema für den Geometrieunterricht, das ist natürlich ein Feld für viele, reizvolle Design-Aufgaben. Was der Wissenschaftshistoriker J. Hoyrup "subscientific mathematics" nennt, "a fixed method ... remains in constant use, and its school of practioners adds more and more complicated examples, vgl. [Artmann, S. 46], was Hoyrup vielleicht nicht hoch achtet, das kann für Unterricht durchaus sehr nützlich sein: die häufige Anwendung der gleichen Verfahren in leicht veränderten Grundsituationen, hier Tangenten- und Kreisberührkonstruktionen. Bild 3.4.5, einer alten englischen Architekturgeschichte [Bond, S. 258] entnommen, zeigt, wie formenreich das Feld der romanischen und gotischen Bögen war. Steht ein Programm der dynamischen Geometrie zur Verfügung, mit dem Schülerinnen und Schüler umgehen können, so lassen sich unterrichtliche Erfahren mit CAD im kleinen machen, indem man etwa zunächst nachkonstruiert und später die gewählten Proportionen variiert.

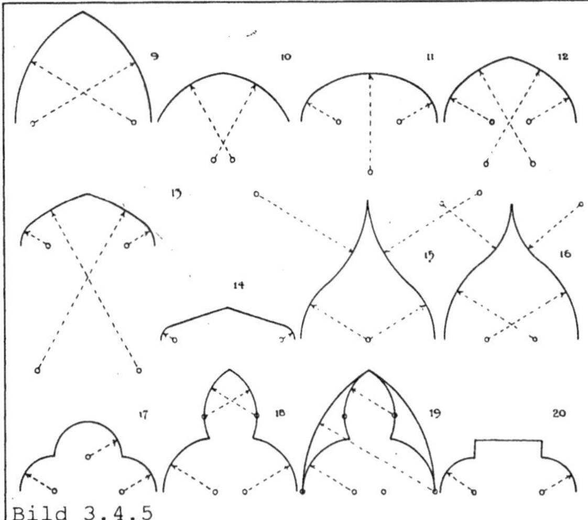

Bild 3.4.5

7. Mathematikunterricht, der sich allgemeinbildend versteht, bezieht natürlich auch in diesem Kontext Historie mit ein: Wie also wurden Maßwerke im Mittelalter geplant, welche Geometriekenntnisse waren als Hilfe für die schwierige Aufgabe vorhan-

den? Eine gesicherte Antwort scheint es auf diese Fragen nicht zu geben, Kultur- und Mathematikhistoriker gehen ihnen auffällig aus dem Weg. Wenn ich an dieser Stelle dennoch eine Vermutung äußere, so in aller Vorsicht und gestützt auf die Untersuchungen von H. Gericke, [Gericke, Band 2, Kap. 2] und J. Harvey, [Harvey, Kap. IV].

Die erste Übersetzung des Euklid aus dem Arabischen ins Lateinische fertigte Adelard von Bath um 1130 an, weitere, etwa von Hermann von Kärnten und Gerhard von Cremona folgten; diese Texte haben jedoch vermutlich kaum einen Einfluß auf die Arbeit der Dombauhütten ausgeübt. Harvey berichtet, daß sich der englische Kunsthistoriker Francis Bucher mit dieser Frage sehr ausführlich befaßt hat und zu folgendem Ergebnis kommt: ... "the design technique of geometric development was used as "a utilitarian approach to design...without a theoretical basis". Furthermore, the historical implications of the evidence suggest that this body of practical geometry can be considered independently of the study in medieval universities, of actual texts of Euklid"; vgl. [Harvey, S. 113f.]. Das heißt also: Der mittelalterliche Architekt war noch Handwerker und hatte nicht etwa Baukunst studiert, seine Mitarbeiter waren Maurer, keine Freimaurer. Daraus schließe ich: Man kopierte altes Design und probierte - nicht konstruierte - neues; schwierige Geometrie wurde nicht verwendet.

8. B. Artmann, der sich dem Thema naheliegenderweise in besonderem Maße verpflichtet fühlt, schreibt in bezug auf gotisches Maßwerk:" Tracery is exclusively constructed from circular arcs (and straight line segments)! It is the most mathematical kind of art known to me"; vgl. [Artmann, S. 44]. Auch wenn man an dieser Stelle vielleicht noch M. C. Escher und Victor Vasarely miteinbeziehen möchte, so wird man ihm zustimmen: Dem Reiz, der von gotischem Maßwerk, nicht nur von der großen Nordrose in Chartres, sonderen auch von einfacheren, unbekannteren Fenstern ausgeht, die dem eigenen Klassenzimmer räumlich und fachlich näher liegen, kann sich kaum einer verschließen. Daß hier ein Ansatz zur Motivation und zu einer Bereicherung von oft zu abstraktem Geometrieunterricht liegt, scheint deutlich.

In dem oben zitierten Text befaßt sich Artmann zunächst allgemein mit Maßwerk, um dann dezidierter auf hochinteressante Fenstermuster im Kloster von Hauterive, Nähe Fribourg (CH), einzugehen. Der Architekt dieser Fenstermuster, so Artmanns plausible These, war speziell interessiert an Euklids Theorie der Kreisteilung im Sinne des Buches IV der Elemente. Der Aufsatz enthält wichtige Literaturhinweise, deren Auswertung im Hinblick auf konkrete Unterrichtskonzeptionen über Maßwerk für die Sekundarstufe I wünschenswert wären.

9. Weitere Ansätze zu Lernsequenzen über Maßwerke finden sich in einigen jüngeren und älteren Schullehrbüchern, z. B. in [Penßel/Penßel/Roth, Bd. 10, S.170]. Die Autoren konzipieren jeweils einzelne Aufgaben oder Aufgabensequenzen; ungenutzt bleibt dabei in den mir bekannten Texten die Chance, die in naheliegender Projektarbeit liegt und die etwa mit der fotografischen oder, vielleicht besser, zeichnerischen Erfassung einer gotischen Fensterfront beginnt, sich in der Rekonstruktion mit dem Ziel eines Verstehens im oben beschriebenen Sinne (gl. Abschnitt 2.5) fortsetzt und bei eigenen spielerischen Entwürfen endet. J. Igl beschreibt den hier sehr kurz angedeuteten Projektgedanken etwas ausführlicher in [Igl, S. 208].

J. Kratz etwa befaßt sich in [Kratz, 1993, S. 253] mit Beziehungen zwischen Geometrie und Kunst. Als ein Beispiel studiert er dazu Berührkreisketten: Ausgehend von einer Fensterrose des Doms zu Limburg untersucht er das Problem, zu einem Kreis acht Berührkreise in Kettenanordnung zu konstruieren. "Dabei wird deutlich, daß die Beziehungen zwischen Geometrie und Kunst wechselseitig sind"; vgl. [Kratz, 1993, S. 256].

Erwähnt werden muß in diesem Zusammenhang auch ein sehr reizvolles Buch, das jedoch seine Verwendung eher im Informatikunterricht finden dürfte: P. Schweiger beschreibt in 'Gotik für Pascal', 1992, Prozeduren, mit denen sich gotische Strukturen, Bögen, Fenster, Ornamente,..., erzeugen lassen. Die erforderlichen programmiertechnischen Kenntnisse gehen jedoch weit über das im Mathematikunterricht Machbare und Wünschenswerte hinaus.

Abschließend möchte ich die Einsichten, die durch das Studium des konkreten Maßwerkbeispiels gewonnen wurden, mit gebotener Vorsicht verallgemeinern. Im Gegensatz zur herkömmlichen Zirkel-Lineal-Konstruktion betont die dynamische Sicht ein Denken in konstruktionsbedingten Abhängigkeiten; dies ist Voraussetzung für die intendierte nachfolgende Variation von Objekten der Zeichnung. Sketchpad spricht hier treffend von "Eltern" und "Kindern". In der üblichen Geometrie spielen Hierarchien kaum eine Rolle, da sie, wenn die Konstruktion fertig ist, nicht ausgenutzt werden können. Geht man nun davon aus, daß "Verstehen" geometrischer Konstruktionen, die ja bisweilen recht komplex ausfallen können, im wesentlichen ein Überblicken von größeren Kausalketten erfordert, so ist damit auf ein zentrales Problem hingewiesen: Lange Kausalketten sind keine menschliche Stärke. In [Vollmer, Bd. 1, S.136] heißt es: "Wir sind wohl auf lineare Kausalität und auf kurze Kausalketten geprägt, nicht jedoch auf vernetzte Systeme,...". Indem wir nun in der Lage sind, Effekte von Abhängigkeiten zu sehen, sind wir - so meine These - dem Verstehen, dem geometrischen Verstehen im Unterricht einen Schritt nähergekommen.

Man ist arm, hat verlernt zu spielen.
E. Bloch, Geist der Utopie

3.5 Gotik mit Parabeln?

In Bild 3.5.1 ist ein Spitzbogen abgebildet, den es in der Gotik nie gegeben hätte: Er wurde mit zwei Parabelbögen gebildet; Parabeln kannten die Dombauer nicht. Im Sinne eines spielerischen Ansatzes wollen wir uns nun fragen, ob man quasigotische Bögen nicht auch mit anderen Formen, etwa Parabelbögen, konstruieren könnte. Parabeln bieten sich insofern an, weil sie eine besonders einfache Termform haben und üblicherweise zum erstem Mal in der Klasse sieben und dann immer wieder betrachtet werden.

Man darf davon ausgehen, daß das in der Antike entstandene mathematische Wissen insgesamt und über Kegelschnitte speziell die "dark ages" in Mitteleuropa kaum überlebt hat. Die erste erneute Berührung mit Euklid etwa dürfte, vgl. Abschnitt 3.4, Bemerkung 7, nur sehr wenigen Gelehrten bekannt und wichtig gewesen sein.

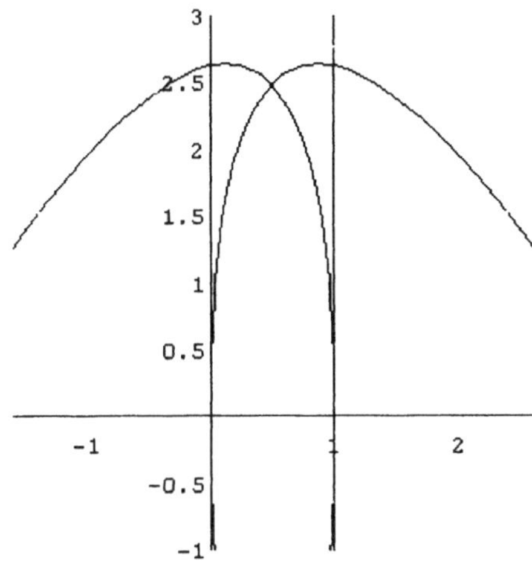

Bild 3.5.1

Juschkewitsch [Juschkewitsch, S. 328] schreibt dazu: "Es ist einzusehen, daß zur Zeit des Frühfeudalismus und der unbedingten Machtstellung der Kirche keinerlei Triebkräfte für eine wissenschaftliche Beschäftigung mit den Naturwissenschaften und der Mathematik vorhanden waren. In der Wirtschaft und im täglichen Leben begnügte man sich mit einem Minimum an arithmetischen und geometrischen Kenntnissen, die nicht über die elementaren Rechenoperationen mit ganzen Zahlen und Brüchen und über das Berechnen einfachster Figuren hinausgingen." Heute erscheint uns kaum verständlich, daß z. B. um 1250 das Problem des Kontingenzwinkels, d. h. des Winkels zwischen einem Kreisbogen und der Tangente am Ende des Kreisbogens, rege diskutiert wurde; vgl. [Juschkewitsch, S. 343].

Geht man in einem Geometrieunterricht der Sekundarstufe I, der sich mit Maßwerk befaßt hat, auf den Begriff des "Subwissenschaftlichen" in der Mathematik ein, so liegt dann der Übergang im Sinne des Spielerischen nahe: Warum keine hypothetischen gotischen Bögen, etwa mit Parabeln, entwerfen?
Im folgenden beschreibe ich zunächst, wie die obige Graphik entstanden ist und skizziere in einem weiteren Schritt Unterrichtskonzepte, die sich mit dem Design von Bögen befassen, die nicht auf Kreisen basieren.

In Bild 3.5.2 wurde im Ursprungspunkt an die Funktion f mit f(t):=-t(t-3) die Tangente angelegt. Um dann einen pseudogotischen Bogen zu erzeugen, muß der Graph und die Tangente um $\frac{\pi}{2}-\gamma$ gedreht werden,

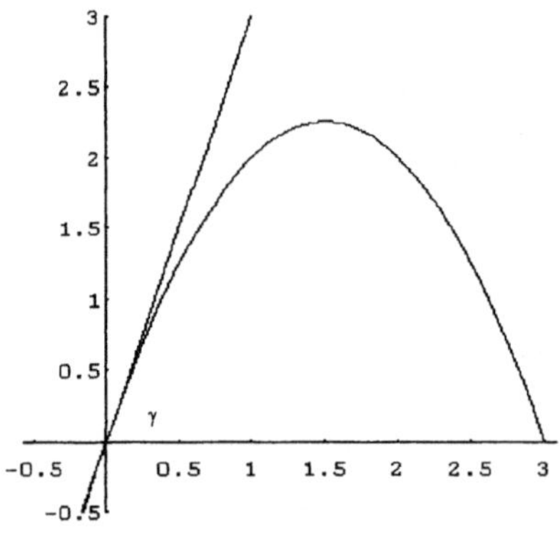

Bild 3.5.2

d. h. auf die Parabel als Punktmenge

P:={(t;f(t))|t∈D}

betrachtet, wird eine Drehung $D_{\frac{\pi}{2}-\gamma}$ angewendet

$$P \xrightarrow{D_{\frac{\pi}{2}-\gamma}} P',$$

und man erhält die linke Seite des gesuchten Bogens; man muß nur noch geeignet abschneiden. Den rechten Parabelbogen ergänzt man schließlich, indem man die gerade erhaltene Figur an einer Geraden x=a mit a>0, etwa a=1 spiegelt.

Diese Konstruktion kann in verschiedenen Unterrichtssituationen Verwendung finden. Beherrschen Schüler das Antragen von Tangenten an Kreise etwa in der Klasse sechs oder sieben, haben sie ferner Parabeln via Wertetabelle, eigenem Zeichnen und erstem, experimentellem Umgang mit einem graphischen Taschenrechner kennengelernt, so stellt sich die Frage nach der Übertragbarkeit auf Parabelbögen als Voraussetzung der gotischen Parabelbogenkonstruktion. Man wird ein Scheitern konstatieren und sich mit einer zeichnerischen Näherung begnügen. Scheitern, als Lernprozeß recht betrachtet, kann außerordentlich wertvoll sein. Der vollständige Bogen entsteht dann, indem man die Näherungszeichnung verdoppelt bzw.kopiert und im Sinne der Achsenspiegelung beide Teile miteinander verklebt. Damit ist die Frage des Berührens auf propädeutischer Ebene zum ersten Mal angesprochen.

Die eigentliche Tangentenkonstruktion sollte dann im Kontext einer Einführung in Differenzierbarbeit stattfinden: Neben den üblichen Anwendungsbeispielen der Lehrbücher - Einführung in das Newtonverfahren, in den Parabolspiegel, um nur einige zu nennen - kann hier die Konstruktion wieder aufgenommen werden, um nun befriedigend, aber immer noch mit Papier und Schere, beendet zu werden. Ob man einen Versuch wagt, der ausgehend von der Zwei-Punkte-Form der Geradengleichung, mit heuristischem Grenzwertansatz die Tangentengleichung schon in der Klasse neun ermittelt, sei dahingestellt. Des weiteren könnte dann die geometrische Tangentenkonstruktion und die Einführung der Drehmatrix Anlaß sein, auf das Parabelbogenproblem erneut zurückzukommen.

Ich möchte nun noch auf einige Teilaspekte des Problems eingehen, die mir wichtig erscheinen. Die sinnvolle Durchführung der Konstruktion setzt voraus, daß die Parabel von Schülerinnen und Schülern als Objekt betrachtet wird. Dazu schreibt Weigand:" Kennzeichnend für das strukturelle Begriffsverständnis ist es, daß der Begriff als Objekt betrachtet wird und mit dem Begriff als Ganzes wie mit einem Baustein, einer Prozedur oder einem Modul operiert wird"; vgl. [Weigand 1992, S.48]. Wenn auch alle Begriffe, nicht nur mathematische, immer und überall Objektcharaker haben, so wird hier dennoch auf Wesentliches aufmerksam gemacht. Entscheidend für das Verständnis ist nicht mehr das rechnerische, vielleicht auch handwerkliche Entstehen des Graphen, sondern ein Operieren mit der Figur. Man sieht, der Umgang mit Papier und Schere verfolgt das Ziel, diese Sicht von vorneherein mit einzubeziehen; das oben beschriebene Verfahren ist also wichtige Vorbereitung und mehr als eine Krücke. Schüler, die Funktionen immer nur unter dem Aspekt des Entstehens durch Einsetzen in einen Term gesehen haben, finden dann später nur schwer den Weg zu dieser unterrichtlich neuen, im Sinne der Mathematikgeschichte ursprünglicheren Sicht.

Die Objektsicht, die Weigand Derive attestiert, findet sich, vermutlich noch deutlicher und damit noch wertvoller in Mathematica; mit Mathematica wurden denn auch die beiden Figuren erzeugt. Während in Derive auf die mathematischen Objekte Menübefehle angewendet werden, verlangt Mathematica eine explizite Formulierung im Skript, hier "notebook" genannt, und verbalisiert so den Objektgedanken; ihn zu verstehen, ist aber deshalb geradezu Bedingung für den Anwender. Die wesentlichen Befehle für die obige Konstruktion führe ich kurz an und verweise ansonsten auf den Anhang.

```
(1) drehung[alpha_]:={{Cos[alpha],-Sin[alpha]},
        {Sin[alpha],Cos[alpha]}}
(2) graph=drehung[Pi/2-gamma].{t,f[t]}
(3) tangente=drehung[Pi/2-gamma].{t,g[t]}

(4) reflex:={{-1,0},{0,1}}
(5) graph1=reflex.drehung[Pi/2-gamma].{t,f[t]}+{1,0}
(6) tangente1=reflex.drehung[Pi/2-
                        gamma].{t,g[t]}+{1,0}
```

In drehung[alpha] wird die Drehmatrix definiert und dann auf den Graphen, das Objekt {t,f[t]}, angewandt. Man erhält (2). Der gedrehte Graph wird nun selbst ein Objekt auf einer Metaebene und mit der Spiegelmatrix reflex an x=1 achsengespiegelt und dann mit dem Vektor {1,0} noch verschoben. Gleiches geschieht mit den Tangenten.

Es scheint heutzutage sinnvoll, zumindest für Leistungskurse die Frage zu diskutieren, ob Programme wie Mathematica unterrichtsrelevant sind, auch wenn sie natürlich in ihrer Komplexität bei weitem nicht ausgenutzt werden können und sollen. Dieser Abschnitt - weitere folgen - ist u. a. Ausdruck dessen, daß ich die Frage bejahe. Für die operative Konstruktion des Bogens in Bild 3.5.1 ist Mathematica allerdings sicher nicht Voraussetzung; weniger bequem, weniger schön, leistet Gleiches auch ein moderner graphischer Taschenrechner.

3.6 Korbbögen

Der in Bild 3.6.1 abgebildete Jugendstileingang, fotografiert in einem Wuppertaler Gründerzeitviertel, wird nach oben durch einen sogenannten Korbbogen begrenzt. Diese Bogenform ist sehr weit verbreitet: Wenn man einen Kreisbogen möchte, die erforderliche Höhe aber nicht zur Verfügung hat, so ist ein Korbbogen oder eine Ellipse der mögliche Ersatz. Da Korbbögen konstruktiv einfacher sind, wählt man sie. Wie werden sie konstruiert? In Bild 3.6.2 wird dem Kreis K1:=K(C;|CY|) so ein Kreis K(M;|MN|) einbeschrieben, daß sich in N ein tangentialer Übergang ergibt. Anschließend spiegelt man an CY. Man erhält so insgesamt den aus drei Kreisbögen zusammengesetzten Korbbogen, auf dem die Punkte R, N, Y, N´ und R´ liegen.

Bild 3.6.1

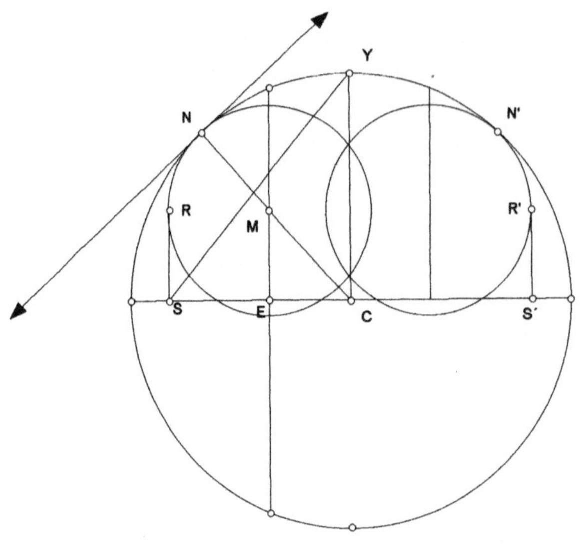

Bild 3.6.2

Im folgenden möchte ich ein Konzept zur Behandlung von Korbbögen im Unterricht beschreiben, indem auch der Begriff der Krümmung thematisiert wird. Ausgehend von Korbbögen, die ja durch Kreise unterschiedlicher Krümmung gebildet werden, nähert man sich der üblichen Krümmungsdefinition der Analysis - einer Definiton, die im Unterricht der Sekundarstufe II allenfalls rudimentär existiert.

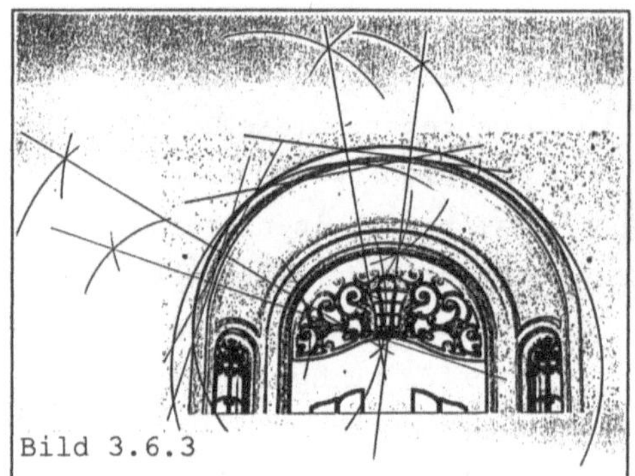

Bild 3.6.3

Im Sinne des Prinzips vom konkreten Zugang wird man interessante Bogenformen suchen und fotografieren, etwa Fenster- und Torbogen in der Nähe oder sogar in der Schule, oder man wird von der Abbildung eines Korbbogens ausgehen und ihn geometrisch analysieren. Eine solche Analyse wurde an obigem Bogen so durchgeführt, daß in die Abbildung hineinkonstruiert wurde, vgl. Abbildung 3.6.3. Man sieht, es liegt höchstwahrscheinlich ein Korbbogen mit zwei verschiedenen Krümmungen vor. Der Bogen weicht nur leicht von einem reinen Kreisbogen ab; Fotoebene und Bogenebene lagen nicht völlig plan. Schülerinnen und Schüler einer Klasse sieben oder acht lernen so, an einem konkreten Beispiel Mittelpunkte von Kreisen und tangentiale Übergänge zwischen Kreisbögen zu konstruieren. Wo die Krümmung sich ändert, dürfte wie in dem von mir benutzten Beispiel auch im Unterricht nicht eindeutig sein, wieder ein Unterrichtsgegenstand offener Mathematik.

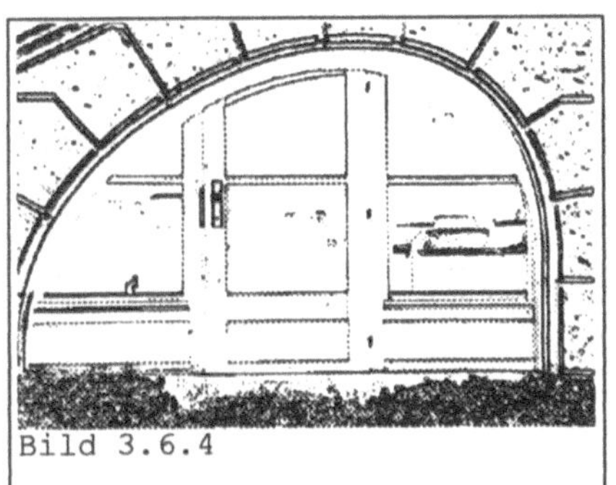
Bild 3.6.4

Haben Schüler das Konstruktionsprinzip des Korbbogens durchschaut, öffnet sich in zweierlei Richtungen ein reiches Feld für beziehungshaltige Übungen. Einerseits können weitere reale Korbbögen identifiziert werden; wie unterschiedlich sie bisweilen ausfallen, wie asymmetrisch sie sein können, zeigt ein Bogen, den ich in der City von Wiesbaden fand, vgl. Bild 3.6.4. Schnell findet man weitere. Andererseits lassen sich natürlich auch Konstruktionsaufgaben formulieren, die zu einer gegebenen Situation eine Korbbogenkonstruktion verlangen. Gibt man z. B. ein Rechteck vor, dessen Breite oberhalb der doppelten Höhe liegt, so kann man offenbar beliebig viele Korbbögen konstruieren, die die Breite als Grundlinie und die Höhe als Bogenhöhe haben. Es sei an dieser Stelle auf einen diesbezüglichen Aufsatz von E. Schröder hingewiesen; vgl. [Schröder, S. 49]. Schröder nimmt dann eine reizvolle weitere Bedingung zur Konstruktion hinzu: Er verlangt, daß die Tangente an der Nahtstelle parallel zu der Sehne liegt, die den Scheitelpunkt des Bogens mit dem entsprechenden tiefsten Punkt der Bogenlinie verbindet. Die konstruktive Situation ist mit Sketchpad in Bild 3.6.2 nur unzureichend wiedergegeben, Texte verwehren sich der dynamischen Sicht: Die Punkte E und M können variiert werden, so daß man verschiedene Formen - Designs - des Bogens erhält und dabei auch sieht, daß eine parallele Lage von Sekante und Tangente existiert. Sie auch herkömmlich zu konstruieren, erfordert, Eigenschaften von Sekanten-Tangenten-Vierecken auszunutzen; vgl. [Schröder, S. 50].

Zur Einführung des Begriffs der Krümmung wird man seine Schüler auffordern, die Form des Korbbogens zu beschreiben. Dabei dürfte man schließlich zum Begriff des Krümmungsradius und zu seinem reziproken Wert, der Krümmung eines Kreises gelangen. Man stellt fest, daß sich die Krümmung eines Korbbogens sprunghaft ändert, und das naheliegende, für die Klasse neue Problem besteht nun darin, seine Form in analytischer Hinsicht so zu "verbessern", daß sich ein ähnlicher Bogen ergibt, dessen Krümmung sich jedoch ohne Sprünge ändert. Man wird dazu sicher wiederum von der Krümmung des Kreises ausgehen: Über den Korbbogen wird der in Bild 3.6.2 gestrichelt gezeichnete Kreis gelegt und so in Richtung y-Achse kontinuierlich gestaucht, daß er sich möglichst dicht dem Korbbogen anschmiegt. Mit anderen Worten: Man führt die Ellipse auf dem Wege der Anpassung an den Korbbogen als achsenaffines Bild des Kreises ein. Die Anwendung der kontinuierlichen Stauchung macht deutlich, daß sich im Übergang vom Kreis zur Ellipse die Krümmung nicht sprunghaft, bzw. unstetig ändern kann; vgl. Bild 3.6.5.

Dazu einige Bemerkungen:

1. In der Sekundarstufe I wird man den Vorgang der Anpassung eines Kreises an einen Korbbogen rechnerisch oder zeichnerisch etwa in der Klasse neun im Zusammenhang der Ähnlichkeitsgeometrie durchführen. Man berechnet den Quotienten z aus der Scheitelhöhe des Korbbogens und dem Radius des Kreises, um anschließend zu weiteren y-Werten des Kreises die entsprechenden y'-Werte gemäß $y'=z\,y$ zu erhalten; so stellt man auch die Gleichung der Ellipse ausgehend von der des Kreises auf.

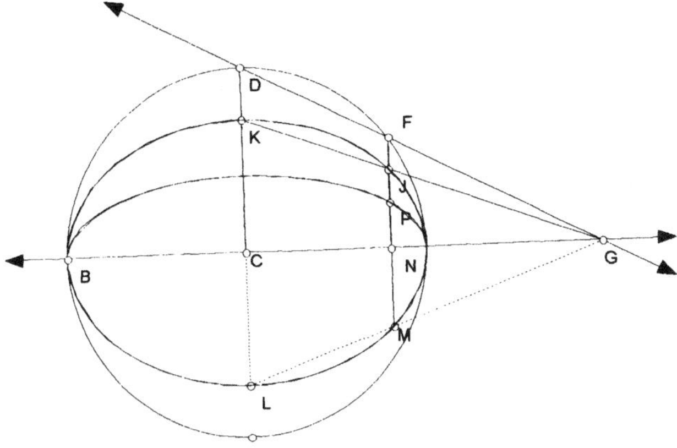

Bild 3.6.5

2. Bei einer rein zeichnerischen Lösung nutzt man etwa die dynamischen Bindungen von Sketchpad aus: In Bild 3.6.5 wird die Ellipse als achsenaffines Bild unter Verwendung des Strahlensatzes entwickelt. Gegeben ist die Gerade durch C und B und der Kreis K1:=K(C;|CB|), dessen Radius gleich der großen Halbachse der zu konstruierenden Ellipse ist. Die gegebene kleine Halbachse trägt man auf CD von C aus ab und erhält K. Unsere Achsenaffinität soll also den Punkt D auf K abbilden, und unsere Aufgabe besteht darin, das Bild eines beliebig auf K1 gewählten Punktes F zu finden. Dazu gehen wir so vor: Die Gerade durch F und D schneidet die Gerade durch B und C in G. Man verbindet G mit K und fällt das Lot g zu BG durch F; g schneidet KG in J. Während nun F objektgebunden auf K1 wandert, zeichnet man die Spur von J und erhält den einen der beiden Bogen der gewünschten Ellipse. Die Begründung der Konstruktion liefert der Strahlensatz.

3. Sketchpadspezialisten wissen, daß bei der Verlängerung von Strecken auf ihnen befindliche Punkte so gestreckt werden, daß Streckenverhältnisse erhalten bleiben. So entstand in Bild 3.6.5 der Ellipsenbogen durch P. Eine in Sketchpad erfahrene Klasse hätte also die obige Konstruktion wesentlich einfacher erhalten. Ob allerdings die Eleganz dieser Konstruktion dem Lernprozeß förderlich ist, sei dahingestellt.

4. Man beachte die Wortwahl in der obigen Beschreibung: Der Begriff Krümmung wird nur für den Kreis, die Begriffe Stauchung, kontinuierlich, unstetig und sprunghaft werden nicht definiert, sondern propädeutisch und unkritisch verwendet. Ich intendiere hier eine erste Windung im Sinne des Spiralprinzips, in der dann auch anschaulich akzepziert wird, daß Ellipsen stetiges Krümmungsverhalten haben und Korbbögen nicht.

3.7 Korbbögen in analytischer Sicht

Naheliegenderweise wird man fragen, wie Korbbögen einer analytischen Behandlung in der Sekundarstufe II zugänglich sind. Im folgenden entwickle ich ein Unterrichtskonzept zur Anpassung von Ellipsen an Korbbögen, das wiederum im Sinne des spielerischen Ansatzes ausgehend von dem Problem, Krümmungsverhalten zu verbessern, Ähnlichkeiten mit der am Anfang dieses Kapitels in den Abschnitten 3.1 bis 3.3 beschriebenen Vorgehensweise hat. Als Werkzeug setze ich Mathematica ein, graphische Taschenrechner leisten im Unterricht sicher Gleiches, wenn auch weniger komfortabel.

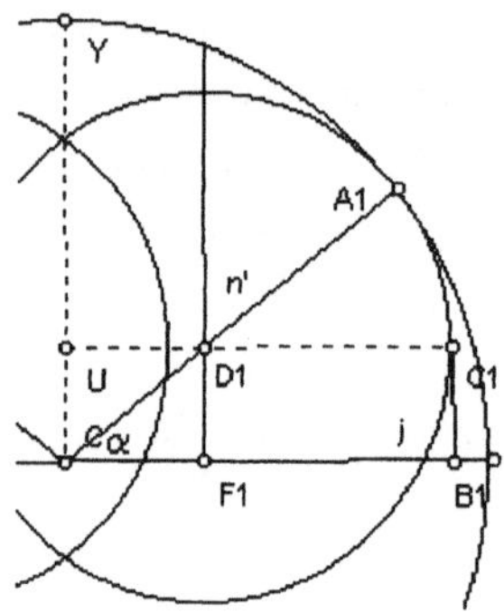

Bild 3.7.1

In Bild 3.7.1 sind die beiden Radien $r_1 := |CA_1|$ und $r_2 := |D_1A_1|$ mit $r_1 > r_2$ sowie $a := |CF_1|$ gegeben. Im ersten Schritt wird nun der Korbbogen als abschnittsweise definierte Funktion k beschrieben; man erhält mit $y_1 := |F_1D_1| = (r_1 - r_2)\sin(\alpha)$

$$f(x) := \sqrt{r_1^2 - x^2} \text{ und } g(x) := y_1 + \sqrt{r_2^2 - (x-a)^2},$$

wobei

$$\alpha = \arccos\left(\frac{a}{r_1 - r_2}\right)$$

gilt.

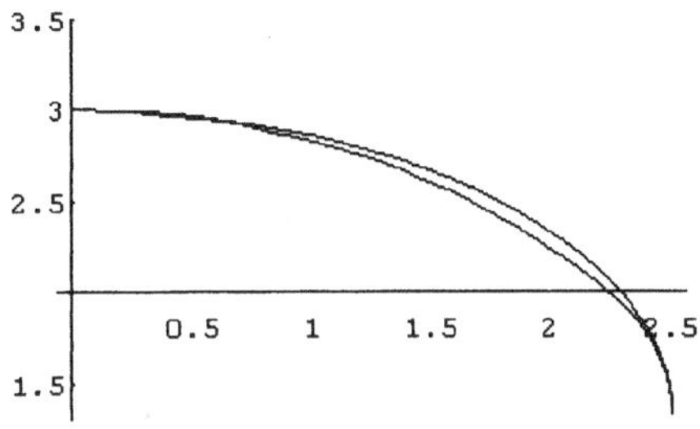

Dann folgt für die Funktion k

$$k(x) := \begin{cases} f(x) & \text{für } 0 \leq x \leq r_1 \cos(\alpha) \\ g(x) & \text{für } r_1 \cos(\alpha) < x \leq a + r_2 \end{cases}$$

Bild 3.7.2

Für eine Ellipsenfunktion h, die mit dem Korbbogen etwa den Scheitel und die Breite gemeinsam hat, folgt dann gemäß

$$\left(\frac{h(x) - y_1}{r_1 - y_1}\right)^2 + \left(\frac{x}{a + r_2}\right)^2 = 1$$

$$h(x) := (r_1 - y_1)\sqrt{1 - \frac{x^2}{(a + r_2)^2}} + y_1 .$$

Bild 3.7.2 zeigt, daß sich die Graphen für die Werte r_1:=3, r_2:=1 und a:=1.5 kaum unterscheiden.

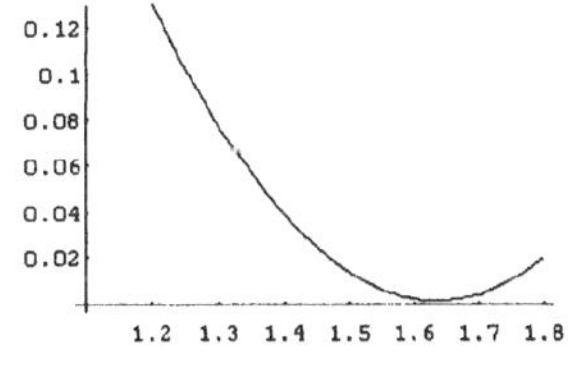

Im zweiten Schritt wird nun im Sinne der Methode der kleinsten Quadrate versucht, eine Ellipse an den Korbbogen anzupassen. Dazu definiere man mit Hilfe von h_1 gemäß

$$h_1(x) := \sqrt{1 - \frac{x^2}{(a + r_2)^2}}$$

Bild 3.7.3

die Funktion differenz mit

$$differenz(hoehe) := \frac{1}{n}\sum_{i=0}^{n}\left[\left\{ hoehe \cdot h_1\left(i\frac{r_2 + a}{n}\right) + y_1 \right\} - k\left(i\frac{r_2 + a}{n}\right)\right]^2 .$$

Der Term $h_1(x)+y_1$ gibt die mit dem Parameter hoehe modifzierte Ellipse an. Bild 3.7.3 zeigt, daß für n=30 ein Minimum bei ca. 1.6 liegt. Um dies zu bestätigen, betrachten wir die erste Ableitung von differenz, vereinfachen sie, setzen sie Null und lösen nach hoehe auf; Mathematica liefert:

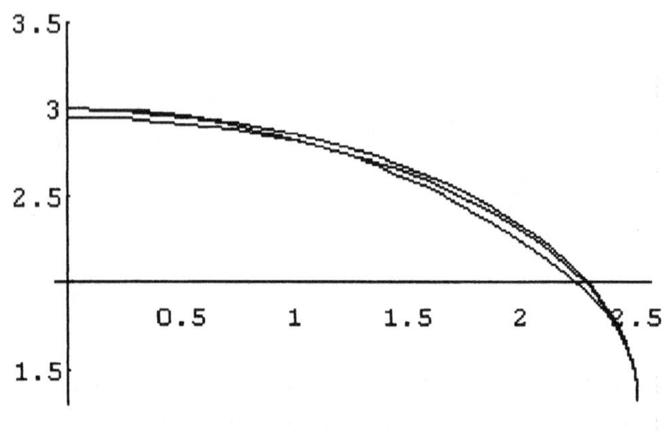

Bild 3.7.4

```
(1) Solve[Simplify[D[differenz[hoehe],hoehe]]==0 ]
    {{hoehe -> 1.63344}}.
```

Der mittlere Graph zeigt die Näherung durch die Quadratminimierung. Zur Durchführung der Rechnungen mit Mathematica sei auf den Anhang 3.7-1 verweisen.

Schüler, die in der Sekundarstufe I die Methode der kleinsten Quadrate kennengelernt haben, etwa im Sinne der Brückenbogenuntersuchung am Anfang dieses Kapitels, sollten in einem Leistungskurs der Jahrgangstufe zwölf oder dreizehn in der Lage sein, dem gleichen Gedanken auf höherer Ebene bei gleicher Struktur zu folgen. Graphische Taschenrechner leisten, was hier Mathematica übernahm, sieht man von der symbolischen Termverarbeitung ab; die aber wird man im Unterricht sicher zunächst an der Tafel zumindest skizzieren, vielleicht mit weniger Summanden vornehmen. Mathematica dient dann als Stütze oder als Kontrollinstanz.

Der Mathematica-Befehl (1) ist ein reizvolles Beispiel für geschachtelte Objektsicht: der Term differenz[hoehe] wird differenziert, dann vereinfacht; die Null gesetzte Ableitung schließlich nach der Variablen hoehe aufgelöst. Für Schüler ist dies sicher eher verständlich, wenn den Sachverhalt zuerst in verschiedene Befehle zerlegt wird. Dann aber sollte auch (1) in der kompakten Form zu verstehen sein. Daß (1) so möglich ist, zeigt die Mächtigkeit des Werkzeugs Mathematica.

In einem Grundkurs könnte man sich auf das Modellieren von Korbbögen und angepaßten Ellipsen mit Funktionen beschränken. Unter wenigen Approximationen ließe sich dann noch, wenn schon nicht die beste, so doch die am meisten geeignete nach der Methode der kleinsten Quadrate identifizieren.

3.8 Zur Definiton der Krümmung

Die übliche, geschickte und ergebnisorientierte Definion der Krümmung einer Kurve geht von der Änderung der Tangente an die Kurve aus. Courant schreibt in [Courant, Bd. 1, S. 241]: "Denken wir uns die Kurve gleichförmig in positivem Sinne durchlaufen, derart, daß in gleichen Zeiten gleiche Bogenlängen zurückgelegt werden, so wird sich die Richtung der Kurve mit einer bestimmten Geschwindigkeit ändern. Diese Geschwindigkeit betrachten wir als Maß für die Krümmung der Kurve an der betreffenden Stelle." Es wird dann α, der Winkel zwischen der positiven Tangente und der positiven x-Achse als Funktion der Bogenlänge s aufgefaßt und man erhält sehr schnell die übliche Darstellung für die Krümmung. Anschließend wendet man sich dem Krümmungskreis und seinem Radius zu. Von dieser Vorstellung etwa geht Winter in [Winter, S. 119] und Weth in [Weth, S. 202] aus; ähnlich auch Bungartz in [Bungartz, S. 202]. Der Vorteil einer solchen Vorgehensweise liegt darin, schnell, eben ergebnisorientiert, eine Darstellung der Krümmung zu erhalten, der Nachteil sollte nicht übersehen werden: Man benötigt das Bogenintegral, und die zugrunde liegende Idee ist recht weit von ihrem Ausgangspunkt, der Kreiskrümmung entfernt.

Ich möchte einen elementaren Umweg vorschlagen, der natürlich auch nicht neu ist, vgl. [v. Mangoldt-Knopp, Bd.2, S.499], der aber näher bei der Idee liegt, Krümmungsverhalten von Korbbögen zu verbessern, und der in Abschnitt 3.9 dann auch zur üblichen Krümmungsdefinition für Kurven führt. Ausgehend von der Krümmungsvorstellung bei Kreisen stellen wir uns den folgenden Vorgang vor: In zwei Punkten eines Kreises werden die Tangenten und Normalen eingezeichnet. Die Normalen schneiden sich trivialerweise in einem Punkt, dem Mittelpunkt. Wandert nun der eine Punkt auf den anderen, fest gedachten zu, so ändert sich die Lage des Schnittpunktes der Normalen natürlich nicht. Aber, wir verallgemeinern die Vorstellung auf hinreichend glatte Graphen und errechnen so den Mittelpunkt des Krümmungskreises via Grenzwertprozeß. Ich vermute, daß diese Vorstellung näher an der Krümmungsvorstellung von Kreisen liegt, daß sie also elementarer ist.

Dazu betrachten wir zu dem Graphen der differenzierbaren Funktion f in den Punkten

$P = (x_0; y_0)$ und $P_1 = (x_0 + h; f(x_0 + h))$

die Normalen

(1) $f'(x_0)(y - y_0) + (x - x_0) = 0$,

(2) $f'(x_0 + h)[y - f(x_0 + h)] + (x - (x_0 + h) = 0$.

Setzen wir weiter voraus, daß f zweimal differenzierbar ist und $f''(x_0) \neq 0$ gilt, so haben (1) und (2) für $h \neq 0$ wegen $f'(x_0) \neq f'(x_0 + h)$ in einer geeigneten Umgebung von x_0 unterschiedliche Steigungen. Die Normalen mögen sich in $Q = (x; y)$ schneiden; x und y hängen natürlich von h ab.

Mit (1) und (2) haben wir also ein lineares Gleichungssystem in den Variablen x und y als Koordinaten des gesuchten Schnittpunktes. Im ersten Schritt eliminieren wir x und versuchen, eine Darstellung für y zu finden, die zudem noch

Differenzenquotienten enthält. Die Vorgehensweise ist nicht unelegant und vermutlich im Unterricht eines Leistungskurses nur durch einen Lehrervortrag mit flankierenden Maßnahmen zu realisieren.

Aus (1) folgt zunächst

(3) $f'(x_0)y + x = x_0 + y_0 f'(x_0) =: g(x_0)$,

wobei der für das Folgende wichtige Term g so definiert ist:

(3a) $g(x) := x + f(x)f'(x)$.

Aus (2) folgt dann entsprechend

(4) $$f'(x_0+h)y + x = x_0 + h + f(x_0+h)f'(x_0+h) = g(x_0+h).$$

Man subtrahiert von (4) Gleichung (3), eliminiert so die Variable x und erhält:

$$g(x_0+h) - g(x_0) = f'(x_0+h)y + x - f'(x_0)y - x = f(x_0+h)y - f'(x_0)y\ .$$

Dann liegt es nahe, zum Differenzenquotienten für g überzugehen; sein Grenzwert existiert, da f'' existiert. Man erhält:

$$\frac{g(x_0+h) - g(x_0)}{h} = \frac{f'(x_0+h) - f'(x_0)}{h}y,$$

und mit $\bar{y} := \lim_{h \to 0} y$ folgt

$$g'(x_0) = f''(x_0)\,\bar{y}.$$

Die Ableitung von g liefert

$$1 + [f'(x_0)]^2 + f(x_0)f''(x_0) = f''(x_0)\bar{y},$$

also erhalten wir

$$\bar{y} = \frac{1 + [f'(x_0)]^2}{f''(x_0)} + f(x_0)$$

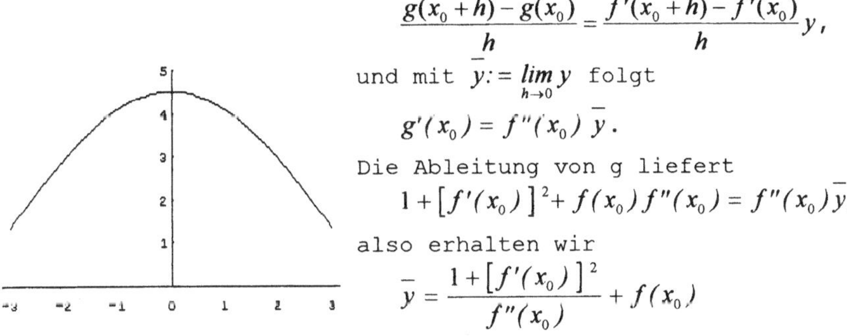

Bild 3.8.1

als y-Koordinate des so definierten Berührkreismittelpunktes zu $(x_0; y_0)$. Mit (1) folgt dann weiter:

$$\bar{x} = x_0 - \frac{1 + [f'(x_0)]^2}{f''(x_0)} f'(x_0).$$

In einem Wendepunkt ist also der Krümmungskreis nicht definiert. Die Abstandsformel führt dann zu dem üblichen Krümmungsradius ρ:

$$\rho(x_0) = \frac{\left(1+[f'(x_0)]^2\right)^{\frac{3}{2}}}{|f''(x_0)|}.$$

Man stellt nun für die Ellipse den Funktionsgraphen des Krümmungsradius dar, vgl. Bild 3.8.1 und Anhang 3.8-1, und sieht, daß er sich, wie vermutet, stetig ändert. Die Ellipse ist also - zumindest im mathematischen Sinne - eine Weiterentwicklung des Korbbogens.

Ich schließe mit einigen Bemerkungen zur Unterrichtsgestaltung:

1. Bei der Einführung des Krümmungsradius in einem Leistungskurs stelle man sich also vor, daß sich auf einer Kurve die Normalen in zwei Punkten schneiden, und untersuche, wie sich der Schnittpunkt verhält, wenn der eine Punkt auf den anderen zuwandert. Wichtig scheint dabei vor allem die Idee, weniger die dann erforderliche, etwas artifizielle Rechnung. Diese Rechnung zu verifizieren, wäre eine nicht unanspruchsvolle Hausaufgabe, die sich dem Lehrervortrag anschließt.

Zur vertieften Verständnis schließlich vergleiche man den hier erforderlichen Grenzwertprozeß mit dem, den man betrachtet, wenn man bei der Einführung der Differenzierbarkeit die Tangentensteigung berechnet. Die Parallelität ist auffällig:

Einführung der Tangentensteigung:	Einführung der Krümmung:
Ein Punkt wandert	auf einen anderen zu.
Grenzwert des Differenzenquotienten gesucht	Grenzwert der Schnittpunkte der Normalen gesucht

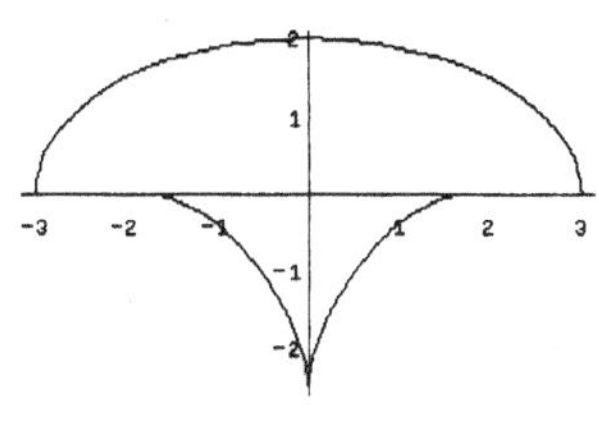

Bild 3.8.2

2. Um dann Krümmungsradien und Evoluten im Unterricht zu studieren, ist ein graphischer Taschenrechner erforderlich. Steht Mathematica zur Verführung, wird man seinen Schülern ein vorgefertigtes Notebook geben, in das nur noch der Funktionsterm des zu untersuchenden Graphen einzugeben ist. Im Sinne einer Objektsicht stellen also solche Notebooks, d. h. Zusammenfassungen von vorgeplanten Operationen, Objekte oder Prozeduren auf höchster Stufe dar; hier sollte ein Notebook, auf einen Term angewendet, den Krümmungskreis und die Evolute liefern. Bild 3.8.2 zeigt einen Teilgraphen der Evolute der Ellipse, das zugehörige Notebook findet sich in Anhang 3.8-1.

3. Mit einem solchen Notebook wird man zuerst die Ergebnisse an bekannten Kurven testen; die Evolute eines Kreises z. B. ist eine Strecke, vgl. Anhang 3.8-1. Andere Graphen, etwa Parabeln, bieten sich an. Da der Rechner vom Rechnen befreit, lassen sich schnell einige Beispiele überblicken.

4. Das Ellipsenbeispiel zeigt die Grenzen des nichtparametrisierten Ansatzes: Die Scheitelpunkte auf der x-Achse sind nicht greifbar für unsere Krümmungskreisformel. Man erhält sie natürlich dennoch, wenn man vorher an der ersten Winkelhalbierenden spiegelt.

3.9 Autobahnabfahrten, Klothoiden

Eine Straße kreuzt eine andere in einem bestimmten Winkel; um die Übergänge zu entschärfen, werden häufig tangential ansetzende Kreisbögen mit vorgegebener Krümmung verwendet. Bild 3.9.1 zeigt, wie eine Schülerin der Klasse acht die Konstruktion mit Winkelhalbierenden und Parallelverschiebungen durchführte. Die Aufgabe entstammt einer Unterrichtsreihe, die sich auf immer andere Weise mit ähnlichen Trassierungsproblemen auf Kreisbogenbasis beschäftigte, dabei wenige geometrische Hilfsmittel benutzte. Kurz, ich möchte an dieser Stelle den schon zu Beginn dieser Arbeit angedeuteten Gedanken wieder aufnehmen und mich mit speziellen architektonischen Bogenformen, mit Straßen- und Autobahnkreuzen, befassen. Dazu entwerfe ich ein Konzept zur Einführung von Klothoiden, das sich an Leistungskurse der Jahrgangsstufe zwölf oder dreizehn wendet.

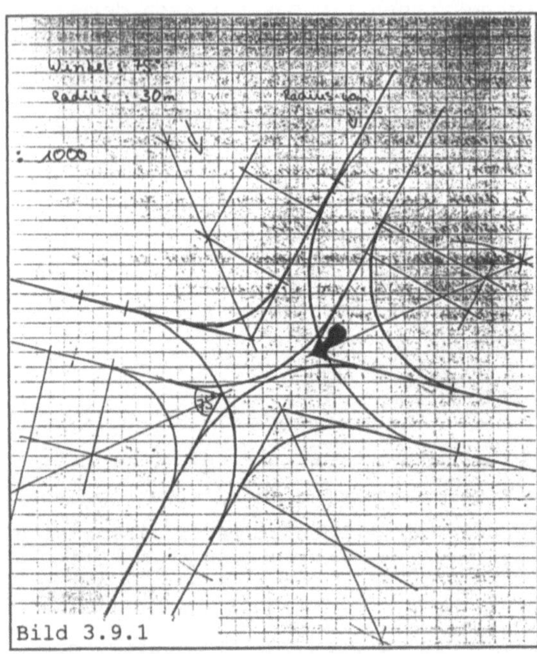

Bild 3.9.1

Der Bau von Straßen wird durch die RAL, die Richtlinien für die Anlagen von Landstraßen und die RAST, die Richtlinien für die Anlagen von Stadtstraßen, geregelt. In W. Pietzschs Buch 'Straßenplanung', einem Standardwerk für Ingenieure, heißt es: "Die Gerade und der Kreis, als Verbindung zweier Geraden bei Richtungsänderung, sind die schon seit Beginn des Straßenbaus benutzen Elemente. Erst die Verwendung schneller Fahrzeuge erforderte einen allmählichen Übergang mit einer gleichmäßigen Krümmungszunahme von Gerade zu Kreis und umgekehrt"; vgl. [Pietzsch, S. 57]. Betrachtet man z. B. die Trassierung von

Autobahnkreuzen - Bild 3.9.2 zeigt das Autobahnkreuz Herne-Baukau - so fällt sofort auf, daß nicht nur Kreisformen verwendet werden.

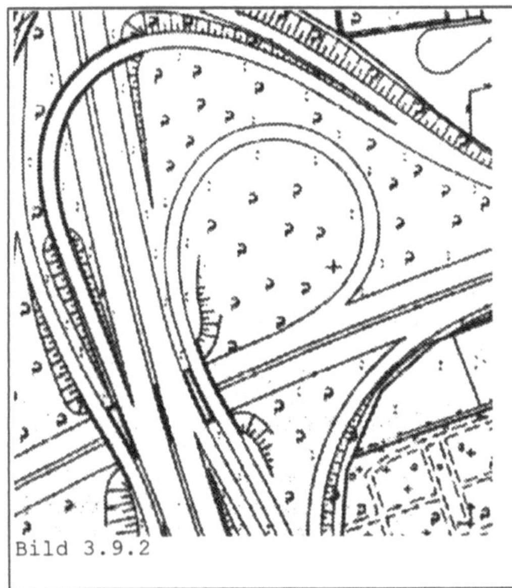
Bild 3.9.2

Wo liegt die Ursache, was heißt "allmählicher Übergang"? Mündet ein Autofahrer von einer geraden Straßenführung in eine Kreisbahn ein, geht er also von einer Bewegung der Krümmung Null über auf eine der Krümmung $1/\rho>0$, so kann und soll er bei großer Geschwindigkeit nicht unstetig einschlagen; das Auto wird der Kreisform nicht sauber folgen können, wenn die Krümmung sprunghaft von Null auf einen positiven Wert steigt. Ändert sich jedoch mit dem Weg, also der Bogenlänge s, die Krümmung $1/\rho$, so kann man sein Fahrverhalten der Straße natürlicher anpassen. Kurven, deren Krümmung gemäß

(1) $\rho \cdot s = a^2$

proportional zur Bogenlänge ist, heißen Klothoiden (Spinnenkurven).

Wie kann man aus (1) ein Überblick über den Graphen einer Klothoide erhalten? Bei der üblichen Vorgehensweise beschreibt man die Lage eines Punktes auf einer Kurve mit sogenannten natürlichen Koordinaten, siehe etwa [Walter, Bd. 2,168]: Man gibt die Länge s des Weges an, den er auf der Kurve, von einem Anfang aus gemessen, zurückgelegt hat. Bezeichnen wir dann mit $\alpha(s)$ den Winkel, den die Tangente an die Kurve in dem Punkt mit der x-Achse bildet, so gilt, vgl. [Fladt, S. 402], wegen

$$\rho = \frac{ds}{d\alpha}$$

bei positivem Durchlaufsinn auch

$$\alpha(s_0) = \int_0^{s_0} 1/\rho(s)ds.$$

Damit erhält man sehr schnell die übliche Darstellung der Klothoide:

$$t \xrightarrow{klot} (x(t);y(t)) \text{ mit}$$

$$x(t):=a\sqrt{\pi}\int_0^t \cos(\frac{\pi}{2}u^2)du \text{ und}$$

$$y(t):=a\sqrt{\pi}\int_0^t \sin(\frac{\pi}{2}u^2)du,$$

[Fladt, S. 402].

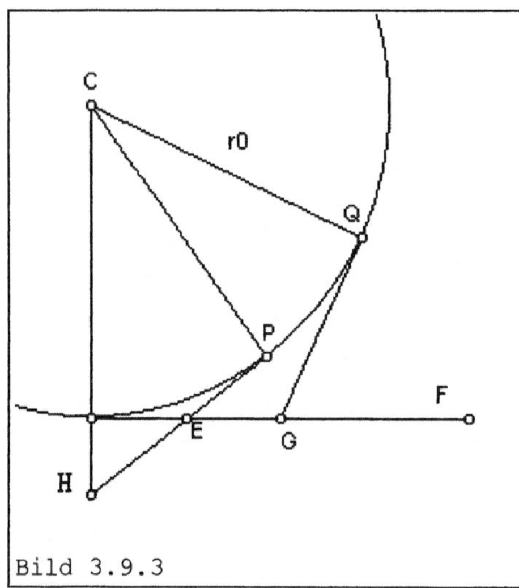

Bild 3.9.3

Ich möchte einen anderen, zwar längeren Weg vorschlagen, der aber in Leistungskursen gangbar und durchaus mathematisch reichhaltig ist. Wir gehen wieder von unserer Krümmungsvorstellung aus und beginnen erneut beim Kreis. Wandert der Punkt P auf den Punkt Q zu, so geht auch die Tangente in P in die von Q über. Aus dem Winkel $\alpha 1$:=w(PEG) wird $\alpha 2$:=w(QGF). Wir fassen α, den Winkel zwischen Tangente und x-Achse, als Funktion der Bogenlänge des Kreises mit dem Ursprungspunkt als Anfang auf und erhalten für den Differenzenquotienten der Funktion α:

$$\frac{\alpha_2-\alpha_1}{s_2-s_1}=\frac{\alpha_2-\alpha_1}{r_0(\beta_2-\beta_1)}=\frac{1}{r_0}=k,$$

da mit β_1=w(HCP) und β_2=w(HCQ) offensichtlich $\alpha_1=\beta_1$ *und* $\alpha_2=\beta_2$ gilt. Die Ableitung von α - hier eine konstante Funktion - liefert also die Krümmung des Kreises. Das nehmen wir als Hinweis zur Verallgemeinerung und untersuchen bei einer beliebigen Funktion f, ob $d\alpha/ds$ mit den alten Ergebnissen aus Abschnitt 3.8 übereinstimmt.

Wegen α= arctan(f'(x)) folgt mit der Kettenregel

$$\frac{d\alpha}{ds}=\frac{d\alpha}{dx}:\frac{ds}{dx}=\frac{f''(x)}{1+(f'(x))^2}\,\frac{1}{\sqrt{1+(f'(x))^2}},$$

Kenntnis des Bogenintegrals und seiner Ableitung, in Leistungskursen durchaus üblich, vorausgesetzt. Das Ergebnis stimmt offensichtlich bis auf den Betrag mit dem aus 3.8 überein. Man hat also eine erweiterte Sicht der Begriffe Krümmung und Krümmungsradius gewonnen, die sehr wertvoll ist, da man sie auf Kurven in Parameterdarstellung verallgemeinern kann.

Wir definieren also die Krümmung einer hinreichend gutartigen Kurve als

(2) $$k(s):=\left|\frac{d\alpha}{ds}\right|.$$

Bezüglich des Vorzeichens der Krümmung werden die üblichen Verabredungen getroffen, sollte dies im Unterricht tatsächlich erforderlich sein, vgl. etwa [Courant, Bd. 1, S. 242].

Aus dieser Darstellung entwickeln wir nun ein Verfahren zur Näherung der durch (1) beschriebenen Kurve. Die Kurve verlaufe durch die Punkte P_0, P_1, P_2,... Dann gelten für die Differenzenquotienten der Funktion α wegen (1) und

$$\frac{d\alpha}{ds}=\frac{1}{\rho}=\frac{s}{a^2}$$

näherungsweise die Gleichungen:

$$\frac{\alpha_1-\alpha_0}{\Delta s}=\frac{\Delta s}{a^2},$$

$$\frac{\alpha_2-\alpha_1}{\Delta s}=\frac{2\,\Delta s}{a^2}$$

$$\vdots$$

$$\vdots$$

$$\frac{\alpha_n-\alpha_{n-1}}{\Delta s}=\frac{n\,\Delta s}{a^2};$$

man erhält also

$$\alpha_n=\alpha_{n-1}+n\frac{(\Delta s)^2}{a^2}$$

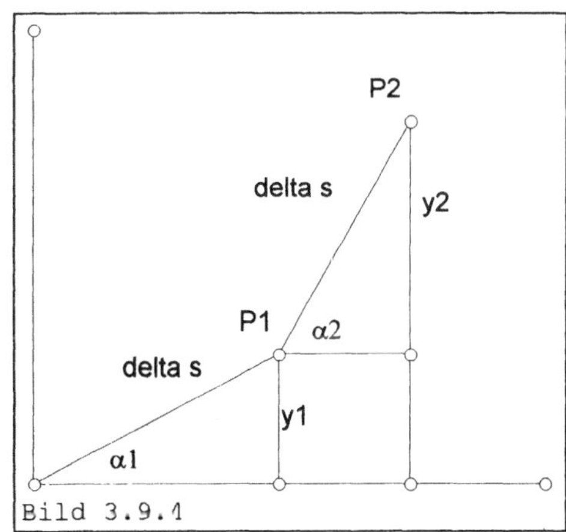

Bild 3.9.1

und so für die Näherungspunkte P_n der Kurve

$$P_n=(x_{n-1}+\Delta s\cos(\alpha_n);y_{n-1}+\Delta s\sin(\alpha_n)).$$

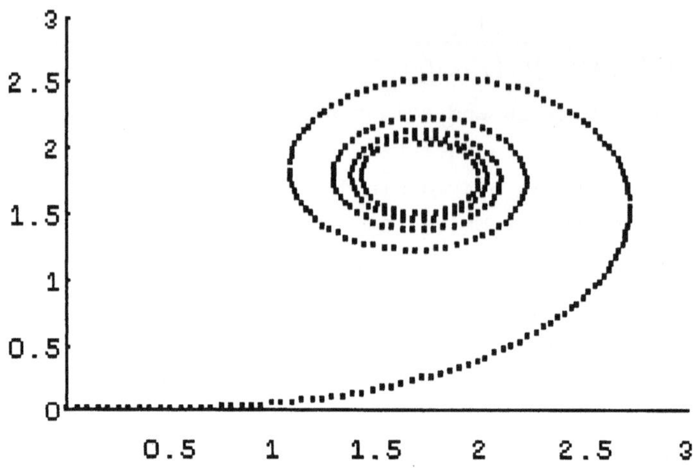

Bild 3.9.5

Diese Punktfolge läßt sich dann ohne Mühe auf einem graphischen Taschenrechner programmieren.Auf Mathematica kann man die iterative Schreibweise übrigens fast unverändert übertragen, vgl. Anhang 3.9-1.

```
alpha[n_]:=alpha[n]=alpha[n-1]+n deltas^2/a^2
alpha[0]:=alpha0
x[n_]:=x[n]=x[n-1]+deltas Cos[alpha[n]]
x[0]:=0
y[n_]:=y[n]=y[n-1]+deltas Sin[alpha[n]]
y[0]:=0
```

3.10 Zur Darstellung der Klothoide

Im zweiten Schritt wird nun die übliche Darstellung der Klothoide heuristisch aus der iterativen Näherung entwickelt. Mit x_0=0 und y_0=0 folgt aus

$$x_n = x_{n-1} + \Delta s \cos(\alpha_n) \textit{ und}$$

$$y_n = y_{n-1} + \Delta s \sin(\alpha_n)$$

die explizite Darstellung durch Aufsummieren. Man erhält

$$x_n = \sum_{i=0}^{n} cos(\alpha_i)\Delta s$$

$$y_n = \sum_{i=0}^{n} sin(\alpha_i)\Delta s.$$

Analog folgt für $\alpha_0=0$

(1) $\alpha_n = \sum_{i=0}^{n}\left[i\frac{(\Delta s)^2}{a^2}\right] = \frac{(\Delta s)^2}{a^2}\frac{n(n+1)}{2}$,

Dann folgt für

$$s := \lim_{\substack{n\mapsto\infty \\ \Delta s\mapsto 0}} (n\,\Delta s) = \lim_{\substack{n\mapsto\infty \\ \Delta s\mapsto 0}} ((n+1)\,\Delta s)$$

und

$$\alpha := \lim_{\substack{n\mapsto\infty \\ \Delta s\mapsto 0}} \alpha_n$$

aus (1)

$$\alpha = \frac{s^2}{2a^2}.$$

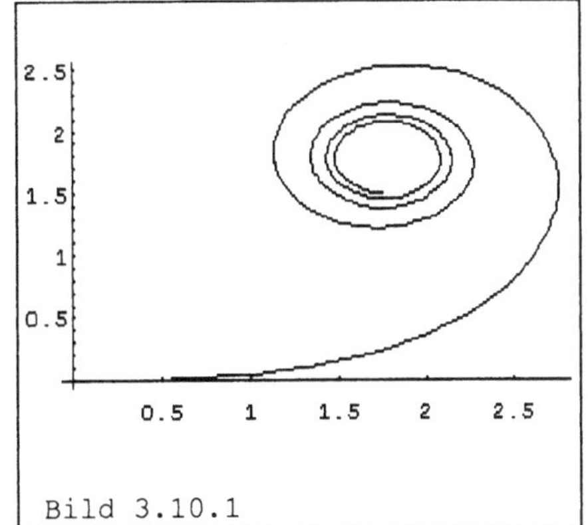

Bild 3.10.1

Die obigen Summen und ihre Grenzübergänge entsprechen dem schulüblichen Übergang von Riemanschen Summen zu Integralen. Wir betrachen also

$$x(t) = \int_0^t \cos(\frac{s^2}{2a^2})ds \; und \; y(t) = \int_0^t \sin(\frac{s^2}{2a^2})ds,$$

indem wir vom diskreten zum stetigen Fall übergehen.

Mit der Substitution $\frac{\pi u^2}{2} = \frac{s^2}{2a^2}$ schließlich erhält man die bekannte Darstellung mit den Fresnelschen Integralen. Unser heuristischer Ansatz legt also folgende Definition nahe:

(2) $x(t) := a\sqrt{\pi}\int_0^t cos(\frac{\pi}{2}u^2)du$ und

(3) $y(t) := a\sqrt{\pi}\int_0^t sin(\frac{\pi}{2}u^2)du.$

Die Vorgehensweise ist unmittelbar vergleichbar mit der Herleitung des Bogenlängenintegrals. Auf Grund des heuristischen Ansatzes stellt sich natürlich die Frage, ob die so definierte Kurve die Eigenschaft (1) hat. Plausiblerweise wird man davon ausgehen. Ob man im Unterricht den Nachweis noch führt, sei dahingestellt. Man würde dazu sinnvollerweise die Verallgemeinerung des Bogenintegrals und des Krümmungsradius mitteilen und dann von seinen Schülern nachrechnen lassen, daß (1) tatsächlich der Fall ist. Die Rechnung ist kanonisch und keineswegs länglich; ich füge sie der Vollständigkeit halber an. Es gilt

$$s(t) = \int_0^t \sqrt{\left[a\sqrt{\pi}\cos(\frac{\pi}{2}u^2)\right]^2 + \left[a\sqrt{\pi}\sin(\frac{\pi}{2}u^2)\right]^2}\,du$$

$$= a\sqrt{\pi}\int_0^t du = a\sqrt{\pi}\,t.$$

und

$$\rho(t) = \frac{\sqrt{\left[a\sqrt{\pi}\cos(\frac{\pi}{2}t^2)\right]^2 + \left[a\sqrt{\pi}\sin(\frac{\pi}{2}t^2)\right]^2}^3}{a\sqrt{\pi}\cos(\frac{\pi}{2}t^2)a\sqrt{\pi}\pi t\cos(\frac{\pi}{2}t^2) + a\sqrt{\pi}\sin(\frac{\pi}{2}t^2)a\sqrt{\pi}\pi t\sin(\frac{\pi}{2}t^2)}$$

$$= \frac{a^3\pi^{\frac{3}{2}}}{a^2\pi^2 t} = \frac{a}{\sqrt{\pi}t} = \frac{a^2}{a\sqrt{\pi}t} = \frac{a^2}{s(t)},$$

also $\rho(t)s(t) = a^2$. Man kann nun auch die diskrete, dick gepunktete Näherung mit der Integrallösung vergleichen und sieht, daß sie recht gut ist, vgl. Bild 3.10.2. Das geringe Wachstum in y-Richtung zu Beginn scheint in der zweiten Koordinate zu genaueren Ergebnissen als in der ersten zu führen.

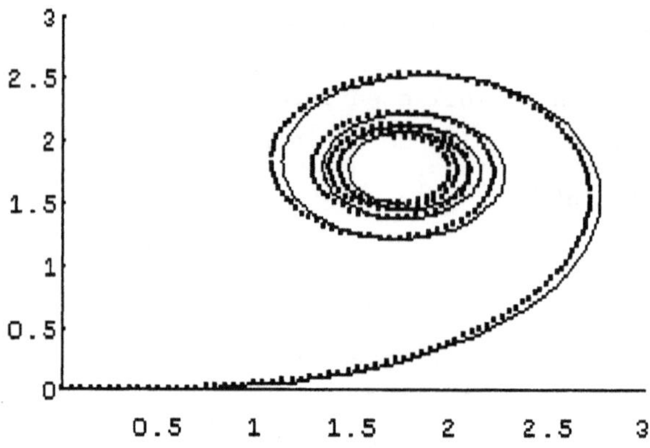

Bild 3.10.2

Ich schließe den Abschnitt mit einer Bemerkung zu den asymptotischen Punkten $(x_\infty;y_\infty)$ *und* $(x_{-\infty};y_{-\infty})$ der Klothoide. Man wird sie im Unterricht, falls man an ihnen interessiert ist, etwa mit Mathematica oder Derive dadurch berechnen, daß man t groß wählt. Eine analytische Herleitung erfordert einen nicht mehr elementar zu nennenden Umgang mit Integralen; Fichtenholz etwa behandelt die Fresnelschen Integrale mit reellen Verfahren, vgl. [Fichtenholz, Bd. 2, S. 747], elegantere Lösungen berechnen $x_{-\infty} + i\ y_{-\infty}$ =...mit Hilfe der Γ-Funktion. Man erhält jedenfalls $\left(\pm\frac{a\sqrt{\pi}}{2};\pm\frac{a\sqrt{\pi}}{2}\right)$, vgl z. B. [Cesàro, S. 15].

3.11 Untersuchung einer Autobahnabfahrt

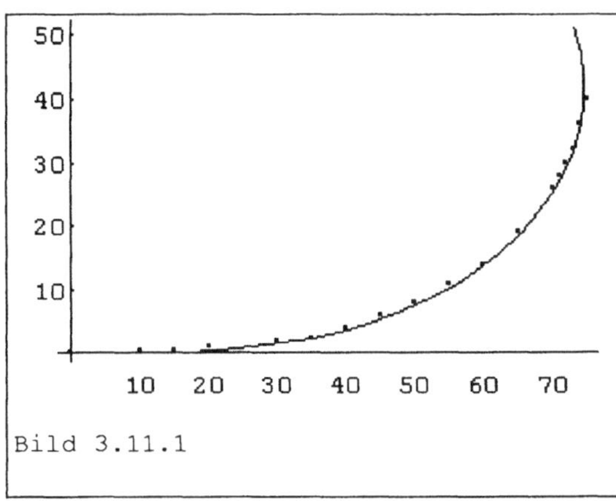

Bild 3.11.1

Auf der Basis nun vorhandener Theorie soll eine Abfahrt des Autobahnkreuzes Herne-Baukau, Bild 3.9.2 daraufhin untersucht werden, ob tatsächlich ein Klothoidenbogen vorliegt. Wir wählen den von Osten nach Süden führenden Überflieger, approximieren ihn in seinem mittleren Teil graphisch mit einer Punktmenge und erhalten so eine Wertetabelle bzw. $n\times 2$-Matrix. Diese Matrix wird mit einem graphischen Taschenrechner oder bequemer mit einem CA-System, etwa Mathematica, geplottet, vgl. Anhang 3.11-1. Mit dem Mathematica-Befehl

```
bild2=ParametricPlot[
      {NIntegrate[a Pi^0.5 Cos[Pi/2 u^2],{u,0,t}],
      NIntegrate[a Pi^0.5 Sin[Pi/2 u^2],{u,0,t}]},
              {t,0,1.1}]
```

versucht man dann, eine Klothoide anzupassen, indem man den Parameter a geeignet wählt. Bild 3.11.1 zeigt ein mögliches Ergebnis. Man kann wohl davon ausgehen, daß die Straßenbauer einen Klothoidenbogen für den Mittelteil des Überfliegers benutzt haben. Sicher entscheiden läßt sich das mit unserem Ansatz natürlich nicht - wieder treiben wir offene Mathematik.

Zu der obigen Punktmenge hätte natürlich auch der Fit-Befehl eine Anpassung, z. B. dritten Grades, nach der Methode der kleinsten Quadrate errechnet. Daher möchte ich an dieser Stelle darauf hinweisen, daß unsere Vorgehensweise hier prinzipiell anders erfolgt. Ausgehend von einer theoriegeleiteten Sicht passen wir aus einer ganz bestimmten Kurvenklasse heraus graphisch an. Die Vorgehensweise ist also mit der bei der Untersuchung des Brückenbogens in Abschnitt 3.1 und 3.2 verwandt, in der schließlich danach gefragt wurde, warum gerade ein Parabelbogen verwendet wurde, sie ist dagegen nicht mit der rein phänomenologischen Approximation des Alberti-Ornaments zu verwechseln.

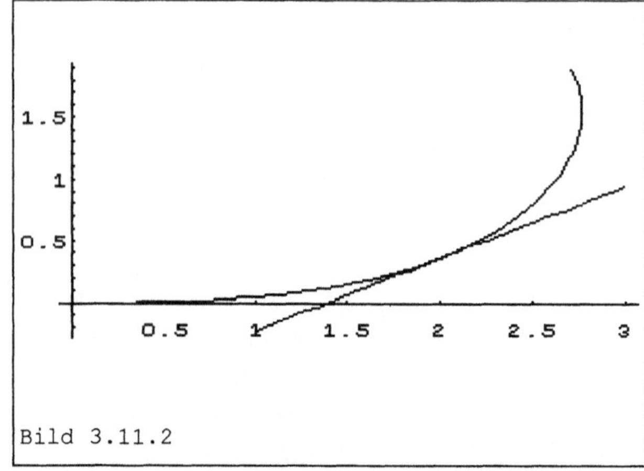

Bild 3.11.2

Während die bisherige unterrichtliche Auseinandersetzung mit Autobahnbögen durchaus auch mit modernen Taschenrechnern möglich war, möchte ich nun abschließend ein Problem behandeln, das auf das Werkzeug CA-System angewiesen ist: Man konstruiere in einem bestimmten Punkt $(x_0;y_0)$ einer Klothoide die Tangente. Da Klothoiden in Parameterdarstellung gegeben sind, erfordert die Vorgabe eines Kurvenpunktes zur Tangentenberechnung, daß der zugehörige Parameter t ermittelt wird; man muß also die Gleichung

(1) $$x(t) := a\sqrt{\pi}\int_0^t cos(\frac{\pi}{2}u^2)du = x_0$$

nach der Variablen t auflösen. Dies geschieht mit dem Befehl FindRoot, der vermutlich u. a. mit dem Newtonverfahren arbeitet. Für x_0:=2 und a:=2 liefert Mathematica z. B. mit

```
wert=FindRoot[
        NIntegrate[
            a Pi^0.5 Cos[Pi/2 u^2],{u,0,t}]==2, {t,0}]
```

als Ergebnis {t -> 0.580204}.

Man setzt 'wert' dann in die parametrisierte Tangentengleichung ein und erhält mit der Steigung m

```
m:=Evaluate[D[y[t],t]/D[x[t],t]]/.wert
```

für die Tangente

```
tangente[x_]:= m (x-x[t])+y[t]/.wert,
```

siehe Bild 3.11.2 und vgl. Anhang 3.11-2. Ein beachtenswertes Vorgehen, wenn man sich klarmacht, daß (1) nicht einmal geschlossen integrierbar ist.

3.12 Zusammenfassung

Die in Kapitel 3 beschriebenen Konzepte verfolgen zweierlei Ziele. Zum einen sollte gezeigt werden, wie Bögen in exemplarischen Kontexten auf verschiedenen Stufen mathematischen Lernens sinnvoll ergänzend und bereichernd in den Unterricht integriert werden können. Mit graphischer Approximation und anschließender Verbesserung des Ergebnisses im Sinne der Methode der kleinsten Quadrate, durch geometrisches Nachkonstruieren, durch das Anfertigen neuer Entwürfe für Bögen, schließlich durch die Untersuchung von Krümmungen in einigen Fällen und durch die spiralförmige Entwicklung einer Krümmungsdefinition, - durch alles dies sollte gezeigt werden, daß Bögen durchaus Graphen eines beziehungshaltigen Mathematikunterrichts sein können. Deutlich wurde so auch, wie geometrische und analytische Methoden im Unterricht eng verzahnbar sind. Die Vorgehensweise war dabei in allen Fällen nahezu gleich: Nach dem Prinzip des konkreten Zugangs lag der unterrichtliche Anfang in gegebenen archtitektonischen Formen, der Betrachtung in der Klasse folgte dann weiterführende mathematische Arbeit.

Zudem sollte gezeigt werden, wie moderne Werkzeuge auf natürliche Weise Eingang in den Unterricht finden können - Werkzeuge, wie graphische Taschenrechner und Rechner mit Software auf hohem Entwicklungslevel, die in der von mir verwendeten oder in ähnlicher Form bald in vielen Klassen verfügbar sein werden. Dabei habe ich wesentliche neue Aspekte, so etwa die Objektsicht oder -orientierung bei CA-Systemen und die dynamische Sicht in Geometriesoftware andiskutiert. Dem soll später - in Kapitel 6 - auf der Basis reicheren Beispielmaterials analysierend, aber auch konstruktiv nachgegangen werden; Ziel ist dabei, Ansätze einer Didaktik von CA-Systemen zu beschreiben.

Kapitel 4: Bögen und Perspektive

Bild 4.0.1

In diesem Kapitel möchte ich Konzepte für Mathematikunterricht der Sekundarstufe entwickeln, die als Gegenstand Bögen unter Perspektive haben. Ziel ist dabei insbesondere nicht, sich mit dem perspektivischen Zeichnen allgemein zu befassen; viele Bücher beschäftigen sich aus künstlerischer oder aus Sicht der darstellenden Geometrie mit diesem Thema, zudem dürfte ein häufig curricular völlig überfrachteter Unterricht hier kaum noch Raum für ausgedehnte Aktivitäten lassen. Es geht mir vielmehr darum, sich auf genau eine Frage zu konzentrieren und diese einerseits im Unterricht der Sekundarstufe I auf rein geometrischer und andererseits in der Sekundarstufe II auf analytischer Ebene zu stellen: Wie werden architektonische Bögen perspektivisch abgebildet? Die von mir intendierten Inhalte sollen so ausgestaltet werden, daß sie sich dem Gängigen der Ähnlichkeitsgeometrie anschließen können oder den Rahmen der analytischen Geometrie bereichern. Vollständigkeit in den Bogenformen ist dabei sicherlich an keiner Stelle wichtig.

Nach dem Prinzip des konkreten Zugangs lasse man sich im Unterricht von einer Darstellung, z. B. einer Zeichnung des Innenraums des Doms von Florenz leiten, vgl. Bild 4.0.1 aus [Dehio/Bezold, Bd. 5, Tafel 544]. Der Altarraum ist in Draufsicht - also unverzerrt - gezeichnet, die Seitenwände aber,rechtwinklig zur Darstellungsebene, haben als ebene Kurven für sich eine Gestalt, die vom Halbkreisbogen weit entfernt ist. Wie entstehen solche Formen, wie kann man sie konstruieren, wie errechnen? Und: wie unterrichten?

Ich gehe so vor: Zunächst beschreibe ich die Idee der Dürermaschine am Beispiel einer speziellen perspektiven Transformation Λ, dann gehe ich konstruierend und analysierend auf curriculare Aspekte von Bögen unter Perspektive im Mathematikunterricht ein, um schließlich noch zwei weitere Transformationen Π und $\Psi(\alpha)$ als mögliche Unterrichtsinhalte zu betrachten, die eng mit dem alten, aber wertvollen Thema ´Kegelschnitte´ verwandt sind.

Item Perspectiva ist ein lateinisch Wort,
bedeutt ein Durchsehung.
A. Dürer, Speis der Malerknaben

4.1 Die Dürermaschine und die Transformation Λ

Der genetische Weg zum Verständnis architektonischer Bogenformen unter Perspektive sollte im Unterricht bei dem geometrisch vereinfachten üblichen Modell des Sehvorgangs beginnen und aus ihm heraus die Vorstellung davon entwickeln, wie aus dem Urbild eines Punktes sein Bild entsteht. In seinem fundamentalen Werk "Kunst und Sehen" schreibt dazu Rudolf Arnheim: "Die optische Beziehung zwischen dem Auge des Betrachters und dem Objekt, das er anschaut, läßt sich aus einem System von geraden Linien darstellen, die von jedem Punkt an der Vorderfläche des Objektes ausgehen und im Auge zusammenlaufen. Das Ergebnis ist eine Art Pyramide oder Kegel, deren Spitze im Auge liegt. Wenn diese Pyramide aus Lichtstrahlen von einer Glasscheibe durchschnitten wird, ..., ist das Abbild auf dem Glas eine Projektion des Objektes;..."; vgl. [Arnheim, S. 276]. Besonders überzeugend und historisch reizvoll stellt Dürer dieses Sehmodell in einigen Graphiken dar, vgl. z. B. Bild 4.1.1.

Bild 4.1.1

Im folgenden möchte ich die Konstruktion von Dürer mit modernen Methoden nachbauen, um sie so - vielleicht verbessert - im Unterricht nutzen zu können. Mit diesem Nachbau, durchgeführt mit der Geometriesoftware Sketchpad und in der ersten Bauphase eher ein Pseudonachbau, werden dann Phänomene der Perspektive studiert.

Genauer: In diesem Abschnitt beschreibe ich die ´Dürermaschine´ und konzipiere einen unterrichtlichen Weg zu ihrer Konstruktion über mehrere Etappen, ähnlich der enaktiv-ikonisch-symbolischen Präsentationsweise. Im nächsten füge ich der Maschine ein Modul hinzu, das dann zu realen ebenen Objekten perspektivische Bilder in Orginalmaßen zeichnet.

Um die Durchsichtigkeit der bisweilen recht komplizierten Zeichnungen zu erleichtern, zuvor noch ein Hinweis zur Bezeichnungsweise in diesem Kapitel:

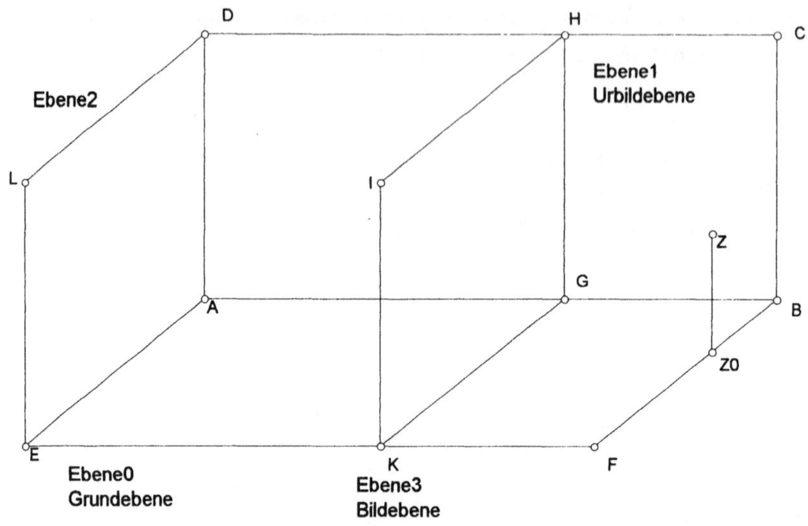

Bild 4.1.2

In Bild 4.1.2 stehen die durch Flächen angedeuteten Ebenen paarweise rechtwinklig aufeinander. Wenn ein in Ebene1, der Aufrißebene, liegendes Objekt abgebildet werden soll, nenne ich sie Urbildebene; Ebene0 heißt auch Grundrißebene, Ebene3, also die Seitenrißebene, in der die Punkte G, H, I und K liegen, auch Bildebene. Der Beobachter möge von Z aus auf die Bildebene schauen. Ist J nun ein Urbildpunkt, so seien mit J´, J´´,... wie üblich seine Bilder unter Transformationen benannt. Ist ein Punkt indiziert, so verweist sein Index auf die Ebene oder auf eine der Ebenen, in der er liegt.

Nun also zur Dürermaschine: Wie in der Zeichnung des Kircheninnenraums, vgl. Bild 4.0.1, soll ein Punkt J in Ebene1 auf Ebene3, der Bildebene, mit einer perspektivischen Transformation Λ abgebildet werden. Befindet sich das Auge in Z, so schneidet der Sehstrahl von Z in Richtung J die Bildebene in dem Bildpunkt J´.

Wie erhält man J´? Wir fällen das Lot von J auf AB und erhalten R1, mit dem Lot von Z auf BF finden wir den Fußpunkt Z0. Die Gerade durch R1 und Z0 schneidet GK in R3. Durch R3 zeichnen wir die Parallele zu IK. Sie schneidet JZ in dem gesuchten Punkt J´.

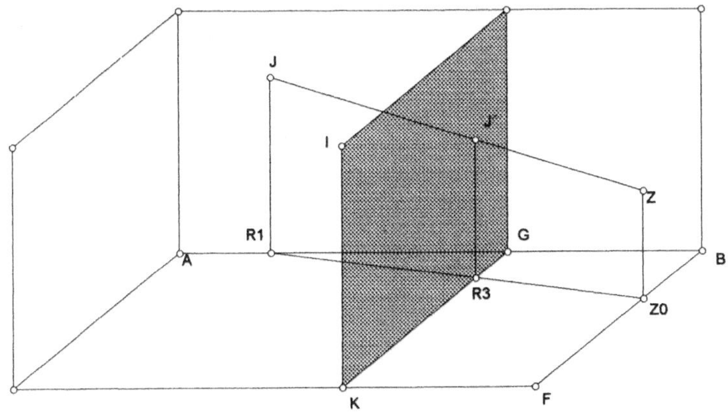

Bild 4.1.3

Bei dieser Darstellung ist folgendes zu beachten: Die Idee unserer speziellen perspektivischen Zuordnung, übernommen aus der Dürerzeichnung und übertragen auf unseren Fall, also die Abbildung Λ mit

$$Ebene1 \xrightarrow{\Lambda} Ebene3, \text{ bzw.}$$
$$J \xrightarrow{\Lambda} J',$$

wird in Bild 4.1.3 vereinfacht nicht in Perspektive, sondern mit Methoden der Parallelprojektion dargestellt: Man zeichnet perspektivisches Sehen nichtperspektivisch, ein für den Lernenden hochrelevanter Unterschied.

Bild 4.1.3 kann auf dem Papier nicht adäquat darstellen, was der Monitor zeigen könnte: Die Strecke GK etwa ist durch die Bedingung der Parallelität an die Strecke BF gebunden, der Punkt G objektgebunden an AB, die Lage von J schließlich terminiert den Bildpunkt J´. Das bedeutet aber, verändert man z. B. den Winkel w(ABF), so ändert sich die gesamte Figur dynamisch, und wir sehen die Konstruktion unter einem anderen Blickwinkel; wandert G auf AB in Richtung A, so verschiebt sich die Bildebene insgesamt parallel. Die durch konstruktionsbedingte Abhängigkeiten gegebenen Variationsmöglichkeiten der Figur machen somit die Monitorzeichnung im technischen Sinne zu einer Pseudomaschine, der Dürermaschine. Was Dürer umständlich mit Gitterfenstern zu erreichen suchte, kann diese Softwaremaschine zunächst natürlich real noch nicht abbilden, sie verdeutlicht aber den Mechanismus des Zeichnens. Bild 4.1.4 zeigt zwei verschiedene Momente einer solchen Variation.

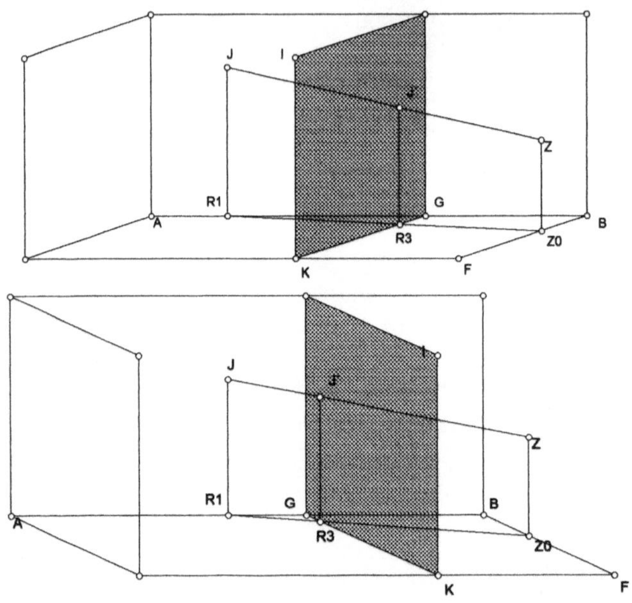

Bild 4.1.4

Nach der Konstruktion wird nun mit der Maschine gearbeitet. Wir zeichnen einen Kreis in die Urbildebene und übertragen ihn mit der Trace-Option unseres Programms auf die Bildebene, Bild 4.1.5 zeigt analog das perspektive Bild eines gotischen Bogens. Sinnvollerweise nützt man hier die Achsensymmetrie des Bogens auch für die Konstruktion des Bildes aus: P1 ist der an der Symmetrieachse gespiegelte Bildpunkt von P in Ebene1; wandert P auf dem einen Kreisbogen des Fensters, so P1 auf dem anderen, die Dürermaschine zeichnet die Spur der Punkte in der Bildebene. Man versteht, wie die Bögen beim Zeichnen oder Fotografieren von Bild 4.0.1 entstanden sein könnten.

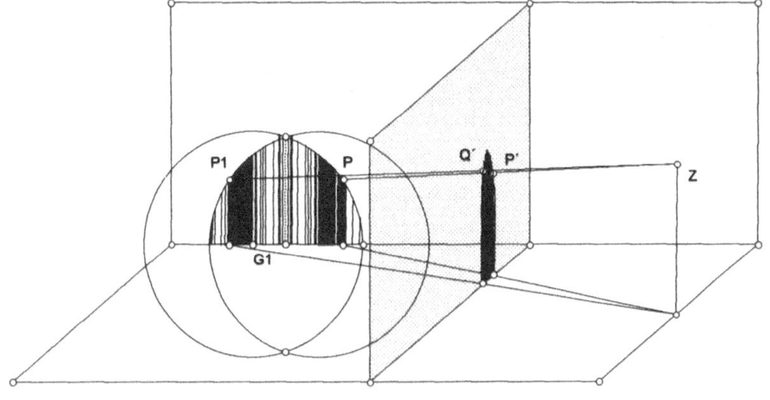

Bild 4.1.5

4.2 Ein Zusatzmodul für die Dürermaschine

Mit Bild 4.1.5 und insbesondere mit dem dynamischen Bild auf dem Monitor dürfte das Verständnis für die perspektivische Darstellung von architektonischen Bogenformen erheblich gefördert werden. Die in der Bildebene auf dem Monitor gezeichnete Darstellung ist jedoch nicht das orginalperspektive, sondern sein parallelprojektives Bild. Ein Druckerbild der realen perspektiven Figur etwa kann man so noch nicht erhalten. Wir stellen uns nun die Aufgabe, ein Zusatzmodul zu konstruieren, das ergänzend auch dies Bild wieder maßgetreu perspektiv in die Urbildebene zeichnet.

Dazu gehen wir von folgender Idee aus: In Bild 4.1.5 stellt Ebene1 Bögen in Orginalgröße dar. In unserer Bildebene erscheint das perspektive Bild unter parallelprojektiver Darstellung. Wollen wir nun das orginalperspektive Bild einer Darstellung in Ebene3 wieder rekonstruieren, so erreichen wir dies, indem wir es etwa so nach Ebene1 parallelprojektiv weiter abbilden, daß wir die Schrägsicht rückgängig machen und zudem orginalperspektive Maße erhalten. Dies sei exemplarisch an dem Dreieck GR3J´ beschrieben, vgl. Bild 4.2.1.

Der Punkt B1 in Ebene1 wird zunächst so gewählt, daß |BB1| die Orginallänge von |BZ0| in Ebene0 darstellt. Wir stellen uns dann die Parallelprojektion vor, die Ebene0 so auf Ebene1 abbildet, daß Z0 auf B1 fällt. R3 geht so auf L1 über, außerdem drehen wir GL1 um G mit $\pi/2$, um die Orginallänge von GR3 auf die Achse durch A und B zu übertragen. Schließlich verschieben wir noch R3J´ parallel, so daß R3 auf M1 übergeht, und erhalten mit Dreieck GM1P1 die Rekonstruktion von Dreieck GJ´R3 aus Ebene3. Man beachte, daß unsere Dreieck GR3J´ nur dazu dient, zu veranschaulichen, wie aus dem Schrägbild ein entzerrtes Bild gewonnen wird, wenn Informationen für echte Längen vorhanden sind; GR3J´ ist natürlich nicht etwa das perspektivisches Bild von GJR1 in Ebene1.

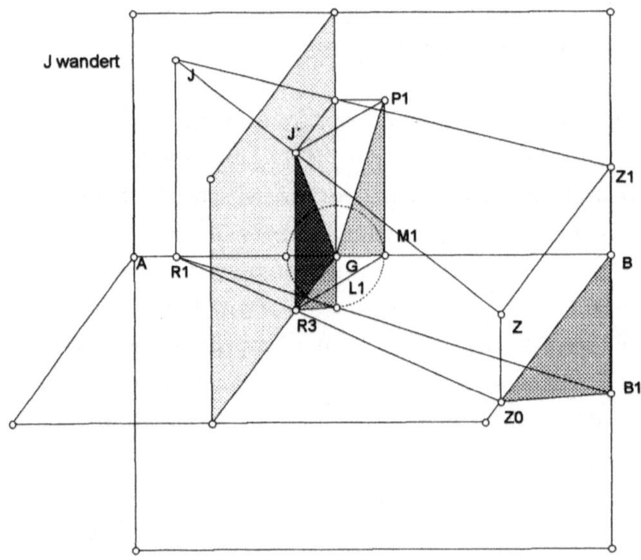

Bild 4.2.1

Ordnet man jedem Punkt J einer Figur F in der Ebene1 nach dem gerade beschriebenen Verfahren einen Bildpunkt P1 zu, so entsteht also ein orginalperspektives Bild von F, dabei wird die gesamte Raumfigur parallelprojektiv eingeebnet. Solche Abbildungen werden in der Literatur ´ebene Perspektivitäten´ genannt; vgl. etwa [Rehbock, S. 28]. Bild 4.2.2 zeigt das orginalperspektive Bild des gotischen Bogens aus Bild 4.1.5, produziert mit dem neuen Zusatzmodul. In etwa haben wir so die Situation von Bild 4.0.1 erreicht.

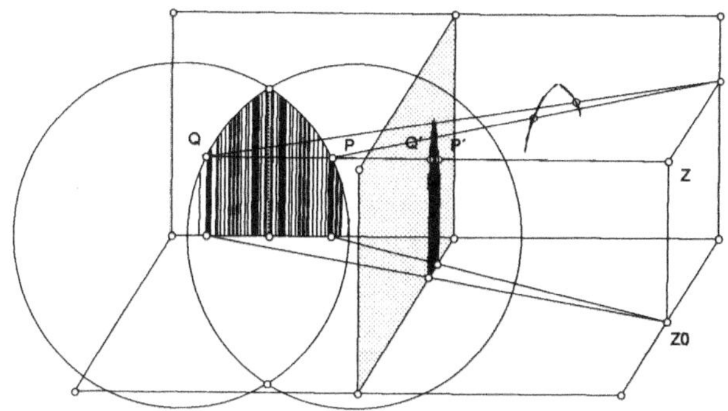

Bild 4.2.2

Nachdem wir auf diese Weise den Mechanismus der Transformation Λ verstanden haben und ein orginal-perspektives Bild in Ebene1 erzeugt wurde, sieht man, daß der Umweg über Ebene3 nicht erforderlich war. Bild 4.2.3 entsteht, wenn man in Bild 4.2.1 Ebene3 wegläßt. Man hat so eine abstraktere Gestalt der perspektiven Darstellung erhalten.

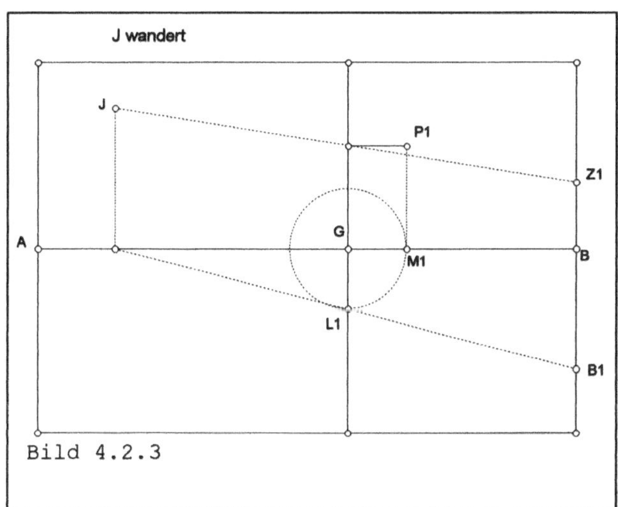

Bild 4.2.3

4.3 Transformation Λ in analytischer Darstellung

Es soll nun für die Transformation Λ eine analytische Darstellung entwickelt werden. Dazu legen wir - wie in Bild 4.3.1 dargestellt - in Bild- und Urbildebene so Koodinatensysteme, daß die Koordinatenursprünge jeweils in Augenhöhe liegen.

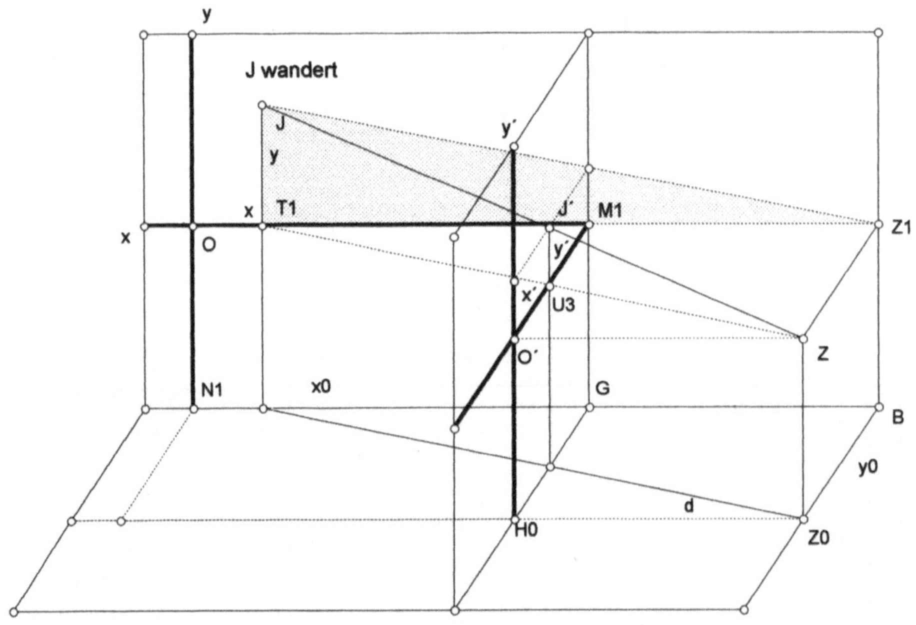

Bild 4.3.1

Wir setzen für den Abstand des Betrachters von der Bildebene $d := |Z0H0|$, ferner $x_0 := |N1G|$ und $y_0 := |Z0B|$.

Um nun die perspektive Abbildung Λ gemäß

$$J := (x;y) \xrightarrow{\Lambda} J' := (x';y')$$

zu erhalten, ergibt sich im Dreieck T1Z1J zunächst:

$$\frac{y'}{y} = \frac{d}{d+(x_0 - x)}, \; bzw.$$

(1) $$y' = \frac{yd}{d+(x_0 - x)}.$$

Man könnte in diesem Zusammenhang vom operativen Prinzip des Hinüberziehens sprechen: Man betrachte das Dreieck JT1Z; zieht man Z parallel zu BZ0 nach Z1 hinüber, so bleibt die Länge der y-Koordinate von J´ invariant.

Analog erhält man im Dreieck T1ZZ1, wenn wir mit $\tilde{x}$ die Länge von U3M1 bezeichnen:

$$\frac{\tilde{x}}{x_0 - x} = \frac{y_0}{d + (x_0 - x)},$$

$$\tilde{x} = \frac{y_0(x_0 - x)}{d + (x_0 - x)}, \text{ also}$$

$$x' = y_0 - \tilde{x} = y_0 - \frac{y_0(x_0 - x)}{d + (x_0 - x)} = \frac{y_0 d}{d + (x_0 - x)} .$$

Wir erhalten also ingesamt

$$(x;y) \xrightarrow{\Lambda} (x';y') = (y_0 v(x); y v(x)) \text{ mit}$$

$$v(x) := \frac{d}{d + (x_0 - x)}.$$

Der Term v(x) ist dabei für $x=d+x_0$, also im Falle der Parallelität von ZJ und ZZ1, nicht definiert: Der Sehstrahl trifft die Bildebene nicht mehr.

Wir leiten nun sofort auch die offensichtlich existierende Umkehrtransformation Λ^{-1} her. Aus

$$x' = \frac{y_0 d}{d + (x_0 - x)}$$

folgt für x die gewünschte Darstellung

$$(d + x_0) - \frac{y_0}{x'} d = x .$$

Wir setzen

$$d + (x_0 - x) = \frac{y_0 d}{x'} .$$

in (1) ein und erhalten

$$y' \frac{y_0 d}{x'} = y d, bzw.$$

$$y = y_0 \frac{y'}{x'}, d.h.$$

$$(x';y') \xrightarrow{\Lambda^{-1}} (x;y) = \left((d + x_0) - \frac{y_0}{x'} d ; \frac{y'}{x'} y_0 \right)$$

.

Für x´=0 trifft der Sehstrahl nicht mehr die Urbildebene.

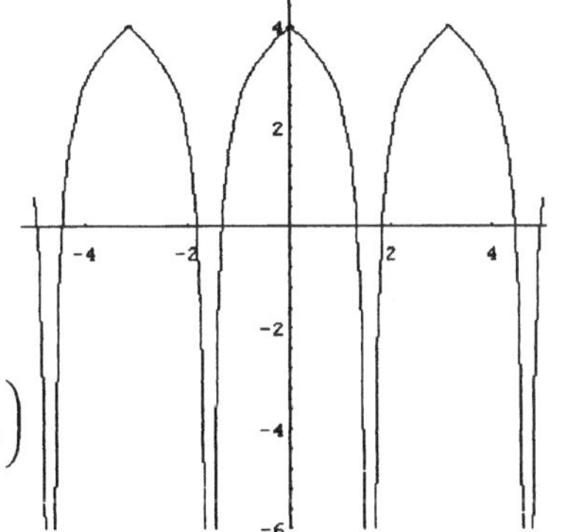

Bild 4.3.2

Nach diesen Rechnungen wird man an einem Beispiel untersuchen, ob die analytische Darstellung von Λ auch zuverlässig ist. Um im Kontext der gotischen Fenster zu bleiben, definieren wir die pseudogotische Testfunktion f mit

$$f(x) := 4 - |\tan(x)|,\ \textit{für}\ \ x \neq n\frac{\pi}{2}\ \textit{mit}\ \ n \in Z$$

und bilden ihren Graphen mit Λ ab. Wir definieren dazu in Mathematica-Notation etwa die beiden Koordinatenfunktionen q1 und q2 gemäß

```
q1[x_,y_]:=y0 d/(d+(x0-x))
```

und

```
q2[x_,y_]:=d y/(d + (x0-x))
```

für $x_0=4$, $y_0=6$ und d=5 und erhalten für

```
f[x_]:=4-Abs[Tan[x]]
```

mit dem entsprechenden Plotbefehl

```
ParametricPlot[
        {q1[x,f[x]],q2[x,f[x]]},
             {x,-10,6},
             PlotRange->{-4,5}]
```

das perspektivische Bild.

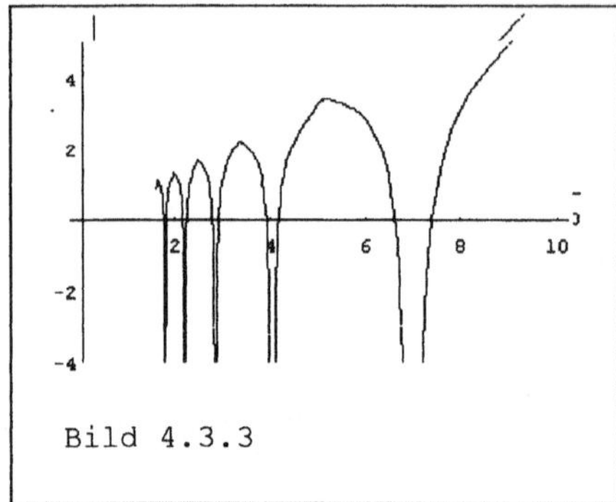

Bild 4.3.3

Bild 4.3.2 stellt den Graphen von f dar, Bild 4.3.3 den von Λ (f). Man hat also nun mit unterschiedlichen Methoden - geometrisch-konstruktiven und analytischen, hier unter Verwendung von Mathematica - das Ziel erreicht und vergleiche noch einmal mit Bild 4.0.1.

4.4 Zur Arbeit mit der Transformation Λ

Wer sich im Unterricht so intensiv mit Perspektive auseinandersetzt, daß der bis zur analytischen Form von Transformationen in der Art der Abbildung Λ vordringt, wird sich dann sinnvollerweise auch mit ihr analysierend auseinandersetzen. Dazu möchte ich im folgenden einige Beispiele betrachten, die als Übungen dienen können.

Wir gehen von einer Funktion f aus und untersuchen ihr Bild unter Λ. Mit y=f(x) ergibt sich als Parameterdarstellung:

$$x \xrightarrow{\Lambda(f)} \left(\frac{y_0 d}{d + (x_0 - x)}; \frac{f(x) d}{d + (x_0 - x)} \right).$$

Wegen

$$x=(d+x_0)-\frac{y_0 d}{x'} \quad \text{und} \qquad d+(x_0-x)=\frac{y_0 d}{x'}$$

vgl. Λ^{-1} in 4.3 folgt so

$$y'=\frac{f(x)d}{d+(x_0+x)}=\frac{f\left((d+x_0)-\frac{y_0 d}{x'}\right)d}{\frac{y_0 d}{x'}},$$

also

$$y'=\frac{f\left((d+x_0)-\frac{y_0 d}{x'}\right)x'}{y_0}=:fbild(x').$$

Wir haben so aus Λ und Λ^{-1} einen Bildterm in Bildkoordinaten für Λ(f) erhalten und können ihn nun benutzen, um zu untersuchen, wie Λ Graphen in der Urbildebene verändert. Die Transformation Λ stellt damit ein Instrument dar, das in seiner Reichweite durchaus über die Möglichkeiten der Dürermaschine hinausgeht. Wie etwa sollte man mit ihr - ohne allzu großen Aufwand - perspektive Bilder komplizierterer Funktionen untersuchen?

1. Beispiel: Wir testen unsere neue Transformation, indem wir die Meßoption von Sketchpad benutzen, um eine von Mathematica erstellte Wertetabelle zu überprüfen. Als Graphen wählen wir etwa einen Viertelkreis.

Aus Bild 4.2.3, dem reduzierten Zusatzmodul aus Abschnitt 4.2, wurde das obige Bild 4.4.1 entwickelt, indem Koordinatensysteme im Sinne von Bild 4.3.1 mit den Ursprungspunkten O und O1 eingezeichnet wurden. Auf die Koordinaten des Punktes J und seines Bildpunktes P1 wurde dann die Meßfunktion von Sketchpad angewendet. Wandert J objektgebunden auf dem Kreis, so lassen sich auf dem Monitorbild jeweils die Werte der vier Koordinaten ablesen. Um zu verstehen, daß die Länge |W1O1| tatsächlich gleich der Bildlänge x´ ist, stelle man sich vor, daß Ebene3 in Bild 4.1.2 um HG auf Ebene1 gedreht wird. O´ geht dann auf O1 über.

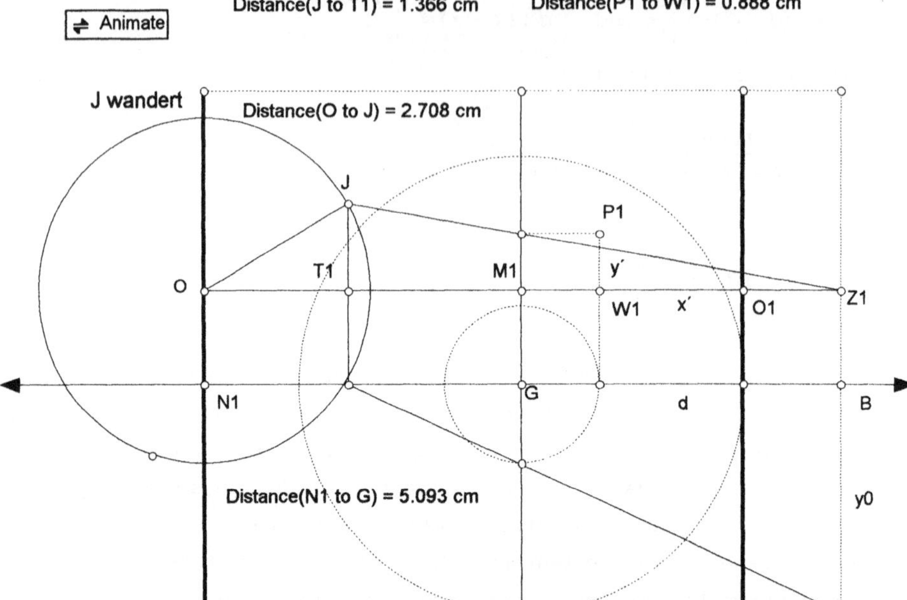

Bild 4.4.1

Mit einem Taschenrechner könnte man nun diese Werte mit denen vergleichen, die die Transformation Λ liefert. Im folgenden führe ich eine entsprechende Mathematica-Sequenz an, die Werte für x, y, x´, y´ tabelliert.

Koordinatenfunktionen von Λ:

```
q1[x_,y_]:=y0 d/(d+(x0-x))
q2[x_,y_]:=d y/(d+(x0-x));
```

Kreisfunktion:

```
f[x_]:=Sqrt[r^2-x^2];
```

Tabellenbefehl mit Schrittweite deltax:

```
Table[{x,f[x],q1[x,f[x]],q2[x,f[x]]},{x,-r,r,deltax}].
```

Man kann so - abgesehen von einer gewissen pixelbedingten Ungenauigkeit - die Sketchpadwerte bequem mit der Tabelle vergleichen, wenn man J auf dem Kreis wandern läßt, und hat eine Kontrolle der eigenen Arbeit.

2. Beispiel: Perspektive Abbildungen bilden Geraden auf Geraden ab; wir überprüfen Λ in dieser Hinsicht. Dazu setzen wir vereinfacht f(x):=x und erhalten

$$fbild(x') = \frac{1}{y_0}\{(d+x_0)x' - y_0 d\},$$

Geraden werden also, wie man verallgemeinernd feststellt und natürlich erwartet, auf Geraden abgebildet.

Ebenso bleiben Inzidenzen erhalten: Liegt der Punkt (a;b) auf dem Graphen einer Funktion g in Ebene1, so folgt b´=g(a´), denn aus

$$a' = \frac{y_0 d}{d+(x_0 - a)}$$

folgt

$$\begin{aligned} gbild(a') &= \frac{1}{y_0}\left\{g\left((d+x_0) - \frac{y_0 d}{a'}\right)a'\right\} \\ &= \frac{1}{y_0}\left\{g\big((d+x_0) - (d+(x_0-a))\big)\frac{y_0 d}{d+(x_0-a)}\right\} \\ &= \frac{d}{d+(x_0-a)}g(a) \\ &= \frac{bd}{d+(x_0-a)} = b' \end{aligned}$$

gemäß Definition der Abbildung Λ.

3. Beispiel: Wir untersuchen das Bild der Normalparabel und verwenden zunächst Mathematica: Mit

```
g[x_]:= x^2
```

plotten wir den Bildgraphen gemäß

```
ParametricPlot[{q1[x,g[x]],q2[x,g[x]]},
        {x,-10,6},
        PlotRange->{-4,5}].
```

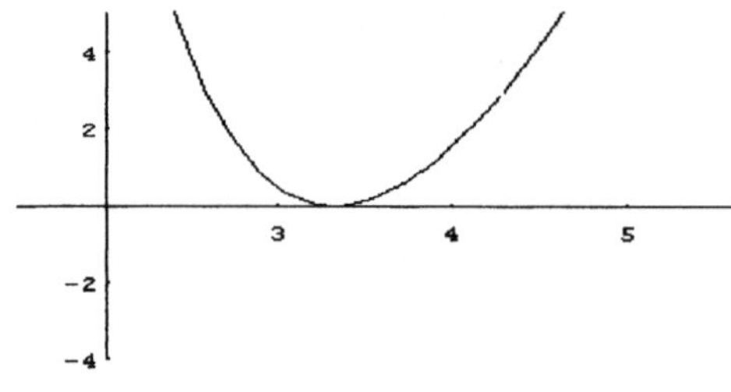

Bild 4.4.2

Um welchen Typ von Kurven handelt es sich? Nach obiger Rechnung folgt für gbild

$$gbild(x') = \frac{1}{y_0}\left\{(d+x_0) - \frac{y_0 d}{x'}\right\}^2 x' = \ldots$$

$$= \frac{1}{y_0}\left\{x'(d+x_0)^2 - 2d\,y_0(d+x_0) + \frac{y_0{}^2 d^2}{x'}\right\}.$$

Man erhält also einen Hyperbeltyp.

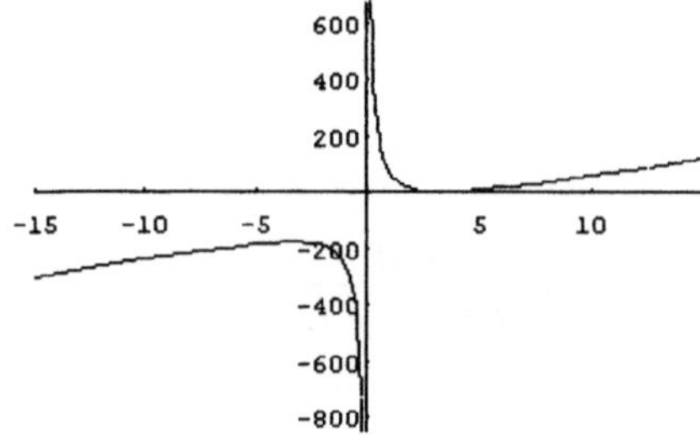

Bild 4.4.3

Plotten mit anderen Plotparametern verdeutlicht dies auch:
Die Hyperbelgestalt läßt sich anschaulich so verstehen: Je weiter der Sehstrahl dem linken Ast der Parabel folgt, desto mehr nähert sich der zugehörige Bildpunkt asymptotisch der y-Achse von Ebene3. Der linke Ast ist natürlich nicht existent.

4.5 Tangenten bleiben Tangenten

Im Unterricht der Sekundarstufe spielt das Anlegen von Tangenten an Graphen bekanntlich eine besondere Rolle. Es liegt also nahe, in unserem Zusammenhang als weitere Übung zu untersuchen, wie sich Tangenten unter perspektivischen Transformationen, in unserem Spezialfall unter der Transformation Λ, verhalten.

Wir gehen wieder einerseits geometrisch-dynamisch und andererseits analytisch vor. Es kommt dabei sicher weniger darauf an, zu zeigen, was man schon weiß, als vielmehr eine adäquate Konstruktion mit der Dürermaschine im Unterricht entwickeln zu lassen,die den Sachverhalt visualisiert, bzw. einen Beweis mit analytischen Methoden als Übung zur Differentialrechnung durchzuführen.

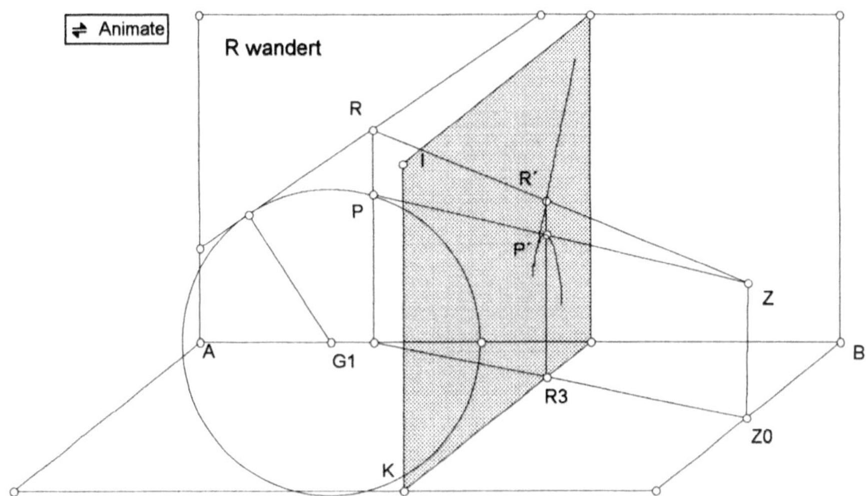

Bild 4.5.1

In Bild 4.5.1 wurde eine Tangente t an den Kreis in der Urbildebene konstruiert. Das Lot zu AB durch R schneidet dann den Kreis in P. Die von Z ausgehenden Sehstrahlen durch P und R durchstoßen die Bildebene in P´ und R´. Wir finden dann die geometrisch-anschauliche Bestätigung, indem wir von P´ und R´ die Spur zeichnen, wenn R auf der Tangente wandert: Tangenten an Graphen gehen offensichtlich in Tangenten an Bildgraphen über. Wie gesagt, der unterrichtliche Wert liegt in der Entwicklung der dynamischen Konstruktion.

Um diesen Sachverhalt auch analytisch zu bestätigen, berechnen wir zu einer differenzierbaren Funktion f in einem Punkt (a;f(a)) das Bild tbild der Tangente t unter Λ und zeigen, daß tbild die gleiche Steigung in a´ hat wie fbild.

Mit

$$fbild(x') = \frac{x'}{y_0} f\left((d + x_0) - \frac{y_0 d}{x'} \right)$$

folgt

$$\left(\frac{d}{dx'} fbild \right)(a') = \frac{1}{y_0} \left\{ f\left((d + x_0) - \frac{y_0 d}{a'} \right) + a' f'(\ldots) \frac{y_0 d}{a'^2} \right\}.$$

Dann folgt mit

$$\frac{y_0 d}{a'} = d + (x_0 - a)$$

$$\left(\frac{d}{dx'} fbild \right)(a') = \frac{1}{y_0} \left\{ f\left((d + x_0) - (d + x_0 - a) \right) + f'\left((d + x_0) - (d + x_0 - a) \right)(d + x_0 - a) \right\}$$

$$= \frac{1}{y_0} \left\{ f(a) + f'(a)(d + x_0 - a) \right\}.$$

Für tbild folgt mit

$$t(x) = f(a) + f'(a)(x - a)$$

$$tbild(x') = \frac{1}{y_0} t\left((d + x_0) - \frac{y_0 d}{x'} \right) x', \text{ d.h.}$$

$$= \frac{x'}{y_0} \left\{ f(a) + f'(a)\left[(d + x_0) - \frac{y_0 d}{x'} - a \right] \right\}$$

$$= \frac{1}{y_0} \left\{ x' f(a) + f'(a)\left[x'(d + x_0) - y_0 d - x' a \right] \right\}.$$

Dann folgt für die Steigung von tbild

$$\frac{d}{dx'} tbild = \frac{1}{y_0} \left\{ f(a) + f'(a)\left[d + x_0 - a \right] \right\}.$$

Die Steigungen sind also gleich.

4.6 Wege zur und über die Dürermaschine hinaus

In diesem Abschnitt möchte ich skizzieren, wie man in der Sekundarstufe Unterrichtssequenzen über Bögen unter perspektivischer Sicht mit Hilfe der Dürermaschine und der Transformation Λ gestalten kann. Dabei weise ich zu Beginn insbesondere auf die Zweispurigkeit hin, die als Leitfaden zur Konstruktion für den Aufbau der Abschnitte 4.1 bis 4.5 diente: Die dargestellten Konzepte wurden jeweils zunächst geometrisch-dynamisch behandelt, um dann erst analytisch angegangen zu werden. Dies auch der Weg im Unterricht: Man wird in der Sekundarstufe I vermutlich mit einem rein geometrischen Ansatz beginnen und und nicht wesentlich über ihn hinausgehen; später hingegen leitet man die analytischen Darstellungen aus den geometrischen her.

Ich beschreibe zunächst einen Weg zur Dürermaschine in drei Unterrichtsschritten.

1. Schritt: Man wird vermuten dürfen, daß Schüler einer Klasse neun, denen im Unterricht etwa Bild 4.0.1 mit dem Ziel gezeigt wird, auftretende architektonische Formen zu beschreiben, die auf der rechten Seite perspektivisch abgebildeten gotischen Bögen zunächst nur real in der Zielsetzung des perspektiven Zeichnens, also als Kurven aus Kreisbögen sehen; um sie für die wirklichen Kurven auf dem Papier zu sensibilisieren, bittet man sie, die Graphik, besser ein konkretes Fenster, aus der Beobachtung abzuzeichnen. Das dürfte die Schwierigkeit und damit auch das geometrische Problem deutlich werden lassen. Künstler begnügen sich zu Recht mit dem Ungefähr, Mathematiker fragen - auch zu Recht - nach der präzisen Form der auftretenden Kurven. Die historischen Lösungen stammen von Leonardo da Vinci und A. Dürer: Ihre Modellvorstellung des Sehvorgangs gibt den Anstoß zum Verständnis des perspektiven Sehens im Unterricht, vgl. Bild 4.1.1 und [Wittmann, 1978, S.35].

Zweiter Schritt - wir bauen ein Pappmodell: Man läßt seine Schüler ein Pappmodell zu Bild 4.1.3 entwerfen. Ebene3 wird als Rahmen realisiert, ZZ0 durch einen Stab, der in Z durchbohrt ist. Dann kann man von einem beliebigen Punkt J nach Z einen Faden spannen, der durch das Loch geführt wird und mit einem Gewicht versehen nach unten hängt. So läßt sich die Bewegung des Sehstrahls beim Abtasten der Fläche GHIK im Raum sichtbar machen. Später wird diese Fläche durch eine Overheadfolie und der Faden durch den Sehstrahl des Betrachters ersetzt, man zeichnet nach Sicht auf die Folie. "Diese Methode ... hat den Nachteil, daß es unmöglich ist, den Kopf unbeweglich zu halten und die Durchstoßpunkte der Sehstrahlen auf dem Glas genau zu treffen"; vgl. [Wittmann, 1987, S. 35]. Daraus könnte heutzutage die Motivation erwachsen, die Spur-Option dynamischer Software anzuwenden.

Dritter und vierter Schritt: Man zeichnet das erste Pappmodell parallelprojektiv ab, entwirft einen Konstruktionsplan und realisiert ihn etwa mit Sketchpad. Auf die Nützlichkeit einer expliziten, gegliederten Ausformulierung dieses Plans weise ich gesondert hin, da er in seiner zeitlichen Abfolge die für die nachfolgende Arbeit mit der Maschine wichtige Objekthierarchie widerspiegelt; vgl. Abschnitt 4.1. Als Ergebnis entsteht so Bild 4.1.3. Sind die Schüler schließlich mit der Dürermaschine vertraut, haben sie perspektivische Bilder von Kreisen und von gotischen Bögen mit der Spur-Option gezeichnet und die Idee der Objektbindung und -hierarchie verstanden, so kann man das Zusatzmodul einbauen, vgl. Bild 4.2.1, um dann abstrahierend wieder zu reduzieren, wie in Bild 4.2.3 geschehen.

Wer Lehrerfahrungen mit 3D- Geometrie hat, kennt die damit verbundenen Probleme: Räumliche Vorstellungen müssen im Unterricht im Sinne des Spiralprinzips entwickelt, gepflegt und weiterentwickelt werden. Daß das Thema Perspektive hier eine sinnvolle Anwendung darstellt, die zugleich anspruchsvoll ist, scheint sicher. Aus Pappe gebaute Modelle der Dürermaschine sind in der Klasse so kein überflüssiges Beiwerk, sondern für die Weiterentwicklung der räumlichen Vorstellung sehr hilfreich. Das dürfte sich auch bei der Konstruktion des Zusatzmoduls zeigen: Es zu entwickeln, zu verstehen, verlangt enaktive Handlungen am Pappmodell, um eine angemessene Vorstellung von Parallelprojektionen und ihrem Werkzeugcharakter in diesem Zusammenhang zu entwickeln.

Ob man in der Sekundarstufe II im Themenbereich analytische Geometrie auf eine unterrichtliche Behandlung der perspektiven Bögen zurückblicken kann oder nicht - das Zweite dürfte häufiger sein -, man wird zur Einführung den oben beschriebenen, rein geometrischen Weg verkürzt wählen müssen, um danach zur analytischen Formulierung der Transformation Λ zu gelangen. Ich habe schon in Abschnitt 4.3 auf die Bedeutung hingewiesen, die das operative Prinzip des Hinüberziehens in diesem Zusammenhang hat. In seinem Sinne wird ausgehend von den eingefärbten Dreiecken in Bild 4.3.1 die Invarianz der Länge $|U3J'|$ gegenüber einer Wanderung von Z0 auf FB gemäß Bild 4.1.2 visualisiert, um dann auf einfache Weise zur Transformationsgleichung für y´ zu gelangen. Analog verdeutlicht die gleichzeitige Veränderung des Dreiecks OZZ1, wie der Strahlensatz anzuwenden ist, um x´ zu finden. Das läßt sich heutzutage überzeugend dynamisch demonstrieren.

Hat man Λ hergeleitet, sollte man mit Λ auch in verschiedenen Problemsituationen arbeiten - Verweilen als konstitutives Moment nicht nur bei Goethe. Ausgehend von herkömmlichen curricularen Vorstellungen, liegt mit dieser Transformation

$$R \times R \xrightarrow{\Lambda} R \times R$$

ein Unterrichtsgegenstand vor, der neu ist und Aufmerksamkeit verdient. In einer ersten Phase wird man, wie in 4.3 dargestellt, perspektive Bilder wie das des Graphen der pseudogotischen Funktion

$$f(x) := 4 - |\tan(x)|,\ \textit{für}\ \ x \neq n\frac{\pi}{2}\ \textit{mit}\ \ n \in Z$$

zeichnen. Die Verwendung eines komfortablen Funktionenplotters ist dabei keineswegs erforderlich: graphische Taschenrechner liefern Gleiches.

Weitere unterrichtliche Schritte könnten darin bestehen, sich mit den Beispielen von 4.4 zu befassen; man sollte - etwa in einem Projekt - viele perspektive Bilder von Graphen erzeugen, um sie dann zu klassifizieren, also der Frage nachzugehen: Welche Typen von Termen treten bei den Bildern auf, und sind sie aus dem Unterricht schon vertraut? Man betreibt so im neuen Kontext wiederholende Funktionenlehre, befaßt sich erneut mit Differenzierbarkeit, vgl. Abschnitt 4.5, vielleicht mit Kurvendiskussion und geht so schließlich deutlich über die Beschäftigung mit der Dürermaschine hinaus; sie tritt in den Hintergrund, der Schwerpunkt verlagert sich und wichtig werden nun Bilder von Graphen und ihre termmäßige Beschreibung abseits der Architektur. Die Klassifizierung erfordert Übung in elementar-algebraischem Rechnen, da der Parameter jeweils eliminiert werden muß. Das könnte zunächst explizit an einigen Beispielen geschehen, bevor man die Darstellung fbild(x´)=y´, vgl. Abschnitt 4.4, herleitet.

Wer Bilder mit Mathematica erzeugt, stellt fest, daß immer wieder der gleiche Vorgang abläuft, ein Grund, zu schematisieren und ein kleines Notebook für die Darstellung und Klassifizierung zu entwerfen. Es könnte so aussehen:

```
Clear[f, xmin, xmax,
        xminperspek, xmaxperspek, yminperspek, ymaxperspek]
                              (* vorherige Eingabe löschen*)
f[x_]:=......                 (* Urbildterm eingeben*)
Plot[f[x],{xmin,xmax}]        (*Urbild plotten*)
ParametricPlot[{q1[x,g[x]],q2[x,g[x]]},
     {x,xminper,xmaxper},
     PlotRange->{yminper,ymaxper}]
                              (* Bildgraph plotten*)
fbild[xstrich_]:=1/yo f[(d+x0)-y0 d/xstrich] xstrich
                              (* Bildterm definieren*)
Simplify[fbild[xstrich]](* Term vereinfachen*)
```

Abschließend einige Bemerkungen:

1. Ich möchte an dieser Stelle schon das Konzept des ´Parallelrechnens´ als eines von mehreren, zueinander komplementären Konzepten zur Einführung in CA-Systeme ansprechen: Wer etwa in einem Leistungskurs die Intention verfolgt, Schülerinnen und Schülern ein CA-System vertieft nahezubringen, der findet in unserem Zusammenhang über die Konzeption des obigen Notebooks hinaus einen weiteren Anlaß. In der ersten Phase des termmäßigen Analysierens, das ja zuerst die Elimination der Variablen x erfordert, könnte man die Rechnungen jeweils auf dem Papier und mit dem CA-System parallel durchführen. Schüler gewinnen so erste Erfahrungen mit den für CA-Systeme charakteristischen Befehlen Eliminate und Solve. Bezogen auf Beispiel 3 in Abschnitt 4.4: Für g(x)=x^2 und x_0=4, y_0=6 und d=5 liefert

```
    Eliminate[{xstrich==q1[x,g[x]],ystrich==q2[x,g[x]]},x]
```

als Ergebnis

```
    -180 + 27 xstrich - 2 ystrich != 0 &&
(2) 27 xstrich^2  + xstrich (-180 - 2 ystrich) == -300,
```

wobei "!=" ´ungleich´ bedeutet. Der Befehl

```
    Solve[27 xstrich^2 + xstrich (-180 - 2 ystrich) == -300,
```

```
                    ystrich]
```

löst nach ystrich auf; wir vereinfachen noch mit

```
     Simplify[(3*(100 - 60*xstrich +
                    9*xstrich^2))/(2*xstrich)],
```

um dann

```
   (3*(-10 + 3*xstrich)^2)/(2*xstrich)
```

als perspektiven Bildterm zu erhalten.

2. Die Intention der hier vorgestellten Konzeption liegt, wie schon angedeutet, nicht in einer mehr oder weniger erschöpfenden Behandlung der Perspektive oder gar einer Einführung in die projektive Geometrie. Ausgehend von bestehenden Curricula scheint beides unrealistisch und bezogen auf den Abstraktheitsgrad der projektiven Ebene auch kaum wünschenswert. Wenn man im Unterricht ein Verständnis für ein Spezialproblem der Perspektive - unser gotischer Bogen und seine Darstellung in Bild 4.0.1 - erreicht, so hat man einen sinnvollen, engumgrenzten Abschnitt der Raumgeometrie thematisiert und an der Entwicklung von raumgeometrischen Vorstellungen der Lerngruppe gearbeitet. Daß man in der Vielfalt des Perspektivischen viel weiter gehen könnte, daß etwa die Darstellung von Figuren im Raum lockt, daß man mit Rücktransformationen Bilder entzerren, daß man mit dynamischen Mitteln den Satz von Desargues behandeln könnte, all das ist unbestritten. Weniger scheint hier jedoch mehr.

3. Wenn im Unterricht von Leonardo da Vinci und Albrecht Dürer die Rede ist, bietet es sich an, mit Schülerreferaten den Bezug zur Malerei und zur Kunstgeschichte der Renaissance im Überblick herzustellen. Dazu sei auf [Kratz, S. 264] und insbesondere auf die hervorragende, schulgemäße Darstellung der Perspektive bei Dürer in [Strieder, S. 347 ff.] verwiesen. Eine gut strukturierte kurze Einführung in das perspektive Zeichnen für Lehrer von William W. Willson findet sich in [Jones, S.43 ff.]. Zur Geschichte der Perspektive aus mathematikhistorischer Sicht sei auch auf [Gericke, Bd. 2, S. 164 ff.] verwiesen.

4. In der vorliegenden Konzeption gehe ich bewußt von der Dürerdarstellung, also vom Abzeichnen und nicht vom Fotografieren aus; dies, um möglichst schnell zum Kern der Problemstellung

vorzudringen, ohne auf technische Details eingehen zu müssen, die bei einem Ausgangspunkt über die Fotografie erforderlich wären. Im Verlaufe der Unterrichtsreihe wird man natürlich einen Bezug zur Fotografie herstellen müssen und wollen; dazu sei insbesondere auf die sehr hilfreiche Arbeit von K. P. Müller, vgl. [Müller, S.48] hingewiesen. Es muß für die Lerngruppe klar werden, daß "das Fotografieren mit übliche Objektiven und auch das Vergrößern der Negative (oder analog das Projezieren der Diapositive) Modelle für die Zentralprojektion sind..."; vgl. [Müller, S. 48].

In den folgenden Abschnitten möchte ich noch zwei weitere Transformationen herleiten, die mit der Dürermaschine entwickelt und mit analytischen Methoden ergänzend betrachtet werden. Ich füge sie einerseits an, weil sie zeigen, wie reich die Problemlage ist, auch wenn man sich in der Perspektive auf unsere enge Fragestellung beschränkt, andererseits, weil sie zumindest z. T. für Projektunterricht geeignet sind, nachdem man schon eine ähnliche Transformation kennt. Den Abschluß des Kapitels bildet dann die Kegelschnittmaschine, eine weitere, naheliegende Konstruktion, die den Sehkegel in das Zentrum der perspektivischen Betrachtung stellt. Wer sich im Unterricht der Sekundarstufe II mit Gesetzen des Sehens befaßt, wird auch den Schritt zu Kegelschnitten tun wollen.

4.7 Transformation Π

In diesem Abschnitt soll eine besonders einfache Transformation Π definiert werden, die von Ebene2 nach Ebene3, vgl. Bild 4.1.2, abbildet. Dem Punkt J ordnen wir mit Hilfe des Sehstrahls von Z nach J den Bildpunkt J´ als Durchstoßpunkt in Ebene3 zu. Die so entstandene räumliche zentrische Streckung dürfte das Verfahren sein, nachdem in Bild 4.0.1 der Altarraum abgebildet worden ist. Bild 4.7.1 zeigt die dynamische Konstruktion mit Sketchpad: Wandert J in der Urbildfläche, so J´ in der Bildfläche.

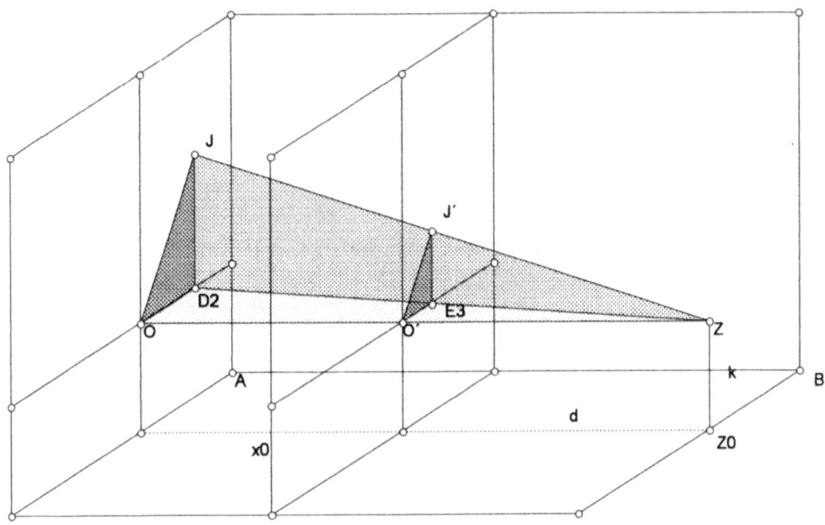

Bild 4.7.1

Die beiden Dreiecke sollen helfen, die analytische Darstellung zu entwickeln. Wir bezeichnen mit OD2 die x-Koordinate, mit JD2 die y-Koordinate, entsprechend x´ und y´ in der Bildebene und erhalten mit den Strahlensätzen zunächst

$$\frac{x}{x'} = \frac{d + x_0}{d},$$

also

$$x' = \frac{xd}{d + x_0}.$$

Im Sinne des operativen Prinzips des Hinüberziehens bleibt y und y´ invariant, wenn J auf einer Parallelen zur x-Achse wandert - das läßt sich schnell mit Sketchpad demonstrieren -, so daß analog

$$y' = \frac{dy}{x_0 + d}$$

folgt.

Wir erhalten als Transformation

$$(x;y) \xrightarrow{\text{II}} \left(\frac{dx}{d + x_0}; \frac{dy}{d + x_0} \right).$$

Ebenso einfach erhält man die Rücktransformation.

Kann man mit dieser umgebauten Dürermaschine veranschaulichen, wie das Bild eines Kreisbogens, vgl. Bild 4.0.1, entsteht? Die Aufgabe ist insofern neu und reizvoll, als zunächst in der Urbildebene das parallelprojektive Bild eines Kreisbogens erzeugt werden muß, um dann weiter in die Bildebene transformiert zu werden.

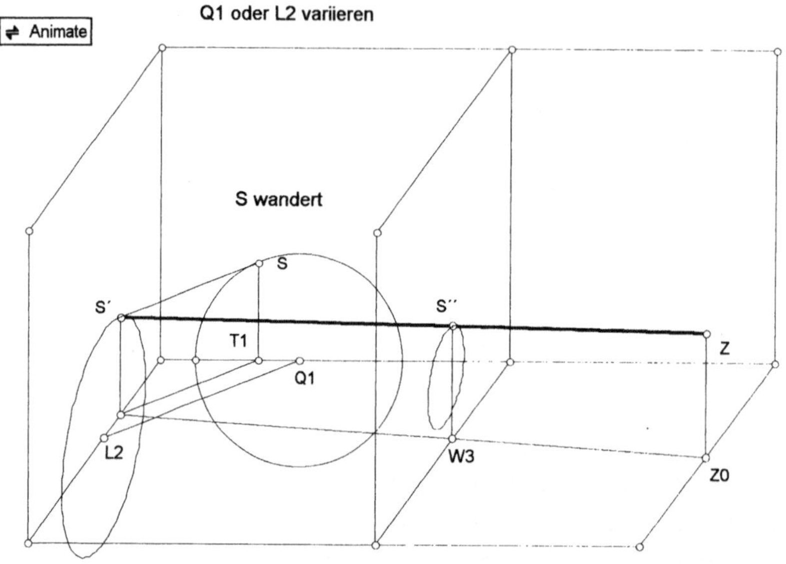

Bild 4.7.2

Eine mögliche Verfahrensweise zeigt Bild 4.7.2: In Ebene1, also der Ebene der Orginalgrößen, wurde ein Kreis konstruiert, der achsenaffin in Richtung Q1L2 auf die Urbildebene abgebildet wurde. Von da läßt sich dann das perspektive Bild wie üblich herstellen.

Das Programm Sketchpad bietet als äußerst wichtige Optionen sogenannte Animationen an. Wir nutzen sie aus und programmieren mit ihr die Bewegung von S auf dem Kreis um T1: Nach Aktivierung der Animation, besser: nachdem wir also unser Geometrieprogramm gestartet haben, wandert S auf dem Kreis und zeichnet so das parallelprojektive Bild des Kreises und seine perspektive Darstellung. Aus der handbetriebenen Dürermaschine wurde so die automatisierte - ich nenne diese Art von Sketchpadprogrammen im folgenden ´Dürerlaufwerke´.

In einer leistungsstarken Klasse wird man die Unterrichtsreihe über Perspektive mit der Transformation Λ beginnen und vorgehen wie oben beschrieben. Die Transformation Π ist nun wegen ihrer Einfachheit in besonderem Maße zur Projektarbeit geeignet, wobei die Idee der Achsenaffinität vermutlich ausführlicher Diskussion bedarf. Dabei wird man die Affinität nicht im Sinne eines Vorratslernens vorher behandeln, sondern aus der Problemlage etwa mittels einer Analogie zu Schattenbildern entwickeln. Wurde zuvor die Ellipse als affines Bild des Kreises im Sinne von Abschnitt 3.6 hergeleitet, so ist eine Querverbindung hier nützlich.

Abschießend möchte ich in diesem Zusammenhang auf eine weitere naheliegende und anspruchsvolle Aufgabe verweisen. Das achsenaffine Bild eines Kreises könnte z. B. auch in der Grundrißebene konstruiert werden. Dazu gehen wir so vor: Wir zeichnen eine parallele Strecke mit den Endpunkten C1 und E1 zu AB in Ebene1 und einen beliebigen Punkt V2 auf AE, vgl. Bild 4.7.3. Ferner wählen wir V1 auf C1E1 als Mittelpunkt eines Kreises. Mit dem Ortsvektor von V1 nach V2 definieren wir eine Parallelprojektion von Ebene1 nach Ebene2.

Auf dem Kreis wählen wir einen Punkt Y1 und fragen nach seinem Bild in Ebene2 und Ebene0. Dann bilden wir mit dem üblichen Verfahren nach Ebene3 weiter ab, um die perspektiven Bilder zu erhalten.

1. Schritt: Wir fällen das Lot von Y1 auf C1E1 und erhalten die beiden Fußpunkte T1 und D1 auf C1E1 und AB. Da T1 auf der Geraden durch V1 und E1 liegt, muß sein Bildpunkt T2 in Ebene2 auf der Geraden durch V2 und E1 liegen. Wir finden so T2 durch eine Parallelverschiebung. Den gesuchten Bildpunkt Y2 konstruieren wir nun analog auf der Parallelen durch T2 zu AD.

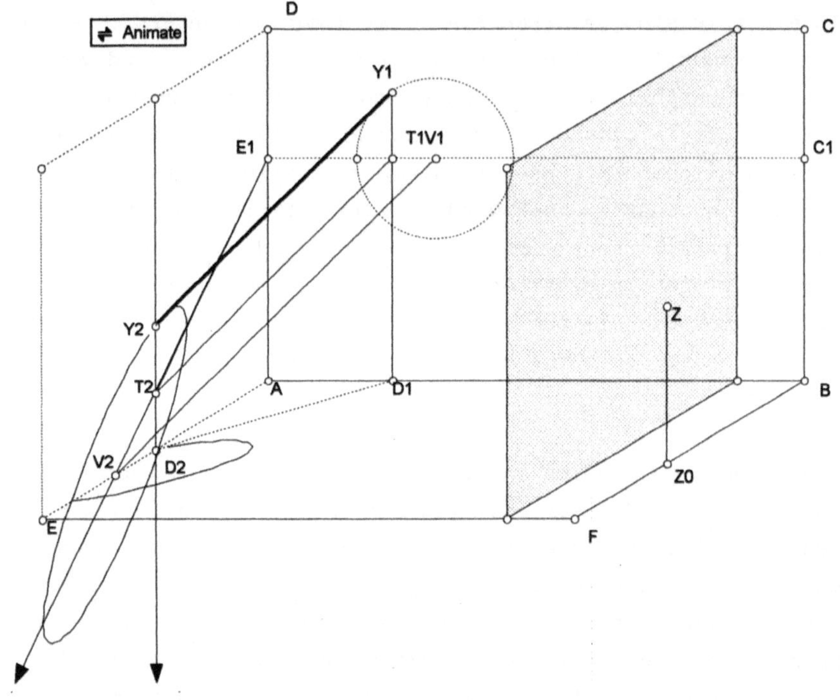

Bild 4.7.3

2. Schritt, vgl. Bild 4.7.3a: Wir verbinden die beiden in Ebene0 liegenden Punkte D1 und D2. Der Schnittpunkt Y0 von Y1Y2 und D1D2 ist der gesuchte Durchstoßpunkt, in dem der Projektionsstrahl durch Y1 Ebene0 durchstößt. Wenn wir ihn perspektiv auf Ebene3 abbilden und dann Y1 auf seinem Kreis wandern lassen, erhalten wir die gewünschte Darstellung. Ein weiteres Mal sei darauf hingewiesen, daß wir die Belohnung für unsere Arbeit nur auf dem Monitor erwarten können.

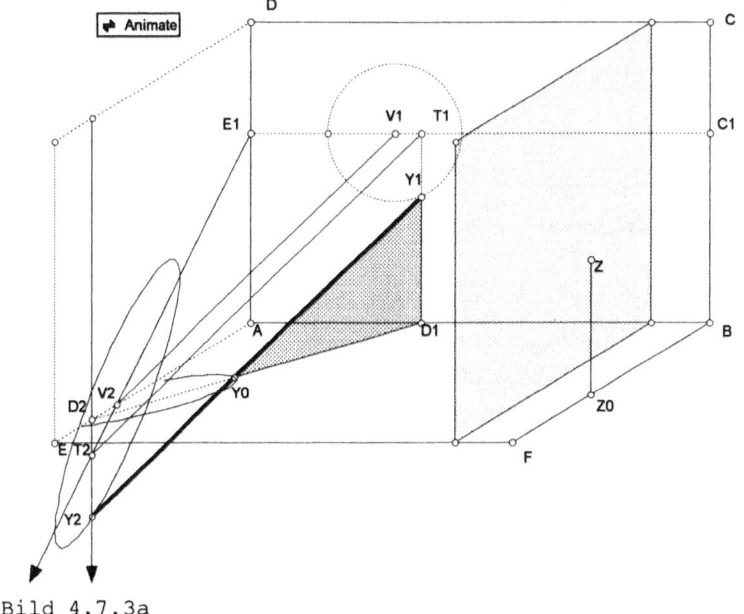

Bild 4.7.3a

Wenn man in unserem Zusammenhang, natürlich mit gewissen Einschränkungen, von didaktisch Neuem reden kann, so in dem Sinne, daß die Visualisierungsmöglichkeiten moderner Geometriesoftware die alten, immer schon unterrichtlich relevanten, mathematischen Gegenstände eher verfügbar macht und so Unterricht vielleicht effektiver. Darin sehe ich den Wert von Dürermaschine und interaktiv gestalteten dynamischen Prozessen in Dürerlaufwerken. Es geht mir hier also zunächst noch nicht darum, Konzepte zur Behandlung von Kegelschnitten als achsenaffinen Bildern zu entwerfen, dazu sei auf Abschnitt 4.9 und auf die sehr nützliche Darstellung von H. Schupp, vgl. [Schupp 1988, S. 103 ff.], verwiesen.

Es ist ein Unsinn, jungen Leuten immer mit dem "Besten" zu kommen. Man hat in das beste hineinzuwachsen, und das dauert oft recht lange. Vor allem ist es ganz unnatürlich, mit Goethe zu beginnen.
Th. Fontane

4.8 Transformation Ψ(α)

Im Anschluß an die Beschäftigung mit der Transformation Π ist es naheliegend, die ihr zugrunde liegende Idee noch geringfügig zu verallgemeinern: Wir stellen uns vor, daß Ebene2 mit dem Winkel α um die y-Achse gedreht wird, und erhalten Ebene4. $\Psi(\alpha)$ definieren wir nun als die Abbildung, die J in Ebene4 auf die alte Bildebene nach J´ perspektiv abbildet, vgl. Bild 4.8.1.

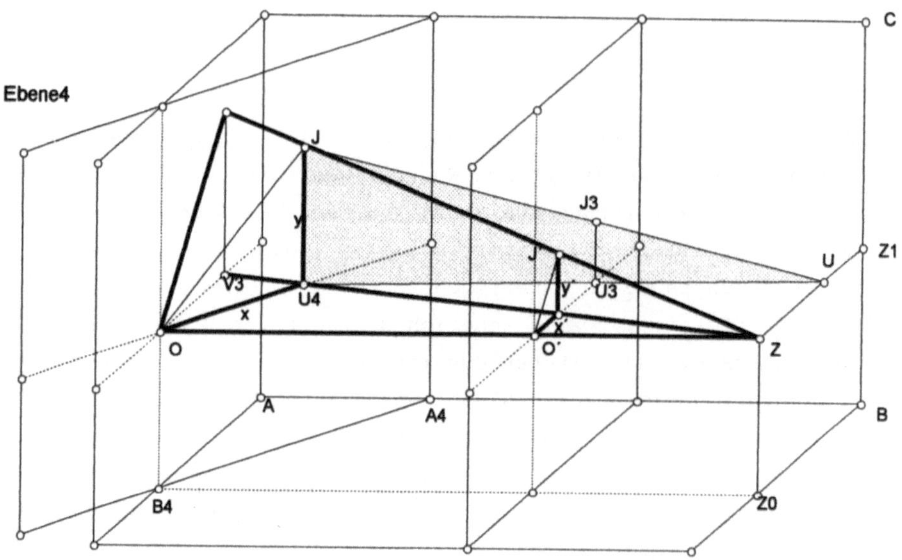

Bild 4.8.1

Um sich in die Arbeitsweise der Transformation hineinzudenken, wird man zunächst wieder perspektive Bilder von Kreisen via Paralleprojektion analog zu Abschnitt 4.7 konstruieren, vgl. Bild 4.8.2. Im zweiten Schritt fragt man dann, wie sich Ψ(α) analytisch beschreiben läßt.

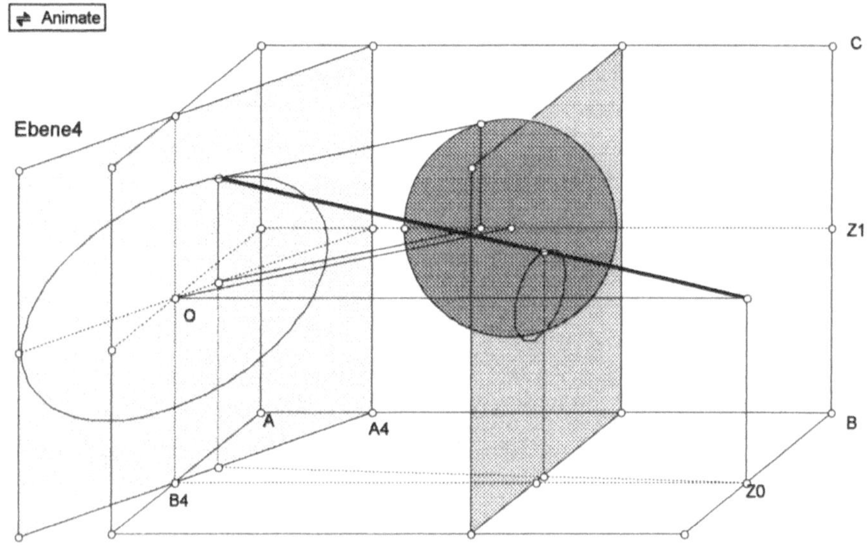

Bild 4.8.2

Gegeben ist also J:=(x;y) in Ebene4; wir suchen die Bildkoordinaten x´ und y´ des Punktes J´ in Ebene3.

Um zunächst x´ zu ermitteln, fällen wir in der Grundrißfigur 4.8.3, einer Teilansicht von Bild 4.8.1, in U4 das Lot auf OZ, so daß OV3 und U4T parallel sind. Wegen α=w(V3OU4)=w(OU4T) folgt h=x cos(α) und g=x sin(α). Dann ergibt sich mit dem Strahlensatz sofort

(1) $x' = \dfrac{dh}{(x_0+d)-g} = \dfrac{d\,x\cos(\alpha)}{(x_0+d)-x\sin(\alpha)}.$

Dies trifft, wie das Dreieck C4MZ lehrt, auch für negative x zu. Um analog y´ zu errechnen, wenden wir unser Hinüberziehprinzip in Bild 4.8.1 an: Der Punkt U wandere auf ZZ1; wir betrachten in dem Dreieck JU4U die Strecke J3U3 in der Bildebene. Dann ist klar, das die Länge von J3U3 gegenüber der Lage von U invariant ist. Nun sei U so gewählt, daß U4U parallel zu OZ ist; dann folgt sofort nach dem Strahlensatz

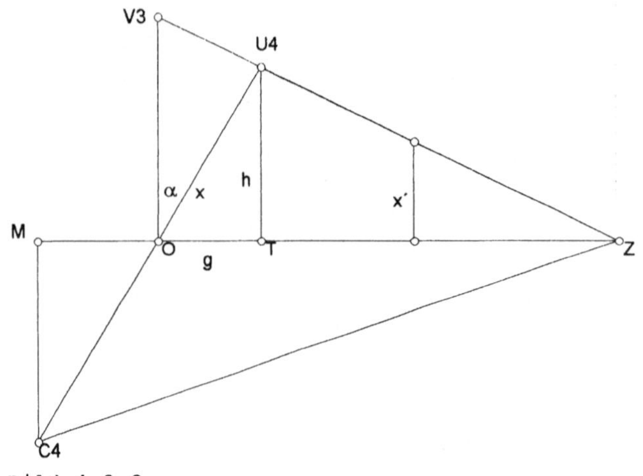

Bild 4.8.3

(2) $y' = \dfrac{d\,y}{(x_0 + d) - x\sin(\alpha)}$,

so daß wir für die gewünschte Transformation $\Psi(\alpha)$

$$(x;y) \xrightarrow{\Psi(\alpha)} (x';y')$$

erhalten.

Dazu einige Bemerkungen:

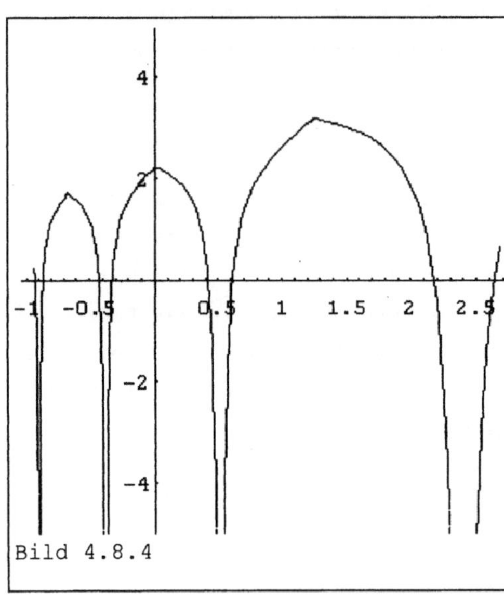

Bild 4.8.4

1. Im Trigonometrieunterricht der Klasse 10 oder im Unterricht zur analytischen Geometrie der Jahrgangstufe 12 stellt die Herleitung der Transformation $\Psi(\alpha)$ eine durchaus reizvolle Aufgabe dar und sollte mit einer ausführlichen Strategiediskussion beginnen. Ich würde die obige Lösung als nicht unelegant bezeichnen; andere Lösungen, die etwa

mit dem Sin- oder dem Cos-Satz arbeiten, sind als Übung sinnvoll, liegen vermutlich zunächst näher und sollten als notwendige Umwege eingeschätzt werden, sie führen aber zu weniger geeigneten Darstellungen der Transformation. Ein unterrichtlicher Vergleich mit von der Lerngruppe entwickelten Lösungen und der hier vorgestellten bietet sich an. Ein Vorteil unserer Form der Lösung liegt darin, daß man sich sofort wieder auf die Transformation Π rückbeziehen kann: Setze $\alpha=0$.

2. Unsere Lösung zeigt eindrucksvoll, wie fruchtbar das operative Prinzip des Hinüberziehens in diesem Zusammenhang ist. Man könnte die mit ihm gewonnene Invarianzeinsicht natürlich mit Hilfe des Strahlensatzes zeigen - vielleicht eine gute Übung, erforderlich ist das aber nicht: Man sieht, wie y´ seine Länge in der Tat nicht verändert, wenn man in Sketchpad etwa die Lage von U objektgebunden auf ZZ1 variiert, und nutzt diese Einsicht zur Herleitung aus.

3. Wir wenden als erste Übung $\Psi(\alpha)$ auf unsere pseudogotische Testfunktion f mit f(x):=4-|tan(x)| an und erhalten eine Darstellung, die unserer Erwartung entspricht, vgl. Bild 4.8.4. Weitere vertiefende Übungen ergeben sich auf natürliche Weise, indem man analog zu Abschnitt 4.4 und 4.5 vorgeht: Man wird etwa wieder durch Eliminieren zunächst für spezielle Beispiele Bildterme in der Form y´=fbild(x´) herleiten und, wenn möglich, auch klassifizieren, um dann die allgemeine Darstellung für fbild zu entwickeln:

Aus (1) folgt

$$(x_0+d)-x\sin(\alpha)-\frac{d\,x\cos(\alpha)}{x'}$$

und

$$x=\frac{x'(x_0+d)}{d\cos(\alpha)+x'\sin(\alpha)},$$

also ergibt sich nach (2) aus

$$y'=\frac{d\,f(x)}{(x_0+d)-x\sin(\alpha)}$$

die gesuchte Darstellung

$$(3)\qquad y'=fbild(x'):=\frac{d\cos(\alpha)+x'\sin(\alpha)}{(d+x_0)\cos(\alpha)}f\left(\frac{x'(d+x_0)}{d\cos(\alpha)+x'\sin(\alpha)}\right),$$

die, wie man leicht nachrechnet, für den Spezialfall $\alpha=0$ die Transformation Π liefert. Wegen

$$\frac{d\cos(\alpha)+x'\sin(\alpha)}{(d+x_0)\cos(\alpha)}=\ldots=\frac{d}{(d+x_0)-x\sin(\alpha)}$$

sollte man zum Verständnis der Funktionsweise von fbild mit seinen Schülern zusätzlich noch das folgende Diagramm erarbeiten:

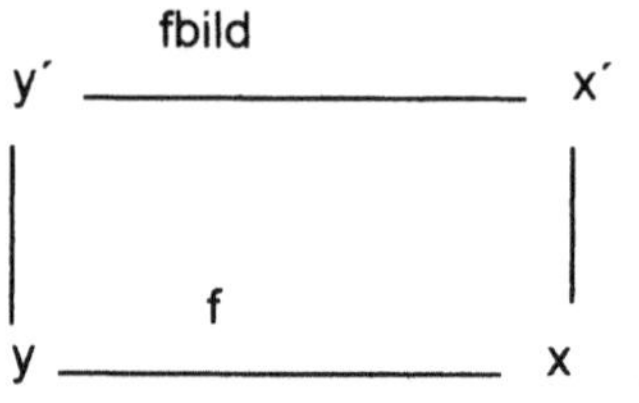

		fbild		
	y´	———	x´	
	|		|	
$y'=\frac{d}{(d+x_0)-x\sin(\alpha)}y$	y	——— f ———	x	$x=\frac{d+x_0}{d\cos(\alpha)+x'\sin(\alpha)}x'$

4. Ein Vergleich zwischen Π und $\Psi(\alpha)$ gibt nun unterrichtlichen Anlaß zu beziehungshaltiger, nicht ritualisierter Kurvenuntersuchung im Kontext der Perspektive: Man arbeite Unterschiede zwischen den beiden Transformationen heraus und erstelle dazu in einem kleinen Projekt eine Tabelle, die einigen Termen und ihren Graphen, etwa Geraden-, Halbkreis-, Parabeln- und Hyperbeltermen, die nicht zu kompliziert sind, ihre Bildterme und Bildgraphen unter Π und $\Psi(\alpha)$ gegenüberstellt. Dabei sollte dann u. a. dingfest gemacht werden, daß Π verkleinert, also im eigentlichen Sinne qualitativ nicht verändert, während $\Psi(\alpha)$ z. B. aus ganzrationalen Funktionen gebrochenrationale entstehen läßt. Dazu ein Beispiel:

$\Psi(\alpha)$ transformiert etwa die Normalparabel für d:=5, x_0:=4 und $\alpha:=\frac{\pi}{6}$ auf

$$fbild(x')=\frac{12\sqrt{3}\,x'^2}{5\sqrt{3}+x'},\quad x\in\left[-5\sqrt{3};\infty\right[,$$

wobei sich die Nullstelle des Nenners - und damit auch die Polstelle - durch die Parallelität der Sehstrahlebene mit der Urbildebene für x´ gemäß $d\cos(\alpha) + x'\sin(\alpha)=0$ ergibt. Der analytische Sachverhalt wird also bedeutungstragend geometrisch interpretiert, aus geometrischer Sicht auch die Wahl der Definitionsmenge: Der linke Ast von fbild ist als Perspektivbild nicht existent.

Ein Kurs, der schon gewisse Erfahrungen mit CA-Systemen hat, sollte zur Untersuchung von Bildgraphen neben der eigenen Rechnung parallel auch sein System verwenden. Für Mathematica-Anwender heißt das, ein Notebook im Sinne von Anhang 4.8-2 zu entwerfen und sich zudem über die Einschätzung dieses Notebooks im Vergleich zu unserer Dürermaschine klar sein: Es stellt eine direkte Verallgemeinerung des Geometriewerkzeugs im Hinblick auf komplexere, analytische Objekte wie Funktionsgraphen dar.

5. Schließlich führt $\Psi(\alpha)$ auf natürliche Weise zu Kurvenscharen, indem man fbild in Abhängigkeit von dem Parameter α betrachtet. Es entstehen per Notebook oder mit dem Funktionenplotter Kurven, die ihren Bezug zur Perspektive nicht leugnen.

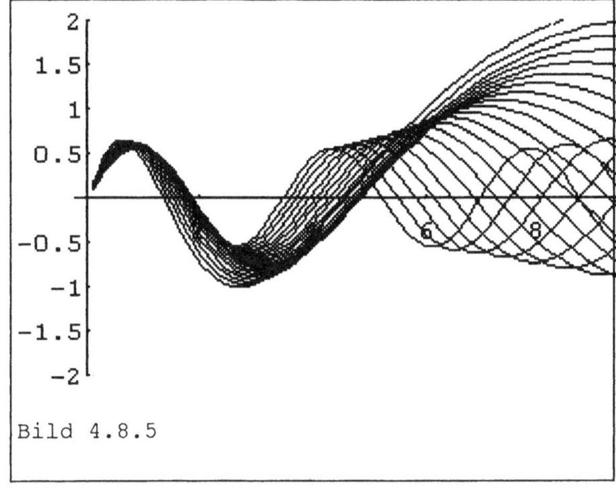

Bild 4.8.5

Wir betrachten als Beispiel die Kurvenschar, die aus der Sin-Funktion entsteht: Mathematica übernimmt die Aufgabe der Dürermaschine; vgl. Anhang 4.8-3. Das unterrichtliche Tun von Schülern besteht darin, etwa das Notebook zur Darstellung zu entwerfen und dann die entstandene Graphik aus dem Entstehungsprozeß der Perspektive heraus plausibel zu machen. Wer nun unser Beispiel mit Methoden der klassischen Kurvendiskussion weiter untersuchen will, macht eine betrübliche Feststellung, die sich jedoch oben, vgl. Bemerkung 4, schon abzeichnete: Die Terme werden schnell so kompliziert, daß sie sich den üblichen Verfahren verschließen - vielleicht auch eine wertvolle, unterrichtliche Feststellung.

4.9 Die Kegelschnittmaschine

Wer im Unterricht perspektive Bilder von Bögen mit Hilfe von Dürermaschinen und -laufwerken analysiert, befaßt sich so ausführlich konstruierend mit dem geometrischen Modell des Sehens und Abbildens, daß sich eine Standpunktverlagerung, die zu Kegelschnitten führt, geradezu aufdrängt.

Wir konstruieren zunächst eine Kegelschnittmaschine, indem wir - der Einfachheit halber - in unserem Modell einschließlich Ebene4 die alte Bildebene als Urbildebene auffassen und in sie parallelprojektiv einen Kreis abbilden, der durch die Spur des Punktes J in Ebene3 entsteht. Der Sehstrahl von Z in Richtung J durchstößt dann Ebene4 in einem noch näher zu bestimmenden Punkt J´. Wandert nun P1 auf seinem Orginalkreis, so umfährt der Sehstrahl einen senkrechten Kreiskegel, der von der neuen Bildebene geschnitten wird. Es entsteht auf Grund der Lage von Ebene4 eine Ellipse. Zeichnet man die Spur der Strecke JZ, so sieht man den oberen Bereich des Kegels, vgl. Bild 4.9.2.

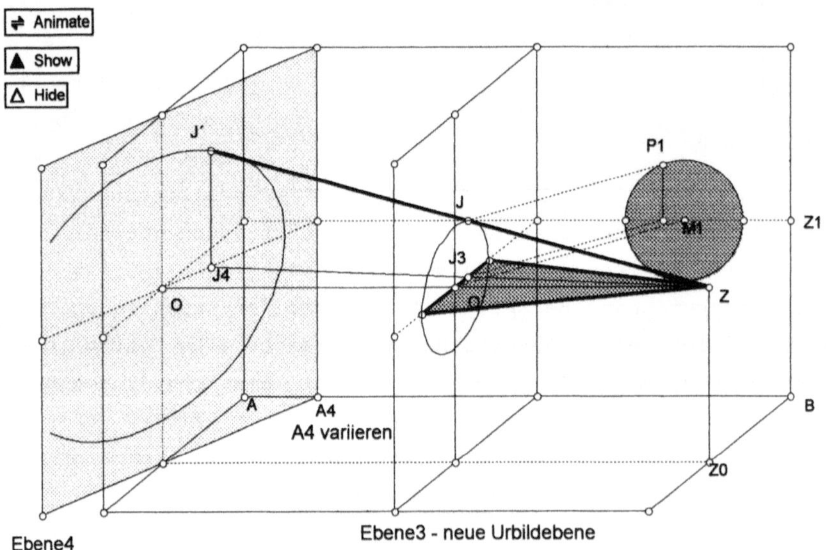

Bild 4.9.1

Auf dem Monitor kann man mit den Aktionstasten Show und Hide Teile der Konstruktion, die später nicht mehr wichtig sind, wie etwa die Parallelprojektion, verstecken: Die Zeichnung und der Bewegungsablauf auf dem Monitor werden so wesentlich durchsichtiger. Nun noch zur Konstruktion von J´: Wir fällen in J das Lot auf die x-Achse der Urbildebene und erhalten J3. Der Sehstrahl von Z über J3 schneidet die x-Achse der Bildebene in J4, dem Fußpunkt des gesuchten J´. Eine analytische Darstellung der entstandenen Ellipse errechnet man aus der Kreisgleichung, indem man gemäß (1) und (2) aus Abschnitt 4.8 einsetzt und dann in die übliche Ellipsengleichung umformt.

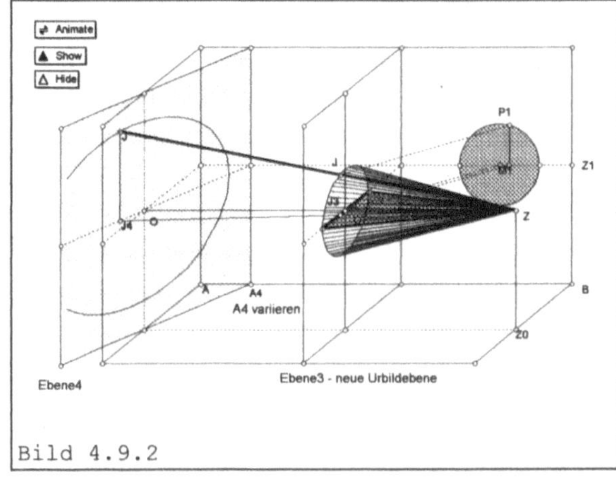

Bild 4.9.2

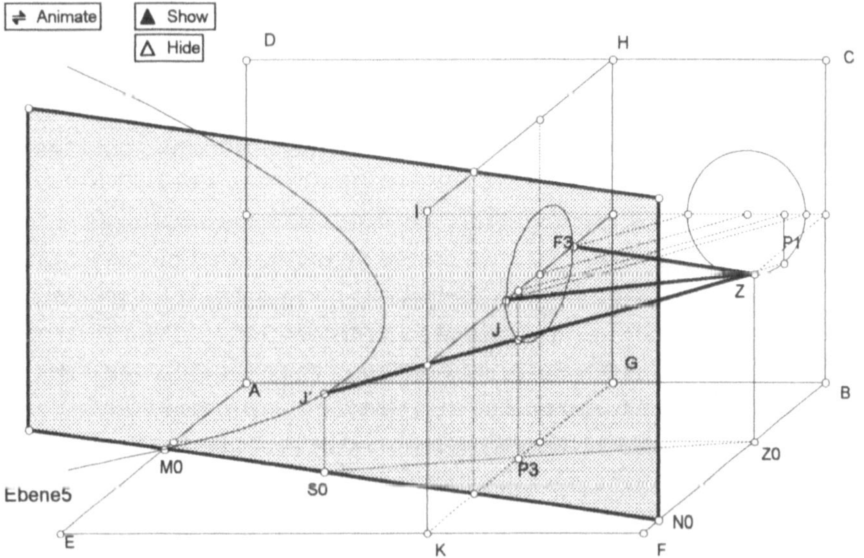

Bild 4.9.3

Die entsprechende Konstruktion für Parabeln, in Bild 4.9.3 durchgeführt, erfordert nach der Ellipsenaufgabe durchaus einen Umdenkungsprozeß beim konstruktiven Vorgehen, der in einem kleinen, anspruchsvollen Projekt erarbeitet werden könnte. Wir ergänzen für die intendierte Parabelkonstruktion zuerst unser Modell, indem wir Ebene5 hinzufügen; sie steht konstruktionsgemäß senkrecht auf Ebene0 und verläuft parallel zur Kegelbegrenzung ZF3.

Ich beschreibe, wie man den Durchstoßpunkt J´ des Sehstrahls in Ebene5 findet: Der Punkt P1 wandere objektgebunden auf seinem Kreis, sein parallelprojektives Bild J zeichnet das Kreisbild in Ebene3. Wir betrachten nun das Lot von J auf KG, seinen Fußpunkt nennen wir P3. Dann liegt der Strahl von Z0 in Richtung P3 ganz in der Grundrißebene. Schneidet er - in Abhängigkeit von der Lage des Punktes J - die Gerade durch N0 und M0 in S0, so konstruieren wir in diesem Punkt die Senkrechte zu N0M0 in Ebene5. Sie schneidet den Sehstrahl von Z in Richtung J in dem gesuchten Durchstoßpunkt J; J´ zeichnet die Spur der Parabel, wenn P1 wandert.

Dazu einige Bemerkungen:

1. Man muß die beiden obigen Konstruktionen sicher in einem unterrichtlichen Umfeld sehen, das durch die Verwendung von selbstgebauten Pappmodellen, von den üblichen schulischen Kegelschnittmodellen, und von Konstruktionsentwürfen gekennzeichnet ist, die Schüler vor dem Bau des Kegelschnittlaufwerks entwerfen. Um dann die Aufgaben erfolgreich zu lösen, ist es erforderlich, sich in die räumlichen Gegebenheiten der Konstruktion hineinzusehen und zu -denken. Dazu schreibt P. Paukowitsch: "Meines Erachtens besteht eine ganz wesentliche Aufgabe der Geometrieausbildung im Rahmen des Mathematikunterrichts darin, die Seheindrücke der Objekte unserer Umwelt zunächst analysieren zu lehren. Unter Verwendung dieser Seherfahrung - des ´richtigen´ Sehens - können dann einerseits Modellfiguren räumlicher Sachverhalte in der Zeichenebene widerspruchslos (er

meint vermutlich: problemlos; Anmerkung des Verfassers) angefertigt und andererseits aus einer Zeichnung räumliche Gegenstände und ihre gegenseitige Lage identifiziert werden"; vgl. [Paukowitsch, S. 70].

Unsere Aufgabenstellungen erzwingen wegen ihrer Komplexität einen intensiven Umgang mit räumlichen Vorstellungen, und darin liegt ihr Sinn: Nach dem Betrachten der begreifbaren, d. h. hier: anfaßbaren Modelle erfolgt ergänzend eigene Aktivität. Das Ergebnis der Arbeit, das ablaufende Geometrieprogramm, das die Richtigkeit der Konstruktion bestätigt, könnte dann auch Spaß machen.

2. Dies konkreter formuliert bedeutet, daß der Lehrer das Szenario des Dürerlaufwerks - die Konstruktion der Ebenenanordnung - als Datei vorgibt, so daß seine Schüler sich im Unterricht auf den Kern der Kegelschnittkonstruktion konzentrieren können. Dieser Kern besteht dann darin, sich klar zu machen, welche Geraden sicher in welchen Ebenen liegen, so daß als Folge Schnittpunkte in diesen Ebenen gefunden werden können, die schließlich zum Durchstoßpunkt führen. Eine Hilfe dürfte dabei das Einfärben von Flächen, etwa die Andeutung des Kegellängsschnitts sein. Sinnvoll scheint bei der Parabelkonstruktion auch die Markierung des Vierecks mit den Eckpunkten Z0, Z, J, und P3: Flächenmarkierungen betonen ein Denken in Ebenen, es wird deutlich, wie S0 gefunden wird.

3. Die Show/Hide-Option von Sketchpad sollte das Arbeiten im Sinne eines modularen Konzepts betonen, das sich hier in einer Konstruktion in Schichten äußert: In der unteren wird das Drehwerk für das Kreisbild in Ebene3 gezeichnet. Nachdem man es getestet hat, wird es versteckt. In der oberen Schicht erfolgt die Konstruktion des J-P3-S0-J′-Zeichengestänges, das man dann auch verbirgt. Ist das Laufwerk fertiggebaut, sieht man so nur noch die beiden Punkte J und J′, die die beiden Kurven zeichnen. Nützlich ist also die Show/Hide-Option sowohl für die Konzentration auf das Wesentliche bei der Durchführung der Konstruktion, als auch bei der sich anschließenden Präsentation; Ziel ist jeweils, den Überblick zu behalten. Ich möchte

für die gerade beschriebene Tätigkeit den Begriff des geometrischen Programmierens verwenden.

4. Das in diesem Abschnitt beschriebene Konzept intendiert natürlich keine ausführliche Unterrichtsreihe über Kegelschnitte. Es kommt mir lediglich darauf an, zu zeigen, wie nahe das schöne und klassische Thema der Perspektive liegt und wie schnell sich einige anspruchsvolle dynamische Konstruktionsaufgaben ergeben, wenn man dem von mir beschriebenen Weg oder einigen seiner Teilpfade im Unterricht folgt.

4.10 Zusammenfassung: Perspektive mit Maschinen

Leonardo da Vinci und A. Dürer ging es darum, ein technisches Gerät zu entwickeln, mit dem sie ihre gerade gewonnenen, künstlerischen Einsichten über die geeignete Darstellung von Gegenständen im Raum beim Zeichnen bequem realisieren konnten. Ihre Maschinen hatten jedoch offenkundige Nachteile. Unser verbesserter Nachbau in einer modernen Programmierumgebung gleicht diese Defizite für uns aus, wenn wir im Unterricht perspektivisches Verstehen initiieren wollen. Verglichen mit wirklichen technischen Hilfmitteln sind unsere Maschinen und Laufwerke sowie die aus ihnen hergeleiteten Transformationen aber virtuell. Zum eigentlichen Zeichnen können wir sie nicht benutzen. Aber wozu auch nach der Erfindung der Fotografie? Was haben wir stattdessen erreicht?

Ein Schüler, der einem Unterrichtsgang, konzipiert im Sinne dieses Kapitels, gefolgt ist, sollte

sein räumliches Vorstellungsvermögen trainiert haben und

bewußter architektonische Formen in seiner Umwelt sehen.

Im engeren technisch-mathematischen Bereich sollte er

zwischen parallelen und zentralen Projektionen unterscheiden können,

das eine mit dem andern als Werkzeug im Raum darstellen können,

verstanden haben, wie die Transformationen Λ, Π und

$\Psi(\alpha)$ hergeleitet werden und wie man sie verwendet, um z. B. mit dem Taschenrechner perspektive Bilder von Graphen zu erzeugen.

Das könnte dann auch zu einer vertieften Sicht und Wertschätzung künstlerischer Darstellungen, etwa bei Bild 4.0.1 - einem kleinen Meisterwerk, führen.

Kapitel 5: Gewölbe, Flächen im Raum

Deckengewölbe bilden nach oben einen kunstvollen Abschluß, wenn verschiedene Raumbereiche, die der Grundriß vorgibt, ineinander übergehen. Wie kann man sich die Entstehung eines solchen Gewölbes vorstellen, wie konstruiert man es im Unterricht mit mathematischen Methoden modellhaft nach?

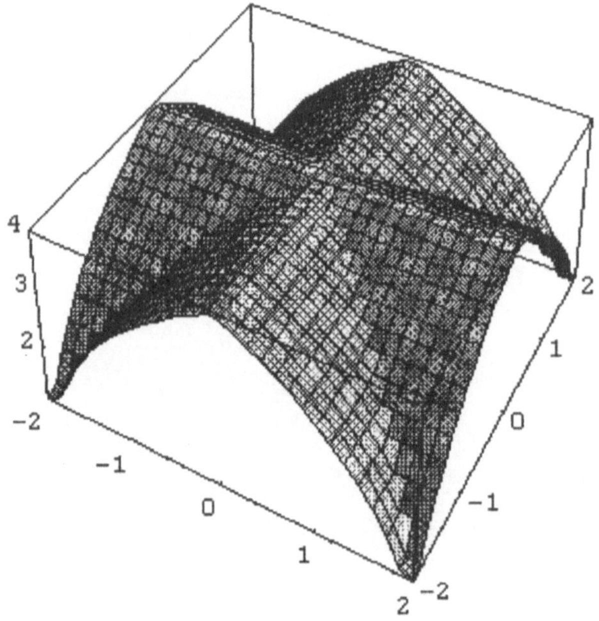

Bild 5.0.1

Das vorliegende Kapitel setzt sich zum Ziel, diesen und ähnlichen Fragen nachzugehen. Wir wollen, von einfachen gotischen Bögen ausgehend, zunächst Gang- und Kreuzgewölbe, später auch den Chor des Domes von Altenberg mit Mathematica virtuell nachbauen, indem wir als Werkzeuge Funktionen benutzen, deren Bilder Flächen im Raum sind. Im Unterricht wird auf diese Weise der Umgang mit Funktionen zweier Variablen eingeführt, um dann mit ihnen exemplarisch zu arbeiten.

Es geht im weiteren Verlauf ferner um senkrechte Schnitte durch Gewölbe, die helfen sollen, wenn man sich mit Tangentialflächen und dem Phänomen der Differenzierbarkeit im Zweidimensionalen unterrichtlich auseinanderzusetzt. Dann aber lösen wir uns vom architektonischen Anlaß und betrachten im zweiten Teil des Kapitels beliebige Flächen im Raum. Schließlich soll eine erste Annäherung an das Umfeld des Satzes über implizite Funktionen gewagt werden. Natürlich wird in allem keine abschließende Klärung angestrebt, sondern lediglich eine unterrichtliche Diskussion von Phänomenen angeregt, die im Eindimensionalen nicht auftreten und die - im Rückblick - zu einem vertieften Verständnis einiger Grundbegriffe der Analysis führen dürften.

Traditionellerweise werden in der Sekundarstufe II Funktionen dieser Art nicht behandelt. Da aber heutzutage Flächenfunktionen mit Rechnern sehr leicht darstellbar sind, da Schüler die entstehenden Bilder bestaunen, scheint es sinnvoll, sich aus didaktischer Sicht mit diesem Gegenstand zu befassen.

Mit der höchsten und prächtigsten Großartigkeit, daß Kunst und Macht der Menschen nichts Größeres und nichts Schöneres schaffen können...
Aus dem Auftrag der Bürger von Florenz an den ersten Domarchitekten Arnolfo di Cambio

Im allgemeinen ist es nicht empfehlenswert, bestimmten schematischen Konstruktionsregeln eine gar zu hohe Bedeutung beizumessen, man soll sich vielmehr in erster Linie von den Rücksichten auf die Schönheit und die jeweiligen praktischen Anforderungen leiten lassen.
G. Ungewitter, Lehrbuch der gotischen Konstruktionen, Band 1

5.1 Einfache Gewölbe

Wie lassen sich einfache Kreuzgewölbe wie etwa das in Bild 5.0.1 dargestellte idealisiert mit mathematischen Methoden entwickeln? Wir beginnen mit der Konstruktion eines gotischen Bogens, den wir dann zu einem Gang ausbauen. Der Bogen wird aus zwei Kreisbögen zusammengesetzt, stellt also eine abschnittsweise definierte Funktion

$$\left[-(r-a);r-a\right]\xrightarrow{got}R$$

mit

$$got(x):=\begin{cases}\sqrt{r^2-(x-a)^2} & \textit{für } x<0\\ \sqrt{r^2-(x+a)^2} & \textit{für } x\geq 0\end{cases}$$

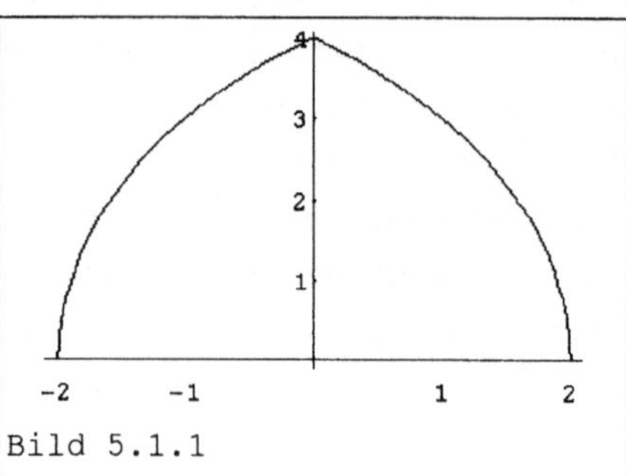

Bild 5.1.1

dar, wobei mit r der Radius der Kreise und mit 2a die Weite des Bogens zwischen den unteren Ansatzstellen bezeichnet wird. Die Funktion got wird mit

```
got[x_]:=
If[x<0,Sqrt[r^2-(x-a)^2],
                Sqrt[r^2-(x+a)^2]]
```

nach Mathematica übersetzt und führt mit

```
Plot[got[x],{x,-(r-a),r-a}]
```

zu der Darstellung Bild 5.1.1.

Der entscheidende Schritt zur Gewölbekonstruktion liegt nun in der Definition der Funktion

$$R\times R\xrightarrow{gew1}R$$

mit

gew1(x,y):=got(x).

Man erhält dann mit

```
Plot3D[gew1[x,y],{x,-(r-a),r-a},
                 {y,-3,3},
                     PlotPoints->30,
                     AspectRatio->1];
```

die Darstellung Bild 5.1.2, also den gewünschten gotischen Gang.

Um den Gang zu einem Kreuzgewölbe auszubauen, definieren wir ferner gew2 mit gew2(x,y):=got(y) und wählen als Gesamtgewölbefunktion gew das Maximum von gew1 und gew2, also in Mathematicanotation

```
gew[x_,y_]:= Max[gew1[x,y],gew2[x,y]].
```

Bild 5.0.1 zeigt den Graphen von gew, vgl. Anhang 5.1-1.

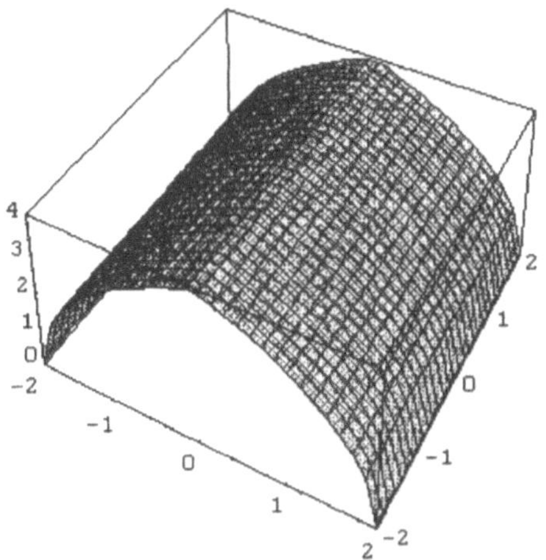

Bild 5.1.2

Da ich ein angemessenes unterrichtliches Verständnis des Übergangs von der Funktion got mit einer Variablen zu den Funktionen gew1 und gew2 mit zwei Variablen für zentral erachte, möchte ich diesen Übergang schrittweise im Sinne einer Mikroplanung näher skizzieren. Denn nachdem der Term von got erarbeitet wurde, wird man kaum erwarten dürfen, daß Schüler die Setzung

(1) gew1(x,y):=got(x)

selbsttätig vollziehen, auch wenn die Zielvorgabe klar umrissen ist. Man wird also (1) vorgeben und in Stufen analysieren lassen.

1. Schritt: (1) ist anschaulich so zu verstehen, daß (x,y) Flächen- und (x,y,got(x)) Raumelemente beschreibt.

2. Schritt: Man setzt für y einige feste Werte ein und bittet seine Schüler, den sich so ergebenden Sachverhalt zu zeichnen.

3. Schritt: Nachdem die graphische Darstellung von gew1 klar ist, überprüft man sein Verständnis, indem man gew1 plottet.

4. Schritt: Abschließend wird - wieder zunächst ohne Rechner - gew2 analysiert.

Warum diese Vorgehensweise? Setzt man sofort den Rechner zur Visualisierung ein, so verführt dies zu schneller und unkritischer Übernahme der produzierten Bilder, ohne daß eine echte Auseinandersetzung mit dem unterrichtlich Neuen erfolgt. Das hier zur Anwendung kommende ´Prinzip des Anfangs ohne Rechner´ formuliere ich also wie folgt: Man verwendet den Rechner in einem Lernprozeß normalerweise erst in späteren Phasen.

Dazu einige Bemerkungen:

1. Man sollte im Unterricht insbesondere auch das Zeichnen von Flächen im Raum ernst nehmen, wenn man sich auf diese Thematik einläßt. Da dieser Schritt überraschenderweise in vielen Lehrbüchern übersehen wird, möchte ich auf die Neubearbeitung des amerikanischen Standardwerkes von Finney und Thomas verweisen, vgl. etwa [Finney/Thomas, S. 756, S. 763]. Im Zusammenhang mit der Einführung von Flächen im Raum planen sie einen kleinen Zeichenkurs, der mir sehr sinnvoll erscheint und der Handwerkliches in den Unterricht integriert.

2. Das grundlegende kunsthistorische Lehrbuch zu Gewölbeformen dürfte [Ungewitter, Bd. 1] sein. Der Text ist aus vielen Gründen beachtenswert, wenn man sich aus mathematisch-didaktischer Sicht mit Gewölben befaßt, nicht zuletzt, weil er den Formenreichtum verdeutlicht und viele elementare geometrische Konstruktionen enthält, die ihren Weg in den Unterricht finden könnten. Für ein kurzes Schülerreferat scheint er mir nicht geeignet; hier bieten sich eher kunsthistorische Lehrbücher oder Reiseführer wie [Schäfke, S. 56ff.] an.

3. Einige weitere Hinweise auf brauchbare oder empfehlenswerte mathematische Literatur: Elementare Beispiele zur Berechnung von Gewölben, auch von Kreuzgewölben ohne Verwendung von Methoden der Analysis findet man in [Zippel, S. 223ff.]. Sehr gute ergänzende Bemerkungen über Funktionen mit zwei Variablen, auch

das später zu betrachtende generische Beispiel z=xy/(x^2+y^2) findet man in [Klein, Bd. 3, S. 84ff.].

4. Eine einfachere ergänzende Übung, vielleicht eine Anregung zu einem kleinen Projekt, ergibt sich, wenn man die oben vorgeführte Konstruktion für ein romanisches Gewölbe durchführen läßt. Aus der Funktion got wird die Funktion rom mit

$$rom(x) := \sqrt{r^2 - x^2}, -r \leq x \leq r,$$

ansonsten kann man das Notebook aus Anhang 5.1-1 im wesentlichen übernehmen.

5.2 Rippen und senkrechte Schnitte

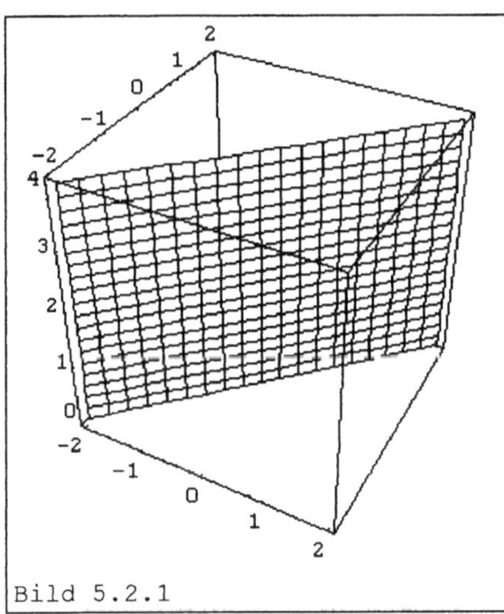

Bild 5.2.1

Wir untersuchen einige weitere Fragestellungen, die sich aus unserer Gewölbekonstruktion, vgl. Bild 5.0.1, ergeben. Da wir die Gewölbefläche als Schnitt zweier gotischer Ganggewölbe entwickelt haben, stellt sich zunächst die Frage nach der Form der Schnittkanten, Rippen genannt, und zwar einerseits als ebene Kurve, andererseits aber auch als Raumkurve beschrieben.

Um zunächst die Schnittkurve auf geeignete Weise sichtbar zu machen, gehen wir so vor: Wir ziehen in den Quader der Bild 5.1.2 eine senkrechte Diagonalwand ein und betrachten das so erhaltene Bild von unten.

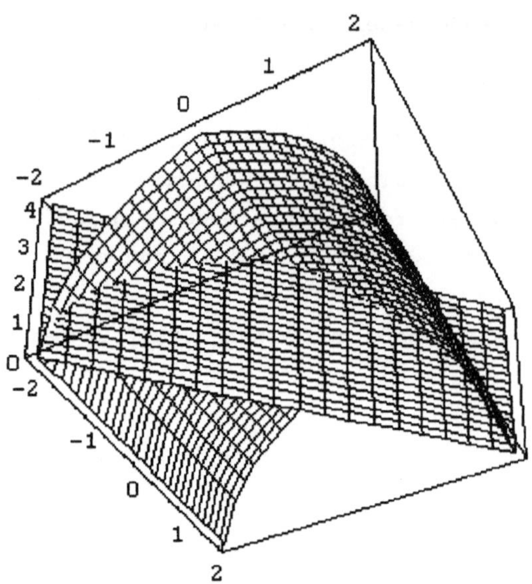

BIld 5.2.2

Der Mathematica-Befehl

```
ParametricPlot3D[
      {t Cos[Pi/4], t Sin[Pi/4],u},
            {t,-2 Sqrt[2],2 Sqrt[2]},{u,0,4},
            Shading->False]
```

zeichnet die Wand, vgl. Bild 5.2.1; das mit Bild 5.1.2 überlagerte Bild zeigt Bild 5.2.2.

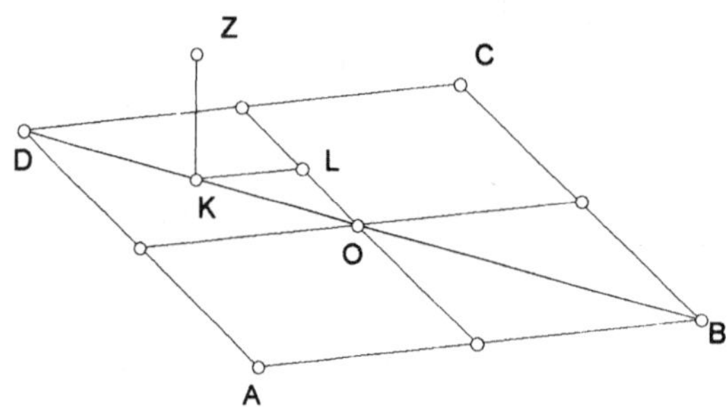

Bild 5.2.3

Um die Schnittkurve nun als Funktion $rip\colon R \to R$ zu beschreiben, suchen wir einen Term z:=rip(t), der mit den Benennungen von Bild 5.2.3 die Zuordnung

$$|OK| =: t \to |ZK| =: z$$

beschreibt.

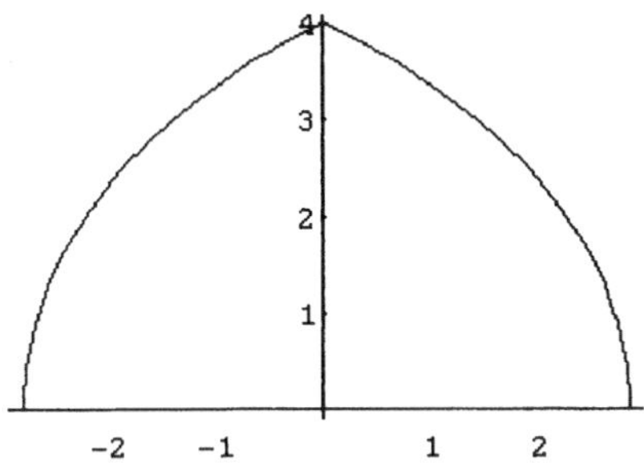

Bild 5.2.4

Wegen $|LO| = x = t\cos(\frac{\pi}{4})$ folgt sofort

(1) $$t \to t\cos(\frac{\pi}{4}) = x \to got(x) = got\left(t\cos(\frac{\pi}{4})\right) = z = rip(t)\ .$$

Der Mathematica-Befehl

```
Plot[got[t Cos[Pi/4]],{t,-2 Sqrt[2],2 Sqrt[2]}]
```

führt dann zu Bild 5.2.4.

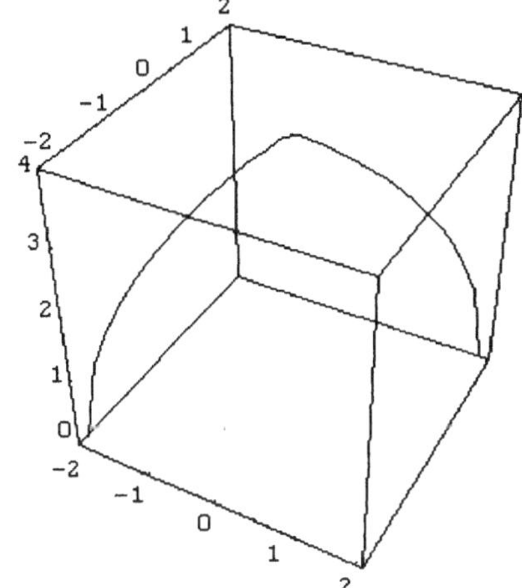

Bild 5.2.5

Um diese Kurve nun auch im Raum zu zeichnen, gehen wir von der Zuordnung

(2) $$t \to \left(t\cos(\frac{\pi}{4}); t\sin(\frac{\pi}{4}); got\left(t\cos(\frac{\pi}{4})\right)\right)$$

aus und wenden den Befehl

```
ParametricPlot3D[
        {t Cos[Pi/4], t Sin[Pi/4],got[t Cos[Pi/4]]},
             {t,-2 Sqrt[2],2 Sqrt[2]},
             PlotPoints->30]
```

an, vgl. Bild 5.2.5.

Es sei darauf hingewiesen, daß mutatis mutandis für die unterrichtliche Behandlung von (1) und (2) das in den Bemerkungen von Abschnitt 5.1 Gesagte gilt: Man wird die Arbeitsweise dieser beiden Zuordnungen zunächst sehr genau skizzieren und beschreiben lassen müssen und erst dann den Rechner zur Hilfe rufen.

Die in der 4. Bemerkung von 5.1 angedeutete Übung mit romanischen Kreuzgewölben unter Verwendung der Funktion rom kann zur Schnittkurvenberechnung natürlich in unserem neuen Zusammenhang weiter fortgesetzt werden; zudem lassen sich Schnittkurven auch mit den in Kapitel 4 entwickelten Methoden der dynamischen Geometrie als Spurkurven zeichnen. Dazu würde man sich von Bild 5.2.2 leiten lassen und die Schnittwand als Bildebene betrachten, auf die dann der Gangquerschnitt parallelprojektiv abgebildet wird.

5.3 Einfache Tangentialflächen

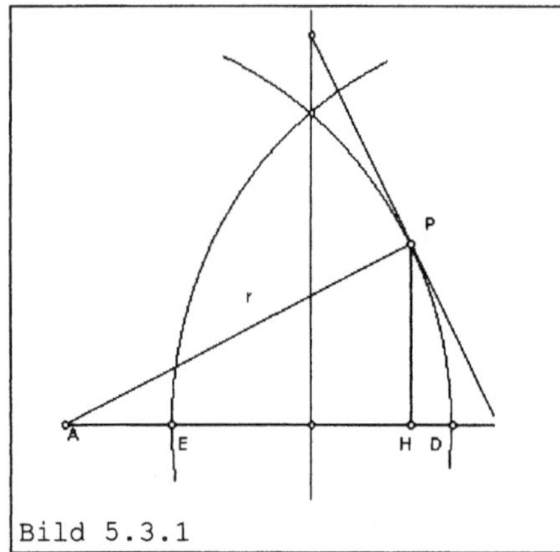

Bild 5.3.1

Das Gewölbe eines gotischen Gebäudes sollte man nicht mit einem Dach verwechseln. W. Schäfke schreibt dazu in [Schäfke, S. 58]: "Das Gewölbe eines gotischen Baus dient nicht dem Regenschutz. Denn darüber erhebt sich wie in romanischer Zeit ein kunstvoller Dachstuhl. Gewölbe entsprechen einem neuen ästhetischen Bedürfnis, das bereits in romanischer Zeit zu spüren ist und seine volle Wirkung nun entfaltet. "In idealisierter Weise und für den einfachsten denkbaren Fall wird so das Dach eines gotischen Ganges aus zwei Tangentialflächen zusammengesetzt, so daß wir uns die Aufgabe stellen, in Bild 5.1.2 eine Tangentialfläche zu konstruieren.

Dabei gehen wir zunächst von der Idee aus, daß in Bild 5.1.1 an einen Punkt des gotischen Bogens eine Tangente gelegt wird, deren Term wir dann benutzen, um einen entsprechenden Term in zwei Variablen für die Tangentialfläche zu konstruieren, dessen Bild schließlich mit dem Rechner dargestellt wird.

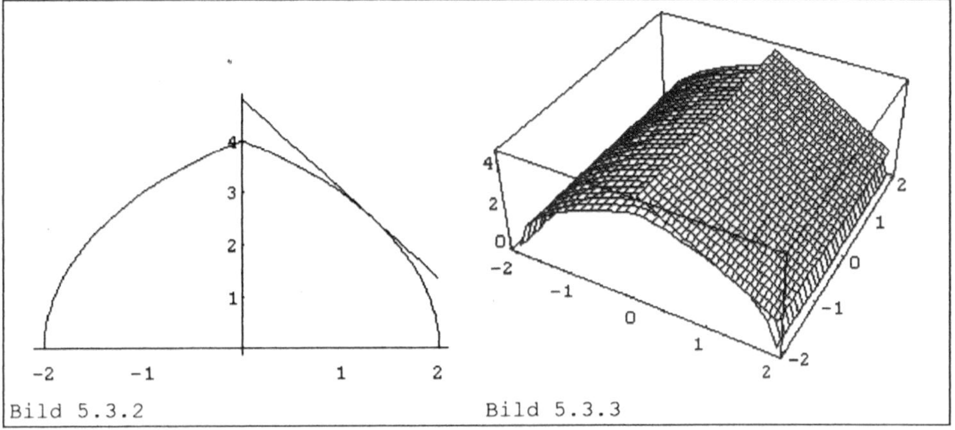

Bild 5.3.2 Bild 5.3.3

In Bild 5.3.1 sei r:=|AP| und $\alpha := w(HAP)$; A habe vom Ursprungspunkt den Abstand a. Dann gilt für die x-Koordinate x_0 von P und die Steigung der Tangente in P an got

$$x_0 := r\cos(\alpha) - a \quad und$$

$$m := -\frac{1}{tan(\alpha)},$$

so daß die Tangente die Gleichung

$$t_P(x_0) := got(x_0) - \frac{1}{tan(\alpha)}(x - x_0),$$

bzw. in Mathematica-Notation

```
tangente[x_]:=got[x0]-
                  1/Tan[alpha] (x-x0)
```

hat, vgl. Bild 5.3.2. Wir definieren ferner die Funktion

$$tanflaeche: R \times R \to R \quad mit$$

$$tanflaeche(x;y): \quad t_P(x)$$

und erhalten mit

```
tanflaeche[x_,y_]:=tangente[x]
```

schließlich Bild 5.3.3.

Soweit eine Thematik für die Trigonometrie in der Sekundarstufe I. In der Oberstufe liegt es nahe, Methoden der Analysis einzubeziehen, etwa um die Tangentensteigung mittels Ableitung herzuleiten und dann mit der obigen Lösung zu vergleichen, oder die gleiche Überlegung bei unserer pseudogotischen Funktion f mit

```
f(x):=4-|tan(x)|
```

durchzurechnen und bei dieser Gelegenheit am Beispiel der Funktion tanflaeche zum ersten Mal partielle Ableitungen anzusprechen.

5.4 Ein Turmgewölbe

In den folgenden Abschnitten bereiten wir die virtuelle Rekonstruktion des Chorgewölbes über dem Hauptaltar am Dom zu Altenberg vor und führen sie anschließend durch. Bild 5.4.1 aus [Zurstraßen, S. 20] zeigt den Grundriß des Chores, der die Form des Gewölbes natürlich entscheidend bestimmt. Wegen ihrer Komplexität zerlegen wir unsere Aufgabe in einige Teile.

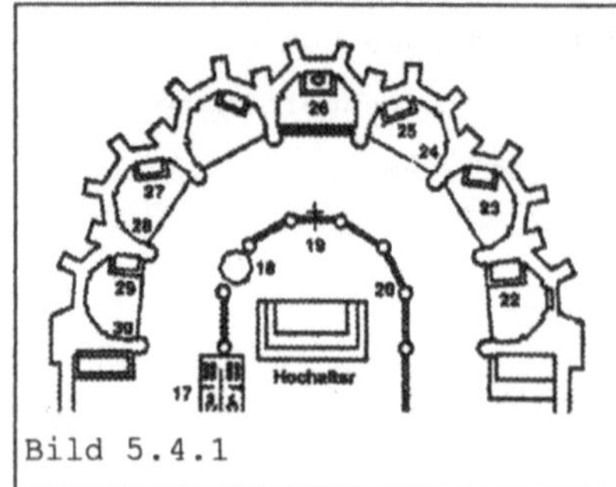

Bild 5.4.1

Dazu beginnen wir mit dem Bau eines gotischen Gewölbes für regelmäßige, achteckige Türme, etwa von der Art der Seitentürme von Castel del Monte. Ausgehend von der Konstruktion, die zu Figur 5.0.1 führte, müssen wir also acht gotische Gänge symmetrisch überlagern und zudem ein Konstruktionsverfahren anwenden, das hinreichend flexibel ist, um auf Chorgrundrisse übertragen zu werden. Das angestrebte Ergebnis wird in Bild 5.4.2 dargestellt.

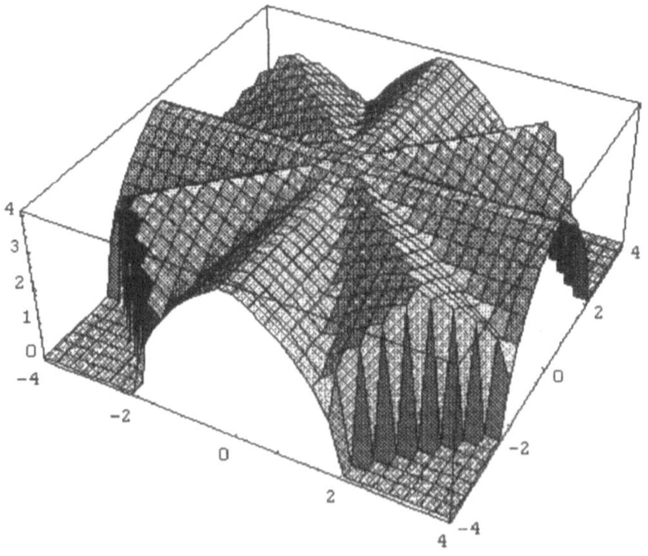

Bild 5.4.2

Bei der Planung der Konstruktion kann man sich von der Vorgehensweise des Abschnitts 5.1 leiten lassen: Man konstruiert wieder ein erstes Ganggewölbe, vgl. Bild 5.4.3, dreht es siebenmal jeweils um den Winkel $\pi/4$ weiter und bildet dann das Maximum der auftretenden Flächen. Während wir aber dort die Drehung um $\pi/2$ in Bild 5.1.2 durch Austauschen der Koordinaten von gew1(x,y)=got(x) nach gew2(x,y)=got(y) einfach erreichen konnten, müssen wir hier eine Drehung um einen beliebigen Winkel realisieren.

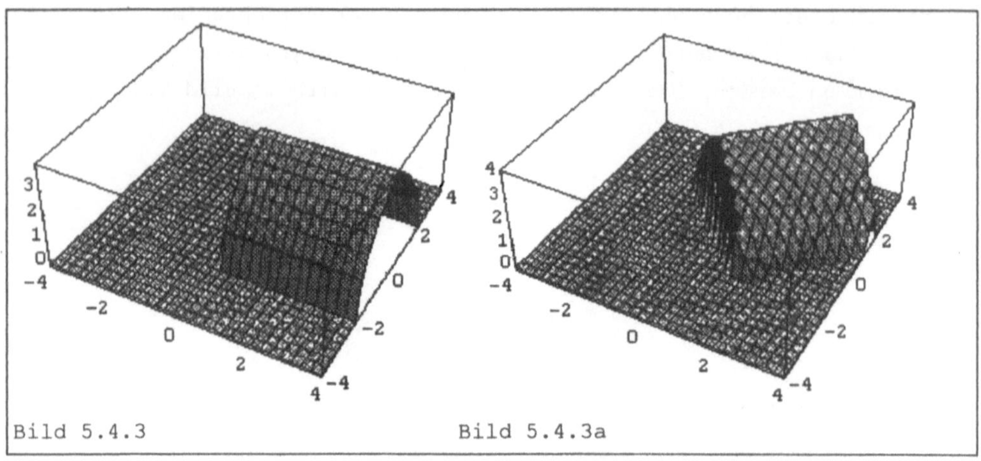
Bild 5.4.3 Bild 5.4.3a

Dazu betrachten wir den Kreis k(M;s) in Bild 5.4.4. Mit dem

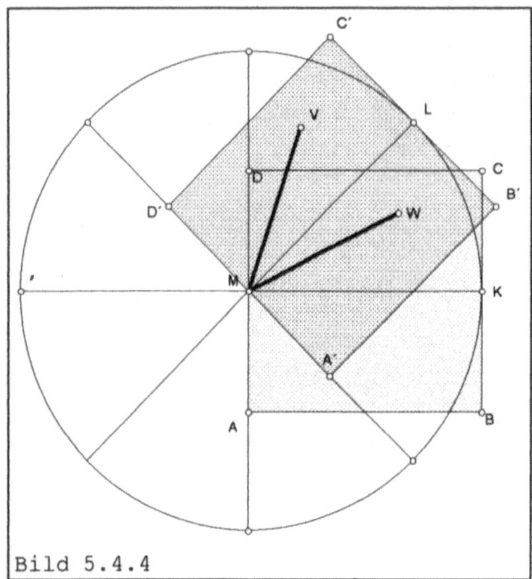

Bild 5.4.4

Rechteck $Q:=[0;s]\times\left[-\frac{s}{2};\frac{s}{2}\right]$ definieren wir die Funktion f_0 etwa mit Hilfe von gew2 gemäß

$$f_0:[-s;s]\times[-s;s]\to R \text{ mit}$$

$$f_0(x,y):=\begin{cases} gew2(x,y) & \text{für } (x,y)\in Q \\ 0 & \text{sonst,} \end{cases}$$

siehe Bild 5.4.3. Das Rechteck Q´ entsteht, wenn man Q mit $\pi/4$ um den Punkt M dreht. Bezeichnen wir nun mit $D_{\pi/4}$ diese Drehung, so können wir sagen, daß ein Punkt V=(x,y) genau dann in Q´ liegt, wenn sein Bild W=(v,w) unter der Rückdrehung $D_{\pi/4}{}^{-1}$ in Q liegt. Es muß also für die Funktion f_1, die das erste gedrehte Ganggewölbe beschreibt,

$$f_1(x,y)=f_0(v,w) \text{ mit } (v,w):=D_{\frac{\pi}{4}}^{-1}(x,y)$$

gelten. Damit ergibt sich die Definition von f_1 gemäß

$$f_1\colon[-s;s]\times[-s;s]\to R \; mit$$

$$f_1(x,y) := \begin{cases} gew2\left(D_{\frac{\pi}{4}}^{-1}(x,y)\right) & \text{für } D_{\frac{\pi}{4}}^{-1}(x,y)\in Q \\ 0 & sonst, \end{cases}$$

vgl. Bild 5.4.3a, und allgemein für alle acht Funktionen f_i mit i=0,..7,

$$f_i\colon[-s;s]\times[-s;s]\to R \; mit$$

$$f_i\,(x,y) := \begin{cases} gew2\left(D_{i\frac{\pi}{4}}^{-1}(x,y)\right) & \text{für } D_{i\frac{\pi}{4}}^{-1}(x,y)\in Q \\ 0 & sonst, \end{cases}$$

mit den Drehwinkeln $i\,\dfrac{\pi}{4}$.

Da für die Drehmatrix mit $\gamma := \dfrac{\pi}{4}$

$$D_{i\frac{\pi}{4}}^{-1} = \begin{pmatrix} cos(-i\,\gamma) & -sin(-i\,\gamma) \\ sin(-i\,\gamma) & cos(-i\,\gamma) \end{pmatrix}$$

$$= \begin{pmatrix} cos(i\,\gamma) & sin(\;i\,\gamma) \\ -sin(i\,\gamma) & cos(\;i\,\gamma) \end{pmatrix}$$

gilt, formulieren wir unsere Funktionen f_i in Mathematica wie folgt:

```
    f[i_,x_,y_]:=
         If[
           ( x Cos[i gamma] + y Sin[i gamma]>=0&&
             x Cos[i gamma] + y Sin[i gamma]<=s)
           &&
           (-x Sin[i gamma] + y Cos[i gamma]>=-s/2&&
            -x Sin[i gamma] + y Cos[i gamma]<=s/2),
               gew2[x Cos[i gamma] + y Sin[i gamma],
                   -x Sin[i gamma] + y Cos[i gamma]],
           0]
```

Der Plotbefehl

```
   Plot3D[Evaluate[Max[
                   f[0,x,y],f[1,x,y],f[2,x,y],
                   f[3,x,y],f[4,x,y],f[5,x,y],
                   f[6,x,y],f[7,x,y]
                    ]],
                   {x,-s,s},{y,-s,s}, PlotPoints->30];
```

zeichnet mit etwas Geduld Bild 5.4.2.

5.5 Überhöhte Kreuzgewölbe

Bild 5.5.1

In der Hochgotik findet man häufig sogenannte überhöhte Kreuzgewölbe. Was gemeint ist, zeigen die Bilder 5.5.1 und 5.5.2: Das gotische Streben nach Höhe und Flächenauflösung führt dazu, daß das Gewölbe mittig noch über die Fensterhöhe hinauswächst. Bild 5.5.1 verdeutlicht dies an einer Seitenkapelle von Westminster, die schematische Zeichnung stammt aus [Schäfke, S.57].

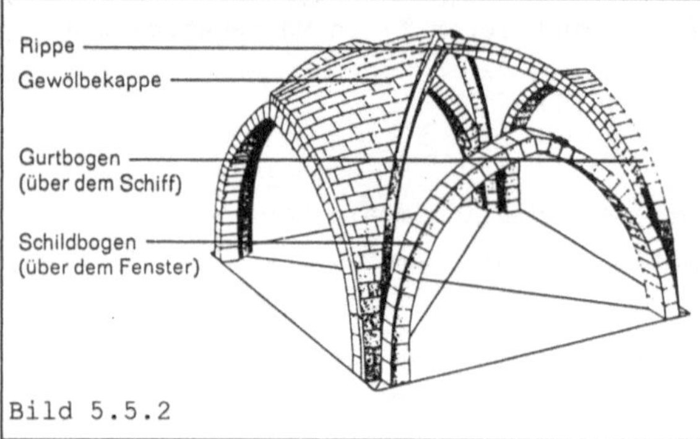

Bild 5.5.2

Wir wollen nun unsere Konstruktion aus Bild 5.0.1 dahingehend ergänzen, daß ein überhöhtes Gewölbe entsteht. Dazu gehen wir wieder von Bild 5.1.2 aus und denken uns - als eine von mehreren möglichen Lösungen -über den Grat des Gewölbes einen Kreisbogen so gelegt, wie es Bild 5.5.3 zeigt. Der durch got(x) definierte Bogen, durch die Definition gew1(x,y):=got(x) mit der neu hinzukommenden Variable y ins Dreidimensionale "gezogen", wird dann überhöht, wenn man got(x) mit dem zum Bogen gehörenden Kreisterm $\sqrt{h-y^2}$ multipliziert und so zu dem Term

$$gewneu1(x,y) := got(x)\sqrt{h-y^2}$$

gelangt. Analog zu Abschnitt 5.1 setzt man fort: Man betrachtet

$$gewneu2(x,y) := got(y)\sqrt{h-x^2},$$

bildet gewneu:=max(gewneu1,gewneu2) und erhält mit Bild 5.5.4 ein überhöhtes Kreuzgewölbe.

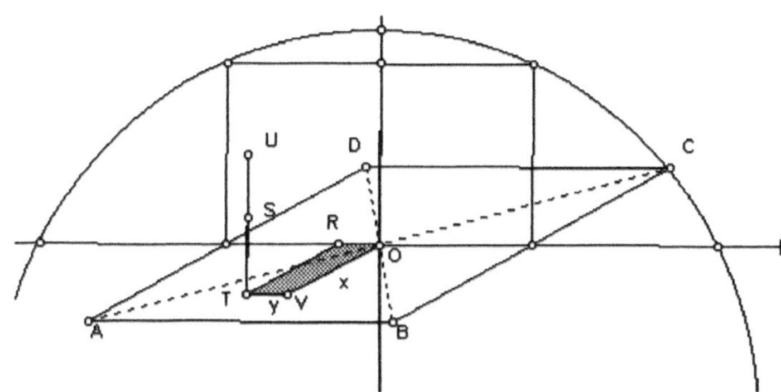

Bild 5.5.3

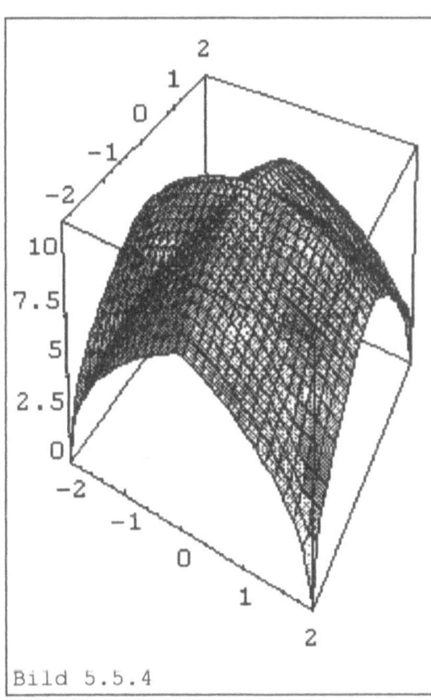

Bild 5.5.4

Im Unterricht wird man sehr sorgfältig auf ein angemessenes Verständnis hinarbeiten müssen. Das könnte etwa geschehen, indem Schüler Skizzen im Sinne von Bild 5.5.3 entwerfen und an ihnen in Frage kommende Terme modellieren. Es mag T=(x;y) und |ST|=got(x) gelten, so daß man für die neue Höhe |TU| schließlich durch Multiplikation mit einem Überhohumgsterm, in unserem Fall also mit $\sqrt{h-y^2}$, die gewünschte Überhöhung $|TU| = \ldots$ erhält.

Wo die vielstellige Rechnung zahlenlos aufgeht
R. M. Rilke, Duineser Elegien

Hiernach muss der Chor mit seinem Schluss vor den Körper der Kirche hervortreten und sich von demselben, wenn nicht durch die materielle Grösse, so doch durch die Eigentümlichkeit seiner Grundform und Aufrissentwicklung unterscheiden.
Ungewitter, Lehrbuch der gotischen Konstruktionen

5.6 Der hohe Chor von Altenberg

Bild 5.6.1

Nach unseren Vorbereitungen in den Abschnitten 5.4 und 5.5 sind wir nun in der Lage, das komplizierte Chorgewölbe einer Kirche, genauer gesagt, das Gewölbe des sogenannten Chorabschlusses über dem Hauptaltar, mit Mathematica nachzubilden.

Als konkretes Beispiel wähle ich die Abteikirche von Altenberg. Sie zählt zu den berühmten Gebäuden der rheinischen Hochgotik und wurde in der Zeit von 1259 bis ca. 1375 gebaut; vgl. [Zurstraßen, S. 14ff.] Wenn wir den Grundriß des hohen Chores betrachten, vgl. Bild 5.6.2, so stellen wir uns am besten zunächst ein regelmäßiges Zwölfeck vor, bei dem wir den Mittelpunkt mit den Ecken verbinden und dann nur sieben von zwölf nebeneinanderliegenden Dreiecken auswählen. So entsteht das Polygon des Abschlusses für den hohen Chor. Nach außen schließen sich der Chorumgang und sieben Randkapellen an.

Zur Konstruktion des zugehörigen Deckengewölbes stellen wir uns zunächst über jedem der Rechtecke in Bild 5.6.3 einen zum Zentrum hin überhöhten gotischen Gang vor. Die kunstvolle Decke entsteht, wenn man diese Gewölbeanteile so zusammensetzt, daß an den Schnittflächen jeweils die unteren Bereiche entfallen.

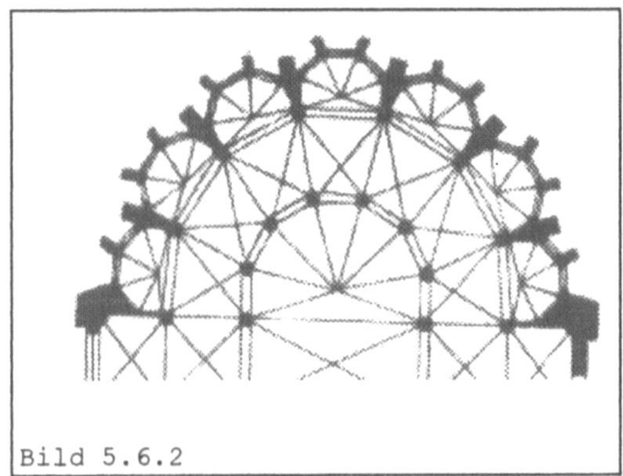
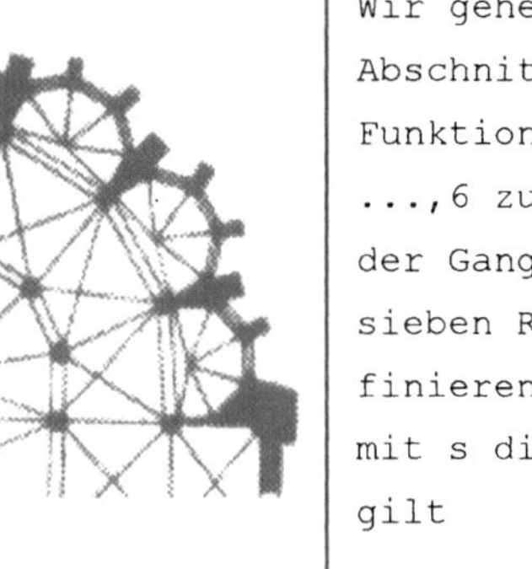

Bild 5.6.2

Wir gehen nun analog zu Abschnitt 5.4 vor, um Funktionen f_i für i=0, ...,6 zur Beschreibung der Gangewölbe über den sieben Rechtecken zu definieren. Bezeichnen wir mit s die Länge |MC|, so gilt

$$l := s\ \cos(\gamma)\ \text{und}$$

$$k := s\ \sin(\gamma)\ \text{mit}\ \gamma := \frac{\pi}{6}$$

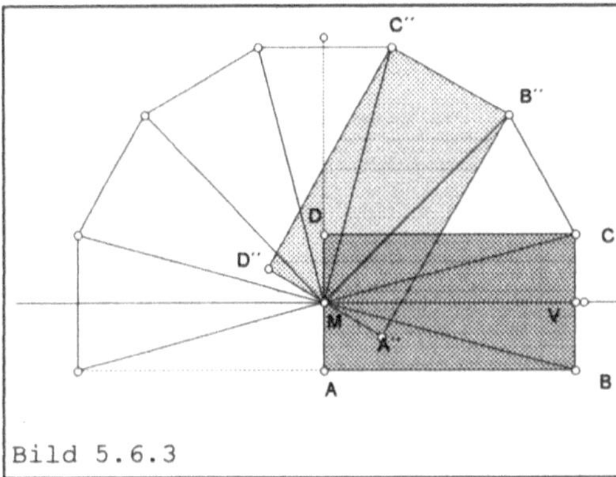

Bild 5.6.3

und wir definieren nun wieder ein Rechteck Q gemäß

$$Q := [0;l] \times [-k;k],$$

so daß für f_i auch analog

$$f_i : [-l;l] \times [-0.5k;k] \rightarrow R\ \text{mit}$$

$$f_1(x;y) := \begin{cases} gew2(x;y)\ \text{für}\ (x;y) \in Q \\ 0 \quad \text{sonst} \end{cases}$$

$$f_i(x;y) := \begin{cases} gew2((D_{iy}^{-1}(x;y)))\ \text{für}\ D_{iy}^{-1}(x;y) \in Q \\ 0 \quad \text{sonst,} \end{cases}$$

gilt. Für die Rückdrehmatrix ergibt sich hier mit $\gamma := \frac{\pi}{6}$

$$D_{i\frac{\pi}{6}}^{-1} = \begin{pmatrix} cos(-i\ \gamma) & -sin(-i\ \gamma) \\ sin(-i\ \lambda) & cos(-i\ \gamma) \end{pmatrix}$$

$$= \begin{pmatrix} cos(i\ \gamma) & sin(\ i\ \gamma) \\ -sin(i\ \lambda) & cos(\ i\ \gamma) \end{pmatrix}.$$

Die Übersetzung nach Mathematica entnehme man dem Anhang 5.6-1.

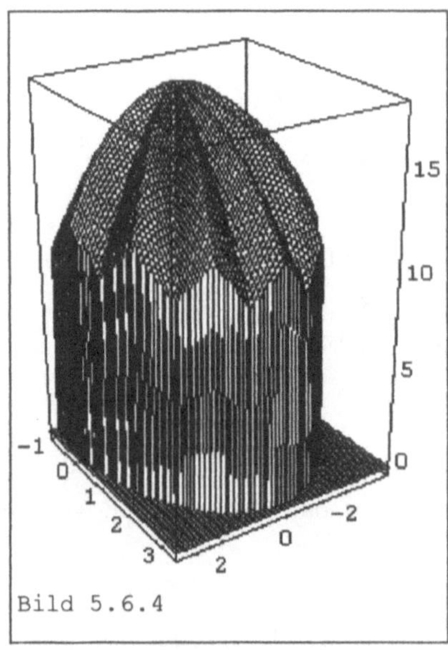

Bild 5.6.4

Nach einer längeren Rechenzeit erhält man Bild 5.6.4; mit dem 3D-Simulator und Geduld kann man das Gewölbe des Chorabschlusses aus verschiedenen Blickwinkeln betrachten. Um den Choreindruck optisch noch zu verstärken, wurde bei der Definition der f_i zusätzlich auf eine Kreisfläche eingeschränkt.

Dazu einige Bemerkungen:

1. Es handelt sich bei der vorliegenden Konstruktion offensichtlich um einen recht anspruchsvollen modellierenden Umgang mit Funktionen, der in Abschnitt 5.4 mit Bedacht vorbereitet wurde. Das sollte bei einer unterrichtlichen Realisation berücksichtigt werden. Eine Stufenfolge der Aktivitäten ist in den Bildern 5.4.3, 5.4.3a und 5.4.4 vorgezeichnet. Zu beachten ist dabei insbesondere, daß alle Funktionen auf dem gleichen Rechteck abschnittsweise so definiert werden, daß sie mit Hilfe einer Rückdrehung und dem Rechteck Q den Gewölbeanteil beschreiben und sonst den Wert Null annehmen. Davon wird man sich bei der Erarbeitung der Definition von f_1 natürlich leiten lassen und so vorgehen:

Man formuliert einen Funktionsterm, der nur den Gewölbegang beschreibt;

man baut zur abschnittsweisen Definiton von f_1 aus, indem man die Definitionsmenge - das Rechteck - vergrößert, und erhält Bild 5.4.3 bzw. die entsprechende Figur für den überhöhten Fall in 5.5, der in Abschnitt 5.6 benötigt wird;

nun entwickelt man das Drehverfahren, indem man einen Punkt V, wie in Abschnitt 5.4 geschehen, exemplarisch herausgreift und die Bedingung erarbeitet, mit der festgestellt werden kann, ob er in dem gedrehten Rechteck Q´ enthalten ist. Damit läßt sich f_1, so lassen sich alle f_i formulieren;

die Vorgehensweise wird im letzten Schritt in Abschnitt 5.6 vom Turmgewölbe auf den Chorabschluß transferiert, nachdem zuvor der Grundriß an Hand einer graphischen Darstellung von den Schülern analysiert wurde.

2. Warum gerade Altenberg? Es gibt zwei Gründe. Im Sinne des Prinzips des konkreten Zugriffs wird man im Unterricht natürlich eine architektonische Form thematisieren, die möglichst bekannt ist und die man vor allem auch besuchen und wirklich anschauen kann. Da lag für mich der Dom von Altenberg nahe.

Bauhistorisch ist zudem der Grundriß des Hochchores insofern bemerkenswert, als seine Unzulänglichkeit schnell auffällt. Man verbinde den Mittelpunkt des Grundrisses mit der rechten Wandbegrenzung der am weitesten links liegenden Randkapelle und sieht in Bild 5.6.2, daß im Gebäude beim Übergang vom Hochchor zum Gang ein konstruktionsbedingter Knick entsteht. Ungewitter beschreibt den Sachverhalt in [Ungewitter, Bd. 1, 301f.] genauer und wertet so: "Wenn schon diese Ungleichheit der Richtung in der Wirklichkeit nur einen geringen Stärkenzusatz für die oberen Chorpfeiler erforderlich macht, so ist sie dennoch prinzipiell als eine Unvollkommenheit anzusehen."Es mag trösten, daß auch die berühmteste von allen Kathedralen, die Kathedrale von Chartres dieses Defizit hat; vgl. [Schäfke, S. 143].
Die Ursache für den Knick liegt darin, daß bei der Grundrißkonstruktion von innen nach außen gedacht und entworfen wurde. Man

wird also seine Schüler im Sinne des spielerischen Ansatzes auf den Konstruktionsfehler hinweisen und ihnen die Aufgabe stellen, die Konstruktion so abzuändern, daß der Fehler beseitigt ist. Sehr viele Kirchen, etwa die Kathedrale von Amiens, sind von außen nach innen entworfen, so daß der Knick nicht entsteht. Vgl. dazu auch [Ungewitter, S. 302f.].

3. Als möglichst selbständiges Projekt zur Gewölbekonstruktion bietet sich z. B. der Chorabschluß des Domes von Xanten an. Sein Grundriß ist einfacher und dennoch so ähnlich, daß das im Unterricht zuvor entwikkelte Notebook, siehe Anhang 5.6-1, nur modifiziert werden muß.

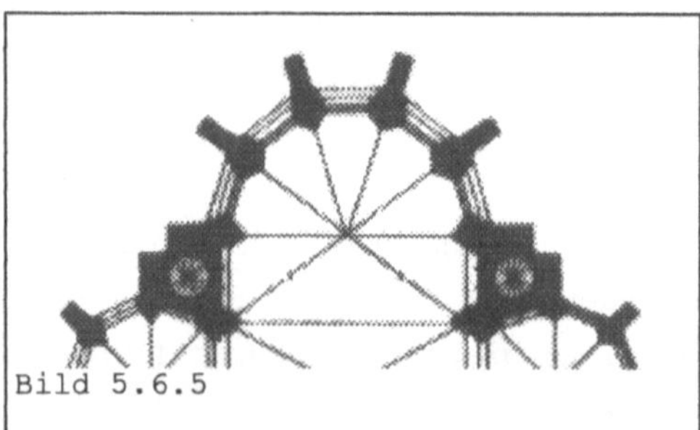
Bild 5.6.5

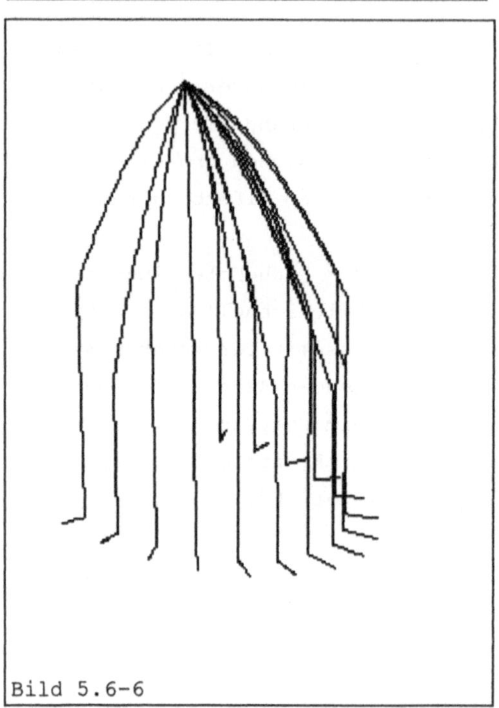
Bild 5.6-6

4. Abschließend möchte ich noch auf eine weitere Konstruktionaufgabe hinweisen: Man zeichne das Rippen-, also Kantenmodell des Chorabschlusses. Bild 5.6.6 zeigt das Bild, daß mit parametrisierten Kurven im Raum gezeichnet wurde. Ausgehend von Bild 5.6.3 wandere der Parameter ρ gradlinig von M nach B, man errechne die zugehörigen kartesischen Koordinaten und setze sie in f_0 ein. So erhält man die Rippe über der rechten Fenstermitte. Wandert analog ρ von M nach B bzw. nach C, so ergibt sich die tieferliegende Schnittkante, an der die beiden Gewöl-

begänge sich treffen. Dies führt man für alle sieben Dreiecke durch. Dabei ist in dem Plotbefehl, vgl. Anhang 5.6-2, darauf zu achten, daß die Funktion f jeweils für den richtigen ganzzahligen Index ausgewertet wird. Man erreicht das, indem man j in f beim Plotten durch [j/2]+1, in Mathematica durch Floor[j/2]+1, ersetzt und j=-1, 0, 1, ..., 13 wählt. Im Unterricht eines Leistungskurses wird man natürlich zuvor auf Kurven im Raum und ihre Darstellung mit dem Rechner eingehen müssen. Das hier betrachtete Beispiel ist für eine diesbezügliche Einführung sicher zu komplex.

5.7 Tangentialflächen

Im zweiten Teil dieses Kapites wollen wir nun den Tangentialflächengedanken wieder aufgreifen, den wir in Abschnitt 5.3 begonnen haben. Während wir aber in 5.3 die Tangentialfläche an einen gotischen Gang durch ein "Hinausziehen" der Tangente ins Dreidimensionale konstruieren konnten, soll jetzt von diesem Spezialfall ausgehend verallgemeinert werden. Wir stellen uns die Aufgabe, etwa im Punkt (1;1) an einen im Sinne von Abschnitt 5.5 überhöhten gotischen Gang eine Tangentialfläche zu legen, vgl. Bild 5.7.1.

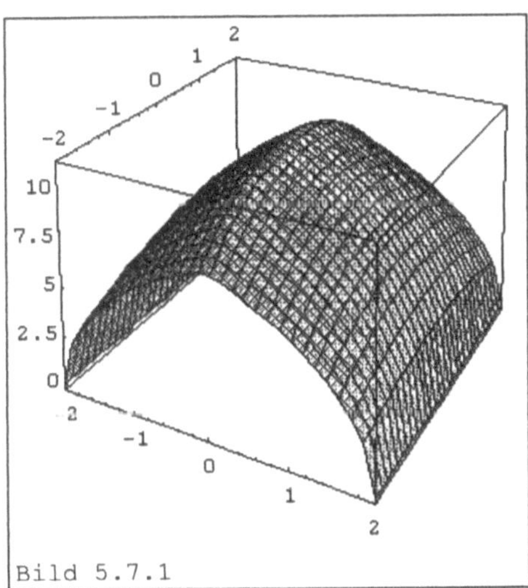

Bild 5.7.1

Der entscheidende Schritt zur Lösung in 5.3 lag in der Betrachtung des Querschnitts und seiner Tangente im vorgegebenen Berührpunkt. Da wir in der neuen Situation nicht nur eine Krümmung in einer, sondern in zwei Richtungen haben, werden wir also auch den Querschnitt bezüglich der anderen Achse berücksichtigen müssen. Dazu wenden wir zunächst, um eine anschauliche Vorstellung zu erhalten, unsere Technik der senkrechten Schnitte im Sinne von Abschnitt 5.2 an, vgl. Bild 5.7.2. Die Schnitte bilden mit dem Ganggewölbe zwei Kurven, die sich im geplanten Berührpunkt für die Tangentialebene schneiden. Mit den Methoden der Analysis einer Variablen errechnen wir die Gleichungen der Tangenten Tang1 und Tang2 und erhalten so die "Auflage" für die Tangentialfläche.

Wir setzen

$$gew1(x,y) := got(x)\sqrt{h-y^2}\,,$$

vgl. Abschnitt 5.5, denken uns die y-Koordinate fest, also y=1, und berechnen die Ableitung

$$\frac{\partial gew1}{\partial x}(x,y) = got'(x)\sqrt{h-y^2}\,,\ also$$

$$\frac{\partial gew1}{\partial x}(x,y) = \frac{-1}{\sqrt{r^2-(x+a)^2}}(x+a)\sqrt{h-y^2}\,,\ und\ so$$

$$\frac{\partial gew1}{\partial x}(1,1) = \frac{-1}{\sqrt{r^2-(1+a)^2}}(1+a)\sqrt{h-1}\,,$$

analog erhält man

$$\frac{\partial gew1}{\partial y}(1,1) = -got(1)\frac{1}{\sqrt{h-1}}\,.$$

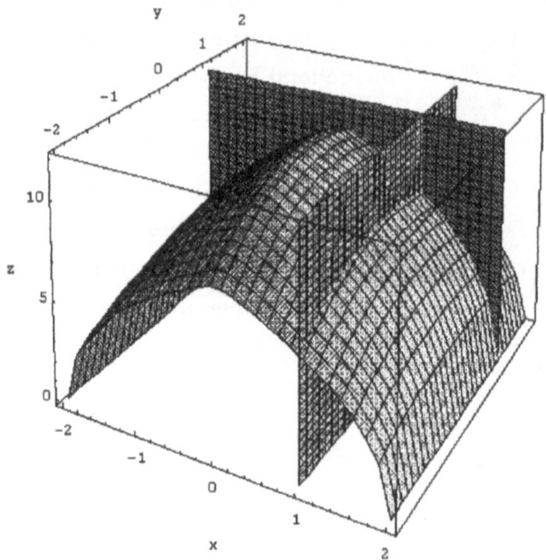

Bild 5.7.2

Dann folgt für die Gleichungen der Tangenten

$$Tang1(1,t) := gew1(1,1) + (t-1)\frac{\partial gew1}{\partial y}(1,1),$$

$$Tang2(s,1) := gew1(1,1) + (s-1)\frac{\partial gew1}{\partial x}(1,1).$$

Man erhält mit dem Mathematica-Befehl

```
ParametricPlot3D[Evaluate[
   {{1,t,gew1[1,t]},{t,1,gew1[t,1]},
    {1,t,tangente1[1,t]},{t,1,tangente2[t,1]}}],
                  {t,0,2},
                  PlotPoints->30,
                  AspectRatio->1,
                  AxesLabel->{x,y,z},
                  ViewPoint->{2.460,-1.182,2.000}];
```

die Darstellung Bild 5.7.3. Sie zeigt ein im Raum liegendes Tangentenkreuz.

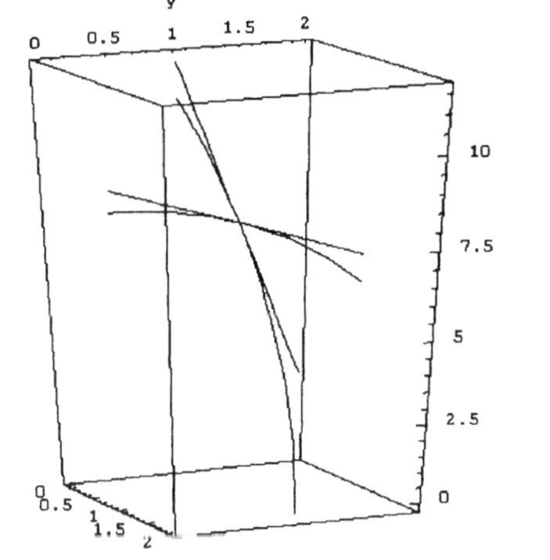

Bild 5.7.3

Die Darstellung der beiden Tangenten in dem Plotbefehl gibt uns nun auch den Hinweis auf die Konstruktion der Tangentialebene. Wir fassen

$$(1,t,Tang1(1,t)) \textit{ und } (s,1,Tang2(s,1))$$

naheliegenderweise als parameterabhängige Vektoren im Raum auf, setzen also gemäß Bild 5.7.4

$$v_{OW}(t) := (1, t, Tang1(1, t)) \text{ und}$$
$$v_{OV}(s) := (s, 1, Tang2(s, 1))$$

und bauen die Ebene mit Methoden der vektoriellen analytischen Geometrie auf. Mit

$$v_{OS} := (1, 1, gew1(1, 1))$$

folgt dann

$$\begin{aligned} v_{SW}(t) &:= v_{OW}(t) - v_{OS} \\ &= (0, t-1, Tang1(1, t) - gew1(1, 1)) \\ &= \left(0, t-1, (t-1)\frac{\partial gew1}{\partial y}(1, 1)\right) \end{aligned}$$

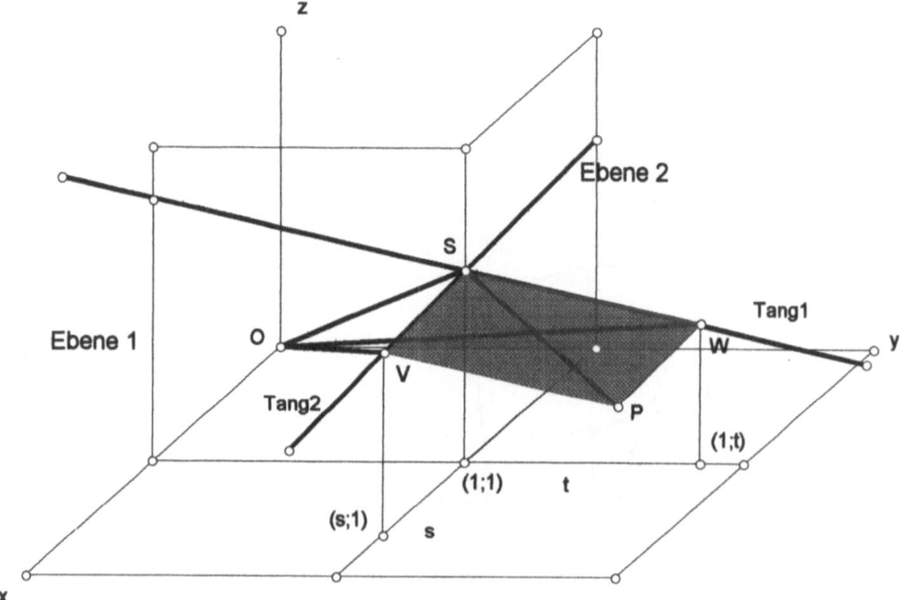

Bild 5.7.4

und analog

$$\begin{aligned} v_{SV}(s) &:= v_{OV}(s) - v_{OS} \\ &= (s-1, 0, Tang2(s, 1) - gew1(1, 1)) \\ &= \left(s-1, 0, (s-1)\frac{\partial gew1}{\partial x}(1, 1)\right). \end{aligned}$$

Dann ergibt sich für die Vektorfunktion

$$v_{OP}(s, t) := v_{OS} + v_{SW}(t) + v_{SV}(s)$$

die bekannte Darstellung

$$v_{OP}(t) = \left(s, t, gew1(1,1) + (t-1)\frac{\partial gew1}{\partial y}(1,1) + (s-1)\frac{\partial gew1}{\partial x}(1,1)\right),$$

also die Darstellung der Tangentialfläche.

Die hier skizzierte Vorgehensweise zur unterrichtlichen Einführung von Tangentialflächen in einem Leistungskurs möchte ich durch einige erläuternde Bemerkungen ergänzen.

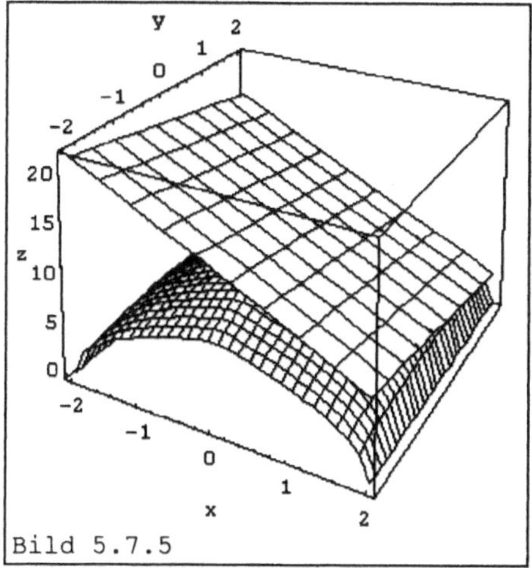

Bild 5.7.5

1. Die Konzeption macht entscheidend Gebrauch von den durch Rechner gegebenen Visualierungsmöglichkeiten. Ohne sie scheint mir der Weg nicht gangbar. Wichtig ist nicht, daß der Lehrer etwa Bild 5.7-2 seinem Kurs vorführt, es kommt darauf an, daß Schüler schon so viel Erfahrung mit dem Programm haben, wenn man mit dem Gedanken beginnt, daß sie selber z. B. die Wände einziehen können. Die Konstruktion kann also mit einiger Sicherheit erst im Verlaufe einer Unterrichtsreihe über Flächen - z. B. der hier konzipierten - angestrebt werden.

2. Insbesondere den Befehl zur Darstellung von parameterabhängigen Flächen und Kurven zu verstehen, erfordert ein operatives Vorgehen, bei dem Schüler aktiv am Rechner konstruieren sollten. Nur indem sie selbst Befehle formulieren, den sich einstellenden, unerwünschten Effekt studieren und Fehler finden, erarbeiten sie sich das neue mathematisches Werkzeug.

3. Den beschriebenen Weg möchte ich ergebnisorientiert nennen: Die Tangentialfläche entsteht, indem man sie auf das Tangentenkreuz "heftet". Was alles nicht angesprochen wurde, wird deutlich, wenn man beachtet, nach welcher Vorbereitung der Gegenstand erst in Lehrbüchern der Analysis präsentiert wird; man

vergleiche dazu etwa [Walter, Bd. 2]. Daß Grenzwerte, Stetigkeit und Differenzierbarkeit nicht zuvor behandelt wurden, bedarf der Erläuterung: Ich habe das Problem, in einem Punkt die Tangentialfläche zu konstruieren, natürlich am Beispiel einer glatten, im mathematischen Sinne unkomplizierten Funktion betrachtet, um so die Frage nach der Existenz zunächst ausklammern zu dürfen. Die Vorstellung des Berührens überträgt sich hier bei der ersten Beschäftigung mit Funktionen zweier Variablen unter dem Aspekt der Differenzierbarkeit ebenfalls unkritisch von den Tangenten auf die Tangentialflächen.

Das scheint sinnvoll und plausibel. Da man aber einerseits die Gefahren, die hier lauern, kennt und andererseits in der Sekundarstufe II sicher davon absehen wird, den Begriff der Differenzierbarkeit für Funktionen mehrerer Variablen abschließend zu klären, so sollte man es bei Obigem mit einem Hinweis, der vor schnellen Verallgemeinerungen warnt, belassen oder den Sachverhalt allenfalls exemplarisch genauer beleuchten. Wie dies geschehen könnte, dazu die beiden folgenden Abschnitte.

4. Man beachte schließlich, daß Hilfsmittel aus der analytischen Geometrie auf natürliche Weise Verwendung finden: Stellt man sich die in diesem Kapitel vorgeschlagenen Konzeptionen als Bestandteile einer Unterrichtsreihe vor, die einerseits - gegen Ende der Sekundarstufe II - wiederholenden Charakter hat und andererseits weiterführende Aspekte der Analysis an neuen Gegenständen thematisiert, so dürfte diese Querverbindung durchaus wünschenswert sein.

Die Wissenschaft scheitert, wenn sie zu technisch wird.
M. Otte, Das Formale, das Soziale und das Subjektive

5.8 Fläche und Tangentialfläche

Um nun genauer zu untersuchen, ob eine vorgegebene Ebene eine Fläche in einem Punkt berührt, wird man sich von der Vorgehensweise bei Funktionen einer Variablen leiten lassen. Man erinnert sich daran, daß eine Funktion $f: R \to R$ genau dann in a differenzierbar ist, wenn es ein M∈R gibt, so daß sie sich in der Form

$$(1) \quad f(x) = f(a) + M(x-a) + r(x)(x-a)$$
$$mit\, r(x) \to 0 \, für \; x \to a$$

schreiben läßt. Wir verallgemeinern und untersuchen in unserem Beispiel die Differenz

$$f(x,y) - E(x,y)$$

mit f=gew1 und

$$E(x,y) := gew1(1,1) + (t-1)\frac{\partial gew1}{\partial y}(1,1) + (s-1)\frac{\partial gew1}{\partial x}(1,1),$$

also den Fehler, der auftritt, wenn wir in der Nähe von f(1,1) die Fläche durch die Ebene E approximieren; vgl. Abschnitt 5.7.

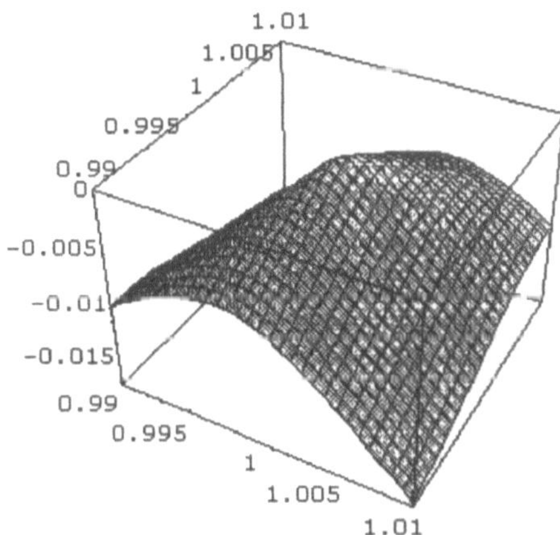

Bild 5.8.1

Wegen der Komplexität der auftretenden Terme in unserer gotischen Funktion beschränken wir uns natürlich auf einen graphischen Ansatz mit Mathematica. Dazu übernehmen wir aus (1) den Hinweis zur Definition von r(x) gemäß

(2) $$\frac{f(x)-f(a)-f'(a)(x-a)}{x-a}=r(x)$$

und setzen hier nun

(3) $$r(x,y):=\frac{f(x,y)-E(x,y)}{\sqrt{(x-1)^2+(y-1)^2}},$$

wobei aus (x-a) in (2) nun in (3) der Abstand in der Ebene wird. Bild 5.8.1 zeigt dann den Fehler r(x,y) in der Nähe des Berührpunktes: Man darf vermuten, daß

(4) $$r(x,y)\to 0 \textit{ für } (x,y)\to(1,1)$$

gilt; vgl. Anhang 5.8-1.

Dazu eine ergänzende Bemerkung: Erfahrungsgemäß fällt Schülern ein Verständnis von Differenzierbarkeit als lokaler Approximation mit speziellem Fehlerverhalten nicht immer leicht. Da aber diese approximative Sicht aus verschiedenen Gründen, u. a. dem der leichten Verallgemeinerbarkeit, sehr wertvoll ist, sollte man auf sie nicht verzichten. Hier nun wird sie - beziehungshaltig und mit anschaulichen Methoden - auf Funktionen mit zwei Variablen übertragen. Hat man dies Ziel dann erreicht, so kann man zurückblicken und vergleichen: In beiden Fällen liegt das gleiche Verhalten bei Funktionen vor. Man wird also auch in unserem neuen Kontext Differenzierbarkeit definieren und sich dazu von der Vorgehensweise in (2) bis (4) leiten lassen, vgl. etwa [Courant, Bd. 2, S. 55]. Diese Definition erscheint jedoch im Unterricht berechtigterweise als Endprodukt im Sinne einer Begriffspräzisierung; man wird sie als technisches Werkzeug kaum mehr einsetzen, und das ist durchaus auch gut so: Viel wichtiger ist eine angemessene, anschauliche Vorstellung.

Sokrates: Wer also glaubt, er habe in seinen Schriften eine Kunstanweisung hinterlassen, und auch, wer diese in der Meinung aufnimmt, es werde sich aus den Schriften etwas Genaues und Sicheres ergeben, der ist wohl von großer Einfalt erfüllt...
Platon, Phaidros

5.9 Die Erkundung einer Fläche

Um im Unterricht nach der Konstruktion einer Tangentialfläche an den Graphen einer Funktion auch ein Gegenbeispiel zu betrachten, möchte ich ein Projekt skizzieren, daß sich zum Ziel setzt, die Eigenschaften der Funktion

$f: R \times R \to R$ mit

$$f(x,y) := \begin{cases} \dfrac{xy}{x^2+y^2} & \textit{für } x^2+y^2>0 \\ 0 & \textit{für } x=y=0 \end{cases}$$

zu erkunden. Es handelt sich bei f um das Standardgegenbeispiel, das in vielen Lehrbüchern der Analysis genannt wird, vgl. etwa [Walter, Bd. 2, S. 71]. Ich diskutiere es ein weiteres Mal, weil ich meine, daß es für unseren Zusammenhang aus zwei Gründen didaktisch wichtig ist: Zum einen ist es generisch in dem Sinne, daß wir aus ihm wesentliche Einsichten über die Existenz oder Nichtexistenz von Tangentialflächen gewinnen, zum anderen läßt sich an ihm die fruchtbare Kooperation von Funktionenplotter und dynamischer Geometriesoftware im Sinne eines forschenden Unterrichts zeigen.

Bild 5.9.1 und 5.9.2 stellen die Fläche aus zwei Blickwinkeln mit Mathematica dar. Es gilt also, ihre Eigenschaften in der Nähe des Ursprungspunktes zu untersuchen, wenn man sich fragt, ob in (0;0) eine Tangentialfläche existiert. Dabei wird man sich - ausgehend von der Graphik - von der Vermutung leiten lassen, daß f auf Strahlen, die im Ursprungspunkt beginnen, konstante Funktionswerte hat.

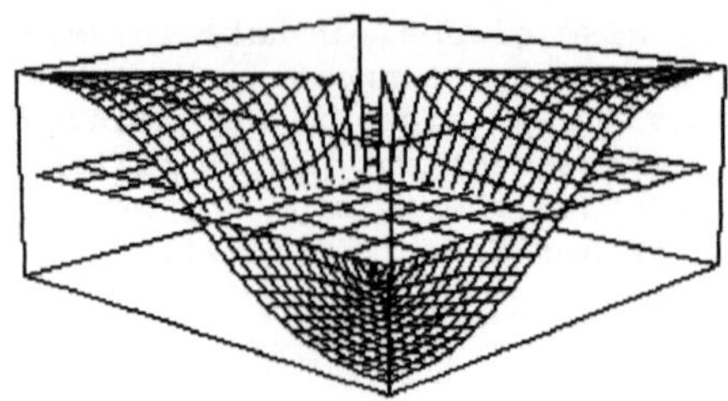

Bild 5.9.1

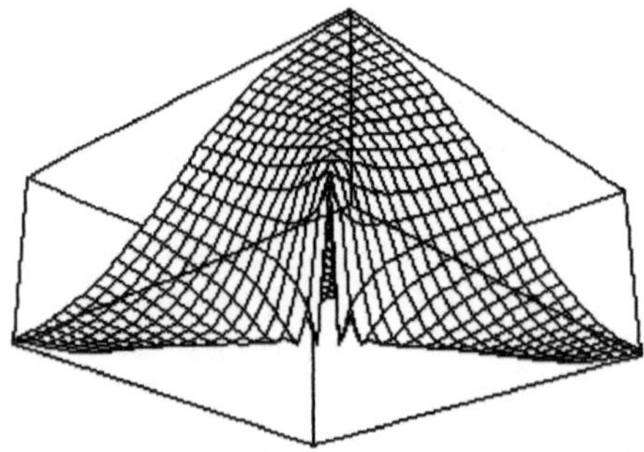

Bild 5.9.2

Das läßt sich schnell verifizieren: Aus

(1) $$\begin{aligned} x &= r\,cos(\alpha) \text{ und} \\ y &= r\,sin(\alpha) \end{aligned}$$

folgt sofort

(2) $f(r,\alpha) = \frac{1}{2} sin(2\,\alpha)$.

f hat also für festes α konstante Werte. Wir haben zudem eine weitere, wichtige Einsicht in die Struktur der Funktion gewonnen: f ist periodisch mit der Periode π, es gilt zudem

$$-\frac{1}{2} \le f(x,y) \le \frac{1}{2}.$$

Um nun die Entstehung dieser Fläche - man nennt sie in der Mechank Zylindroid - dynamisch zu veranschaulichen, betrachten wir einen Punkt (x;y), bestimmen vom Ursprungspunkt ausgehend, mit (1) seine Richtung und konstruieren mit (2) die zugehörige Höhe f(x,y). Das geschieht in Bild 5.9.3 mit Methoden, die wir in Kapitel 4 kennengelernt haben:

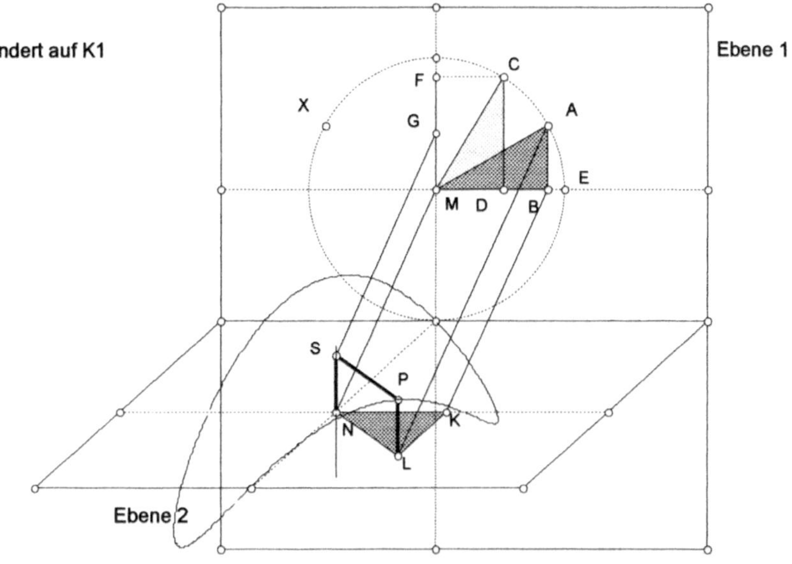

Bild 5.9.3

Die Konstruktion erfolgt in drei Schritten: Im ersten wird 0.5 sin(2α) in der Ebene 1 ermittelt, im zweiten dann parallelprojektiv auf eine zu Ebene 2 orthogonale Gerade abgebildet, um die zu Bild 5.9.1 analoge Sicht zu erreichen, im dritten schließlich die Richtung konstanter Funktionswerte in Ebene 2 veranschaulicht, so daß die Entstehung der Fläche plausibel wird.

1. Schritt: Um sin(2α) zu konstruieren, wählen wir A auf einem KreisK1 um M mit r:=1 in Ebene1 und setzen α:=w(BMA). Punkt E spiegeln wir an der Geraden durch A und M und erhalten C. |CD| mit passendem Vorzeichen liefert dann sin(2α), |MG| ebenso den gewünschten Funktionswert 0.5 sin(2α).
2. Schritt: Mit einem vorgegebenen Punkt N in Ebene2 legen wir durch die Zuordnung M→N eine Parallelprojektion von Ebene1 auf Ebene2 fest und konstruieren in N die Senkrechte zu Ebene 2. Die Projektion bildet nun G auf einen Punkt S ab, so daß die Strecke NS wieder 0.5 sin(2α) repräsentiert.

3. Schritt: Analog bilden wir das Dreieck MBA ab und erhalten NKL; w(LNK) ist also das Bild von α. Wandert nun A auf seinem Kreis, so überstreicht SP einen Teil der Fläche. Man sieht, wie sie entsteht.

(Eine technische Bemerkung: Um mit Sketchpad im Sinne unserer Gewohnheit zu erreichen, daß A auf dem Kreis gegen den Uhrzeiger wandert, wurde bei der Konstruktion zunächst ein Punkt X auf dem Kreis angenommen und an der Achse durch M und F gespiegelt. In der Animation läuft dann X mit dem Uhrzeiger, A also gegen ihn. Es muß ein weiteres Mal darauf hingewiesen werden, daß das Bild auf dem Papier den Sachverhalt nur unzureichend zeigt.)

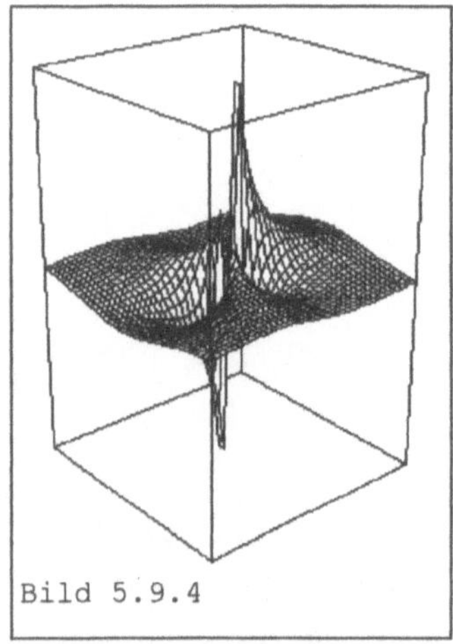
Bild 5.9.4

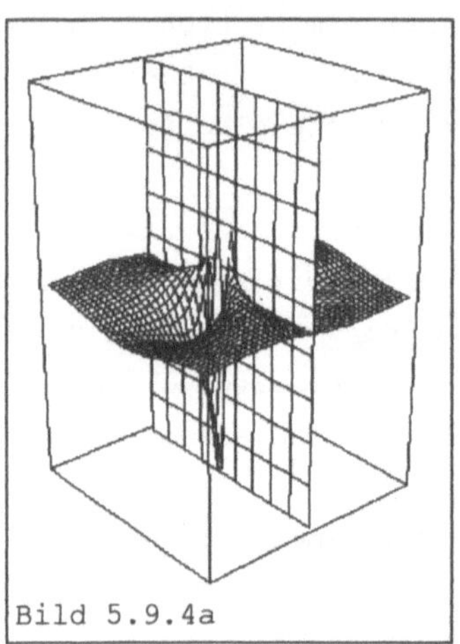
Bild 5.9.4a

Die Konstruktion erlaubt wesentliche Einsichten in unseren Problemzusammenhang: Ob man sie von Schülern im Unterricht planen und dann realisieren läßt oder ob man sie selber vorführt, im Sinne des operativen Prinzips dürfte die Entstehung der Fläche klar werden, wenn man in Bild 5.9.3 die Lage von SP ändert und zugleich ihren Ort etwa in Bild 5.9.2 suchen läßt. So wird also die zwangsläufige Kapitulation von Mathematica in der Nähe des Ursprungspunktes verstanden. Setzt man nun noch einen ohne formalen Ballast auf unsere Situation hin verallgemeinerten Stetigkeitsbegriff voraus, z. B. beschrieben mit Folgen, die in der Ebene gegen (0;0) konvergieren, so ergibt sich, daß f in (0;0) nicht stetig ergänzbar ist. Es gilt

$$\limsup_{(x,y)\to(0,0)} = \frac{1}{2} \text{ und } \liminf_{(x,y)\to(0,0)} = -\frac{1}{2} \text{ ,}$$

also kann, auch dies anschaulich, keine Tangentialfläche existieren.

Da wir zunächst partielle Ableitungen benutzt haben, um Tangentialflächen zu errechnen, hier aber keine Tangentialfläche vorhanden ist, wird man sich fragen, ob dies an den beiden Ableitungen erkennbar ist. Wir gehen wieder anschaulich vor: In Bild 5.9.1 zeigt der Schnitt der xy-Ebene mit der Fläche, ebenso in Bild 5.9.3 die Animation, daß beide Ableitungen auf den Achsen verschwinden. Welche Werte nehmen sie aber für Punkte in der Nähe des Ursprungspunktes an, die nicht auch den Achsen liegen? Bild 5.9-4 und 5.9-4a zeigen die partielle Ableitung f_x; zur Verdeutlichung wurde die Fläche mit und ohne Schnitt längs der x-Achse geplottet. Man erkennt, f_x und analog f_y sind in (0;0) nicht stetig, und man vermutet zu recht, das hier die Ursache für die Nichtexistenz der Tangentialfläche liegt.

Abschließend zwei Bemerkungen:

1. Man beachte die Art der Argumentation: Sie ist durchgängig anschaulich, errechnet wird für Bild 5.9.4 lediglich die partielle Ableitung. Alle Begründungen ergeben sich aus den graphischen Darstellungen.

2. Das Beispiel der Fläche f kann mit Recht generisch genannt werden: Es führt zu der entscheidenden Einsicht, daß für das Vorhandensein von Tangentialflächen nicht nur das Verhalten des Graphen auf den Achsen zählt, sondern - selbstverständlich - in einer gesamten offenen Umgebung des möglichen Berührpunktes. Für einen Ausbau der Theorie läge also hier der Ansatzpunkt. Man wird, wie schon oben dargelegt, auf ihn verzichten, erkennt aber, daß man als nächstes Beispiel eine Fläche mit stetigen partiellen Ableitungen studieren müßte.

... - und dies alles, obwohl von einer expliziten Auflösung der Gleichung nicht im entferntesten die Rede sein kann.
H. Heuser, zum Satz über implizite Funktionen in seinem Lehrbuch der Analysis

5.10 Schnitte von Flächen

In der letzten Bemerkung von Abschnitt 5.6 haben wir ein Kantenmodell des hohen Chores am Dom von Altenberg so konstruiert, daß ausgehend von Bild 5.6.3 jeweils nur die Firste und die Schnitte der einzelnen gotischen Ganggewölbe parametrisiert dargestellt wurden. Einen Überblick über die Schnittkurven zu erhalten, war dort recht unproblematisch. Hier nun wollen wir - als letztes Unterrichtskonzept in diesem Kapitel - den Gedanken weiterführen und uns allgemeiner mit Schnitten von Flächen befassen.

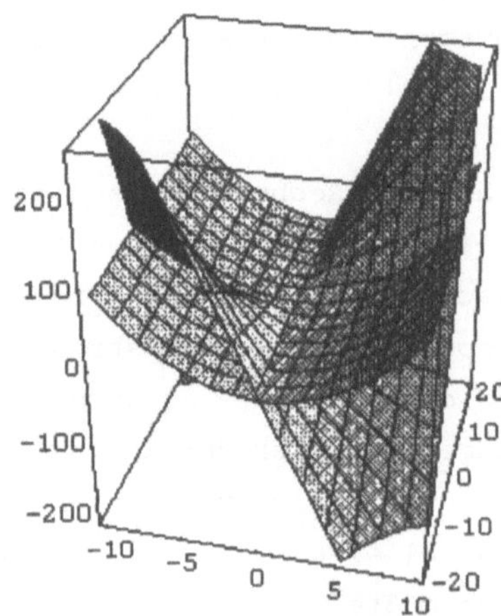

Bild 5.10.1

Dazu betrachten wir ein einfaches und ein kompliziertes Beispiel. Das einfache soll dazu dienen, die vom CA-System zur Verfügung gestellten Instrumente in einem Kontext kennenzulernen, der eine Überprüfung unabhängig von der Maschine erlaubt; das komplizierte zielt darauf ab, die erlernte Technik in einer nichttrivialen Situation anzuwenden.

Beispiel 1: Wir untersuchen den Schnitt, den die durch die Funktionen f und g mit

$$f(x,y) := 2\,x\,y \quad \textit{und} \quad g(x,y) := x^2 + \frac{1}{2}y$$

gegeben Flächen bilden. Um etwa die senkrechte Parallelprojektion der Schnittkurve in der xy-Ebene zu finden, können wir auf zweierlei Weise mit Mathematica arbeiten. Zum einen steht in dem Zusatzprogrammpaket Graphics mit ImplicitPlot[...] ein Befehl bereit, der Lösungen der Gleichung

(1) f(x,y)=g(x,y)

zeichnet. Seine Anwendung liefert in unserem Fall Bild 5.10.2. Zum anderen läßt sich der Solve-Befehl natürlich sofort auf (1) anwenden und man erhält

$$y = \omega(x) = \frac{x^2}{-\frac{1}{2} + 2x}.$$

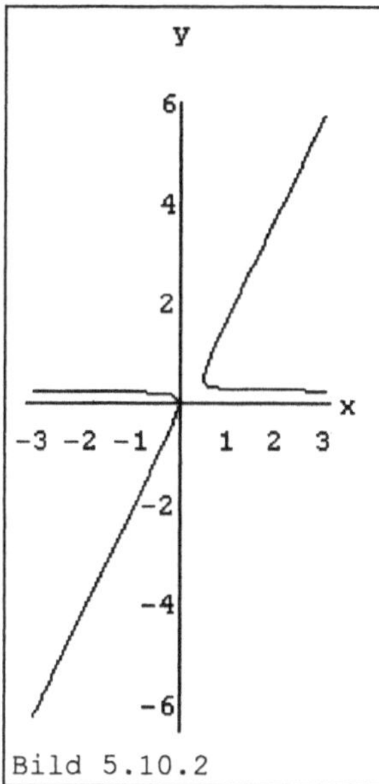

Bild 5.10.2

Im Unterricht wird man beides ausprobieren, die Ergebnisse vergleichen und natürlich das Resultat insbesondere auch auf herkömmlichem Wege bestätigen.

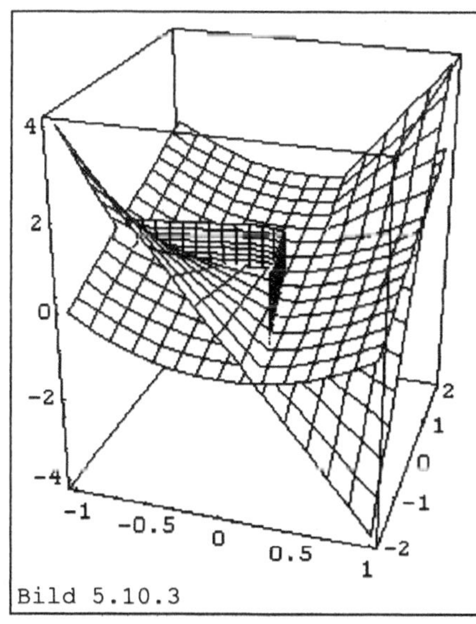

Bild 5.10.3

Eine Konstruktionsaufgabe mit Mathematica könnte dann darin liegen, die Äste der Schnittfläche so einzuzäunen, daß die Schnittkante im Raum besonders klar sichtbar wird; dies zeigt Bild 5.10.3 für einen Ast, man vergleiche auch Anhang 5.10-2. Die Problemstellung läßt sich dann auf natürliche Weise zu einem kleinen Projekt ausweiten: Man wähle im Term von g einen anderen Exponenten oder untersuche sofort die Lösungen der Gleichungsschar

$$b\,x\,y = x^n + \frac{1}{2}y,\; n \in N,\; b \in R.$$

Der Fall n=3 findet sich in Anhang 5.10-3.

Beispiel 2: Liegt nun eine gewisse Erfahrung mit ImplicitPlot und Solve vor, so sollte man sie nutzen, um im Unterricht einerseits die Leistungsfähigkeit, andererseits aber auch die Problematik des mächtigen Werkzeugs CA-System bewußt zu machen: Wir fragen etwa, welche Schnittkurve entsteht, wenn man einen Baumstamm zersägt. Bild 5.10.4 stellt den Sachverhalt für einen idealisierten Stamm mit Hilfe der Funktion

$$f: R \times R \to R,$$

$$f(x,y) := \begin{cases} \dfrac{100}{x^2+y^2} & \textit{für } x^2+y^2 > 0 \\ 0 & \textit{sonst}, \end{cases}$$

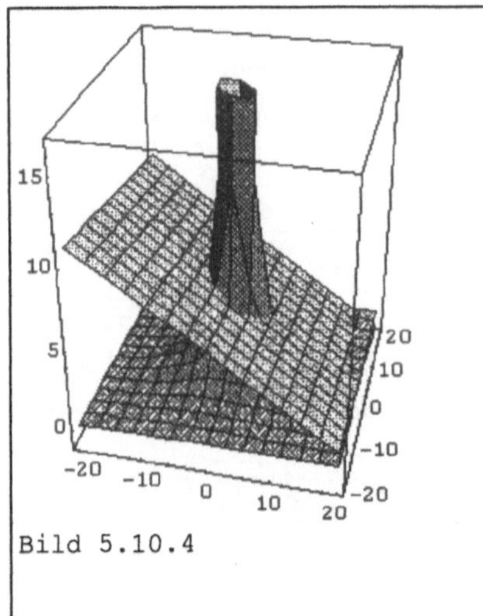

Bild 5.10.4

und einer Ebene $g: R \times R \to R$, hier mit

$$g(x,y) := \frac{1}{10}(1 - 2.5x - 0.5y) + 5,$$

dar; Wahl der Parameter aus Darstellungsgründen, vgl. Bild 5.10.4. Wir wenden zunächst den ImplicitPlot-Befehl an und erhalten in guter Übereinstimmung mit der Anschauung Bild 5.10.5. Was aber liefert Solve? Es entstehen - wie zu erwarten - drei Lösungen, die in Form einer Substitutionsliste

{{y->...},{y->...},
{y->...}}

angegeben werden und in ihrer Komplexität kaum überblickbar sind; vgl. Anhang 5.10-4, insbesondere Seite 2.

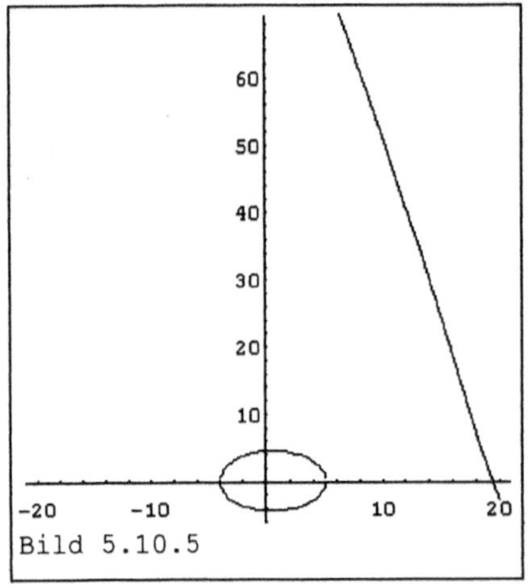

Bild 5.10.5

Ich möchte die sich hier ergebende, grundlegende Problematik an dieser Stelle nicht genauer diskutieren und verweise dazu auf Kapitel 6. Andeutend sei aber soviel gesagt: Im Gegensatz zu einem vermutlich sinnlosen, weil kontextfreien Auftauchen solcher Zeichenketten sichert unser Zusammenhang mit Schnittflächen eine angemessene anschauliche Vorstellung von den Lösungen, auf deren Basis eine gewisse Kontrolle dessen, was die Maschine liefert, möglich ist. Zudem sind wir in der Situation eines Programmierers, der Fehler in einem großen Programm sucht. Er wird sie nicht finden, wenn sein Rechner ihm beim Debugging nicht hilft. So auch hier: Mit Mathematica-Graphikroutinen und mit anderen Programmen, z. B. Derive oder Maple [Maple V, Waterloo Maple Software] wird man die Lösungen nachrechnen und plotten. Unsere scheinen stimmig zu sein, wie Anhang 5.10-4 oder eine Kontrolle mit Derive zeigt.

Dazu einige Bemerkungen:

1. Die wichtigste zuerst: Es sei darauf hingewiesen, daß mit der Untersuchung von Schnittflächen ein zentraler Gedanke der Sekundarstufe I weitergeführt wird: Dieser Gedanke beginnt bei der Suche nach Schnittpunkten zweier Geraden, setzt sich fort in der Berechnung von Schnitten einfacher Funktionsgraphen und wird dann zum Nullstellenproblem. Schnitte von Flächen sind nun - durch neue Visualisierungswege erst ermöglicht - die konsequente Fortsetzung.

2. Im üblichen curricularen Aufbau der Analysis in der Sekundarstufe II werden gebrochenrationale Funktionen zumeist unvermittelt ohne irgendeinen anschaulichen Hintergrund untersucht, d.h. die Mathematik spielt. Unsere Schüler spielen oft aber nur ungerne mit. Ohne zu glauben, daß dieser Zugang über Schnittflächen hier das Motivationsproblem des Lehrers löst, sollte doch darauf hingewiesen werden, daß das oben beschriebene Konzept zumindest ein raumgeometrisches Arbeitsfeld bietet, in dem im Unterricht u. a. diese Funktionenklasse auftritt.

3. Die Herkunft des Funktionsterms aus einem Schnitt zweier Flächen gibt einen wertvollen Hinweis auf die Gestalt des auftretenden Graphen. Ich möchte dies eine bildgeleitete Erkundung

nennen: Man plottet die Flächen, kombiniert sie und ´sieht´ den Schnitt. Das wirft die Frage auf, ob hier nicht ein Baustein zur Renovierung unserer Vorstellungen über das de facto wichtige Thema Kurvendiskussion vorliegt und ob wir im dringend erforderlichen curricularen Weiterdenken nicht nach Ähnlichem suchen sollten.

4. Ein reichhaltiges Übungsfeld tut sich auch auf, wenn sich die Blickrichtung umkehrt: Man konstruiere zu gegebenen Schnitten, etwa einer Geraden oder einem Kreis in der xy-Ebene, zwei Flächen, die diesen Schnitt bilden.

5. Auch Kegelschnitte sind Schnitte von Flächen im Raum: In Bild 5.10.6 wurde ein Kegel mit der Funktion

$$f: R \times R \to R$$

$$f(x,y) := a\sqrt{x^2 + y^2}$$

modelliert, der von einer Ebene geschnitten wird. Die Methode weist aber über Kegelschnitte hinaus: Man wähle anstelle von f z. B. ein Paraboloid gemäß

$$g: R \times R \to R$$

$$g(x,y) := a(x^2 + y^2)$$

und führe die gleiche Untersuchung durch. Welche Kurven treten nun auf? In dem für den Kegelschnitt geschriebenen Notebook muß nur wenig geändert werden, und man erhält den neuen Schnittgraphen.

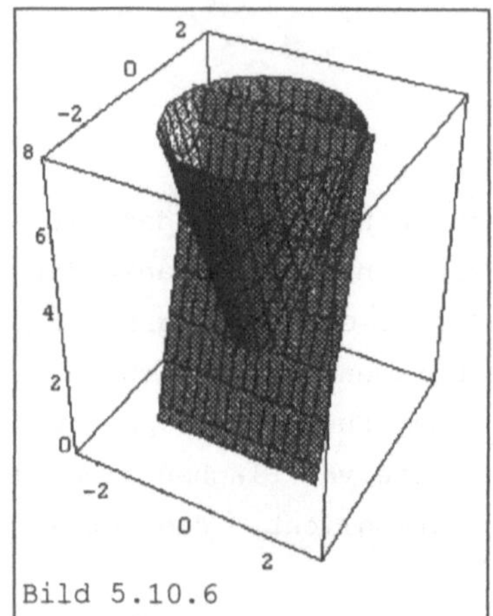

Bild 5.10.6

6. Wer sich als Lehrer mit Schnitten von Flächen befaßt, denkt auch an den Satz über implizite Funktionen. Er ist sicher kein angemessener Unterrichtsgegenstand für einen Leistungskurs, dennoch scheint mir eine näherungsweise Beleuchtung der Situation, die ihm zugrunde liegt, bedenkens- und unterrichtenswert, wenn man über eine Software verfügt, die die Graphikqualitäten von Mathematica hat. Was ich meine, formuliere ich als

Aufgabe:

Man untersuche für die Flächenschar

$$(1)\quad \begin{aligned} &f_a: R \times R \to R \ mit \\ &f_a(x,y) := x^2 + y^2 + a,\ a \in R \end{aligned}$$

die Schnitte mit der xy-Ebene. Welche Fälle treten auf?

Auch die Fläche

$$(2)\quad \begin{aligned} &g: R \times R \to R \ mit \\ &g(x,y) := x^2 + y + sin(xy) \end{aligned}$$

schneide man graphisch mit der xy-Ebene.

Man untersuche die Frage nach der Auflösbarkeit von g(x,y)=0 nach einer der Variablen. Für (1) und (2) berechne man die Tangentialflächen im Ursprungspunkt. Besteht ein Zusammenhang zwischen der Art der auftretenden Schnitte und der Lage der Tangentialflächen? Man stelle etwaige Vermutungen auch graphisch dar.

Die Lage der Tangentialfläche relativ zur xy-Ebene entscheidet also darüber, ob Schnittkurven entstehen. Man sieht, daß diese Aufgabe zwar noch weit vom Satz über implizite Funktionen entfernt ist, aber sie sondiert das Terrain.

7. Schließlich noch ein Hinweis zur Anwendung. Die Lösung einer Gleichung f(x,y)=c ist für Höhenlinien, Isothermen und Isobaren wichtig. Wer hierzu Literatur sucht, der lese zuerst bei Heuser [Heuser, Bd. 2, S. 286ff.] und dann bei Walter [Walter, Bd. 2, S.72ff.] nach. Schüler werden im Unterricht vielleicht kleine Referate an Hand ihres Geographie- und Physikbuches halten.

5. 11 Zusammenfassung: Funktionen mit zwei Variablen in der Sekundarstufe II

Wer der Versuchung, für die Sekundarstufe II als Unterrichtsthema Funktionen mit zwei Variablen vorzuschlagen, nicht widersteht, muß Gründe anführen, die ihn dazu bewegen. Ich möchte nun - am Ende einer diesbezüglichen Konzeption - auf einige eingehen, indem ich Kernpunkte dieses Kapitels noch einmal anspreche.

Der zentrale Grund dürfte aus dem Vorherigen unmittelbar offenkundig sein: Die in sehr wesentlichen Bereichen mathematischen Tuns veränderte Werkzeuglage ermöglicht, da graphisch darzustellen, wo dies früher kaum möglich war. Einen Teil dessen, was Mathematiker immer schon geistig vor Augen hatten, können unsere Schüler jetzt auf dem Bildschirm sehen. Das führt zu größerer Konkretheit und Anschaulichkeit bei der Arbeit im Klassenraum und zu einfacherer Planung des unterrichtlichen Geschehens auf Lehrerseite, kurz, wer Funktionen in zwei Variablen heutzutage unterrichtet, hat eine Chance auf Erfolg.

Es reicht aber nicht aus, Flächen nur zu sehen. Man muß sie aus verschiedenen Blickwinkeln betrachten können, und man muß Graphiken kombinieren und in sie eingreifen können, um spezielle Aspekte sichtbar zu machen. Davon wurde in unserer Konzeption ausführlich Gebrauch gemacht; etwa beim Zusammenfügen von Gewölbegängen, um den Hauptchor des Altenberger Doms virtuell zu rekonstruieren; oder beim Ziehen senkrechter Wände, um spezielle Graphen vom Typ ω mit $f(x,c)=:\omega(x)$ auf einer Fläche f zu zeigen - für uns der Weg zur Bildvorstellung von partiellen Ableitungen und weiter zur Tangentialfläche.

Solche Veranschaulichungen wurden benötigt, um den üblicherweise technischen Anfang eines Lehrbuches zur Analysis II zu umschiffen. Zum Problem der Anschauung schreibt Heuser zwar, bezogen auf Peano- und andere Kurven, die jedem Mathematiker Sorge bereiten: "Ungebärdige Kurven dieser Art haben das ihrige dazu beigesteuert, das Vertrauen in die ´anschauliche Evidenz´ zu untergraben und das letztere als Beweisquelle völlig auszutrocknen"; vgl. [Heuser, Bd. 2, S. 366f.]. Dagegen hält aber bekanntlich R. Thom in seinem berühmten Vortrag ´Modern mathematics: does it exist?´ "The real problem which confronts mathematics teaching is not that of rigour, but the problem of the development of ´meaning´, of the ´existence´ of mathematical objects´; vgl. [Thom, S. 202]. Bleibt anzumerken, daß Peanokurven im Mathematikunterricht nicht ständig vorkommen.

Kapitel 6: Neue Werkzeuge für alte Inhalte

Nach der Beschreibung einiger Konzepte zur Integration architektonischer Formen in den Mathematikunterricht möchte ich in diesem Kapitel nun die Blickrichtung insofern verändern, als ich die benutzen Programme bzw. Programmtypen als Werkzeuge in den Mittelpunkt der Betrachtung stelle.

Man mag zwar manches zunächst mit Pappmodellen, Handskizzen oder sorgfältigen Konstruktionen realisieren, der Kern der Arbeit mit und an architektonischen Formen im Unterricht liegt jedoch, sofern man den Ideen dieser Untersuchung folgt, in der Konstruktion etwa einer Dürermaschine oder im virtuellen Gewölbenachbau mit Mathematicafunktionen. Die skizzierten Lernsequenzen stellen somit als Beispiele für den Rechnereinsatz im Unterricht auch einen Beitrag zur diesbezüglichen aktuellen Diskussion dar, und das entspricht durchaus meiner Intention.

Diese Diskussion wird seit einigen Jahren geführt und läuft im deutschsprachigen Raum unter dem Schlagwort: Wieviel Termumformung braucht der Mensch?; vgl. [Hischer, 1993]. Man könnte ergänzen: Und wieviel Geodreieck braucht er? Dabei geht es im größeren Rahmen um Ideen zu einem anderen, beziehungshaltigeren Mathematikunterricht in der Sekundarstufe, um die Veränderung bestehender Inhalte und um die Konstruktion neuerer Inhalte auf der Basis des Vorhandenseins neuerer Technologien. Im engeren Sinne wird insbesondere über den Einsatz von CA-Systemen, über Tabellenkalkulationsprogramme und über Software zur dynamischen Geometrie nachgedacht. Zur Dokumentation der Diskussionslage sei auf die Tagungsberichte des GDM-Arbeitskreises "Mathematikunterricht und Informatik" verwiesen. Daß unsere Überlegungen in starkem Maße zukunftsorientiert sind, daß die Zeit der Euphorie vorbei ist und daß heutzutage immer noch kaum Computer im Unterricht eingesetzt werden, vgl. [Mehlhase, S. 123ff.], bestreitet niemand.

Warum sollte man Derive, Maple oder Mathematica verwenden, und warum könnte Sketchpad, Geolog oder Cabri-Geometre den üblichen Geometrieunterricht bereichern? Ich begründe meine bejahende Antwort u. a. mit dem Hinweis auf die oben dargestellten Konzepte, sowie auf die Beispiele, die in [Mehlhase, S. 166ff.], [Weth, S. 147ff.], in [Henn/Jock] und [Kayser/Neveling] beschrieben werden. Man müßte aber über unsere Beispiele hinausgehen, letztlich also über Didaktiken der CA-Systeme und der dynamischen Geometrie nachdenken.

Davon sind wir derzeit weit entfernt. Die folgenden Betrachtungen und Analysen zum unterrichtlichen Einsatz neuer Werkzeuge im Rahmen der oben vorgestellten Konzepte sind natürlich auch nur als ein kleiner Schritt auf dem Weg zur Didaktik moderner Software anzusehen.

6.1 Programmieren in der Geometrie

Wenn Konstruktionen nicht mehr mit Zirkel und Lineal, sondern mit Maus und Monitor durchgeführt werden, dann ist es nicht länger überraschend, daß die zugehörige Terminologie Begriffe der Informatik verwendet. Ich möchte deshalb von geometrischen Programmen sprechen, wenn etwa in Abschnitt 3.4 die Maßwerkkonstruktion dadurch verstanden wird, daß man die Lage von Punkt Q auf der Strecke CT mit der Maus variiert, oder noch deutlicher, wenn man die Konstruktionen in Kapitel 4, z. B. Bild 4.7.2 oder die außerordentlich komplexe Ellipsenkonstruktion Bild 4.9.1 wie ein Programm startet. Was dann passiert, ist offenbar eng verwandt mit Schleifenkonstrukten eines üblichen Pascal-Programms: In Bild 4.7.2 wandert S auf dem Kreis um Q1 und die davon abhängige Folgekonstruktion - man könnte auch sagen: der Schleifenkörper - zeichnet das perspektive Bild. Sketchpad wird so zu einer geometrischen Programmierumgebung.

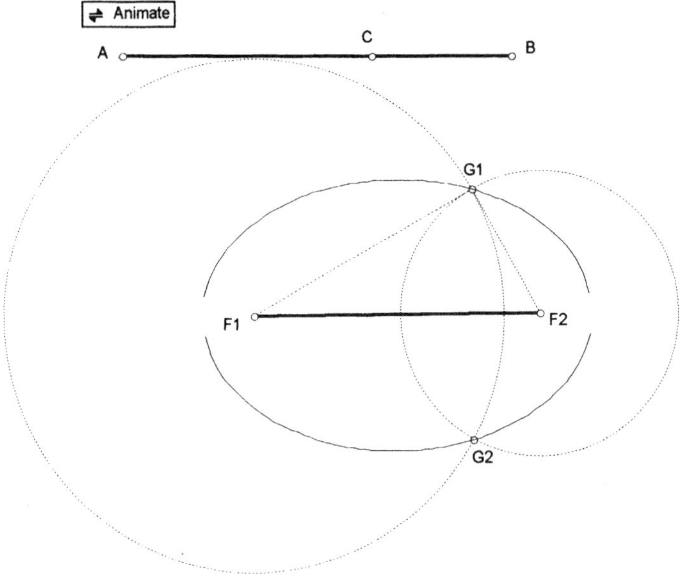

Bild 6.1.1

Um Schleifen zu programmieren, stehen zwei Schleifentypen zur Verfügung, zum einen die durch Objektbindung eines Punktes an einen Kreis entstehende, zum anderen die durch Bindung an eine Strecke. Da in unseren architektonischen Beispielen eher zufällig nur Kreisbindungen auftreten, möchte ich kurz auf ein Beispiel zur Konstruktion einer Schleife mit Streckenbindung eingehen. Ich wähle die sogenannte Gärtnerkonstruktion der Ellipse; sie wird im Programmpaket von Sketchpad mitgegeben.

Gegeben sei die Strecke mit den Endpunkten A und B, vgl.Bild 6.1.1. Auf ihr liege C. Wandert nun C auf AB, so gilt

$$|AC| + |BC| = const.$$

Wir wählen die beiden Punkte F1 und F2 mit |F1F2|<|AB| und zeichnen die Kreise k(F1;|AC|) und k(F2;|BC|), die sich in G1 und G2 schneiden mögen. Programmieren wir nun die Streckenschleife ´C wandere auf AB´, so zeichnen die Spuren von G1 und G2 die Ellipse. Man sieht, auf einfache Weise wird erreicht, daß die Summe der Streckenlängen erhalten bleibt.

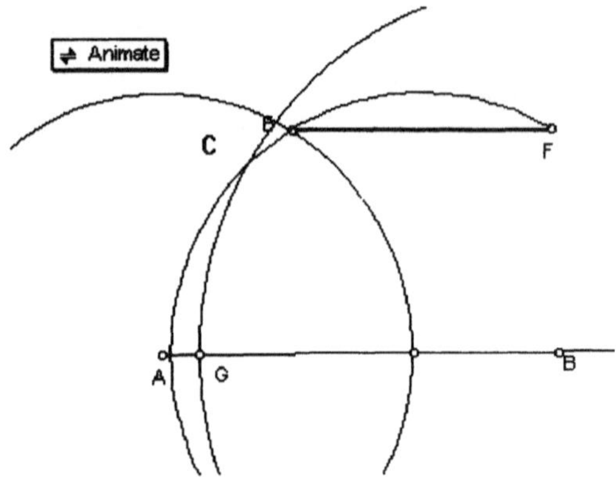

Bild 6.1.2

Ich möchte ein weiteres einfaches, nichtarchitektonisches Beispiel betrachten, das klar macht, wie Schleifen und durch sie erzeugte Ortskurven aktives Entdecken in der Geometrie fördern können: In einem Gelenkviereck ABCD seien die vier Streckenlängen gegeben. Man konstruiere die Lage, in der AB und CD parallel sind. Zur Lösung zeichnen wir die Strecke AB und um A einen Kreis mit dem Radius |AD|. E sei beliebig auf diesem Kreis gewählt. Durch E zeichnen wir die Parallele zu AB und tragen auf ihr von E aus die Strecke EF der Länge |CD| ab, vgl. Bild 6.1.2. Nun programmieren wir für E ihre Kreisschleife und zeichnen die Spur von F. Sie schneidet den Kreis K(B;|BC|) im gesuchten Punkt C und seinem Spiegelpunkt C; liegt F auf C, so E auf D.

Der entscheidende Aspekt ist nun der folgende: Indem dieses Geometrieprogramm abläuft, wird klar, daß F einen verschobenen Kreis zeichnet, dessen Schnittpunkt mit dem Kreis um B gesucht ist. Damit ist das Problem durchschaut und die Konstruktion auch ohne Sketchpad möglich. Hätte man die Lösung ebenso schnell ohne diesen explorativen, dynamischen Ansatz gefunden? Dieses Beispiel habe ich einem Schulbuch entnommen, in dem die Aufgabenstellung völlig undynamisch formuliert wurde. Wir haben nun zur Lösung zunächst eine ´gedankliche Dynamisierung´ des Problems vorgenommen, um dann erst die eigentliche Konstruktion durchzuführen, haben also - verglichen mit dem Üblichen - mit einer erweiterten heuristischen Technik gearbeitet.

Abschließend einige Bemerkungen:

1. Die breite Diskussion zur dynamischen Geometrie in unserem Zusammenhang zu referieren, ist sicher nicht erforderlich; dazu sei etwa auf [Henn/Jock] und auf ihre umfangreiche Literaturliste hingewiesen. Wesentlich scheint mir, in diesem Abschnitt kurz die zentralen Aspekte hervorzuheben.

2. Ich möchte festhalten, daß die Animation in einem Programm der dynamischen Geometrie durchaus mit Begriffen der Informatik beschrieben werden kann. Leider geht aber diese Analogie zur Zeit nicht sehr weit. Es gibt geometrische Probleme, die die Kombination von Animationen bzw. Schleifen erforderlich machen, z. B. zykloidenähnliche Konstruktionen; sie in der vorliegenden Version von Sketchpad zu formulieren, ist nur auf Umwegen möglich. Für den Unterricht wären direkte Konstruktionen wünschenswert.

3. Weth und Henn/Jock weisen in [Weth, 1992] und [Henn/Jock] auf die Bedeutung des modularen Konstruierens hin: Nachdem Schüler mit Detailkonstruktionen hinreichend vertraut sind, ist für sie der Einsatz von Makros wünschenswert, weil sie - ähnlich der Hierarchisierung im Software-Engineering - die Konzentration auf das Wesentliche erleichtern. Modularisieren, also eine gewisse Art von Black-Box-Denken ist nach P. Knöß zudem eine fundamentale Idee der Informatik, deren Relevanz auch im Geometrieunterricht nicht übersehen werden sollte; vgl. [Knöß, S. 97]. Sketchpad im übrigen unterstützt modulares Denken mit dem Befehlspaar Show/Hide, indem es erlaubt, Teilkonstruktionen je nach Bedarf zu verstecken oder wieder zu zeigen.

4. Makros wurden auch in den beiden Beispielen dieses Abschnitts benutzt; so etwa, wenn Translationen in der Gärtnerkonstruktion benötigt werden oder eine Parallele erforderlich ist, um eine Ortskurve zu zeichnen. Ebenso könnten auch alle Konstruktionen für Schrägbilder von Kreisen in Kapitel 4 als Makros definiert werden.

Functional programming is fundamental to good programming style...
Roman Maeder

6.2 Virtuelle Rekonstruktionen und fundamentale Prinzipien

Um nun auch die Gewölberekonstruktionen aus Sicht der Informatik zu analysieren, möchte ich im wesentlichen auf die schon zitierte Arbeit von P. Knöß zurückgreifen. Frau Knöß diskutiert umfassend die Frage, inwieweit fundamentale Ideen der Informatik für den Mathematikunterricht relevant sind. Dabei legt sie zwar den Schwerpunkt auf den Unterricht in der Primarstufe, ihre Ausführungen vor allem im ersten Teil ihrer Untersuchung lassen sich aber natürlich auf alle Bereiche mathematischen Lernens, wenn nicht des Lernens überhaupt, übertragen. Ich übernehme ihre Ergebnisse und möchte begründen, daß die von ihr herauskristallisierten grundlegenden Arbeitstechniken der Informatik vor allem dann den Mathematikunterricht bestimmen, wenn in komplexen Problemsituationen eine Programmiersprache wie etwa Mathematica zum Einsatz kommt. Frau Knöß schlägt nach der Untersuchung verschiedener Ansätze zur Formulierung fundamentaler Ideen bzw. Tätigkeiten die folgenden fünf vor, [Knöß, S. 63ff.]:

Modularisieren, Strukturieren, Darstellen,
Realisieren, Beurteilen.

Der erste Schritt zur Rekonstruktion des Altenberger Hauptchorgewölbes besteht in der analysierenden Betrachtung des Grundrisses, etwa in der gebäudenahen Form gemäß Bild 5.4.1 oder in der idealisierten von Bild 5.6.2. Man erkennt, daß sieben gleiche Gewölbeteile, in Kapitel 5 gotische Gänge genannt, konstruiert und dann halbkreisartig zusammengesetzt werden müssen. Es ist also zuerst ein Modul zu entwickeln, das auf geeignete Weise siebenfach eingesetzt, die Gänge darstellt. Zur Einzelkonstruktion eines Ganges wird aber auch modular gearbeitet: Man definiert die Funktion got, vgl. Abschnitt 5.1, um mit ihr gew1 und gew2 zu bauen, vgl. Bild 5.1.2.

Die Darstellung des Chorgewölbes wird so erreicht: Zuerst formuliert man Einzelfunktionsterme über dem Ausgangsquadrat als Definitionsmenge, die mit Hilfe von if-Abfragen die jeweiligen Gänge realisieren, vgl. Bild 5.4.3 und 5.4.3a oder etwa die f[i,x,y] für i=0,...6 in Anhang 5.6-1. Dann wird mit dem Max-Befehl die Gesamtfunktion für das Gewölbe zusammenmontiert. Deren Graph stellt man schließlich mit dem Plotbefehl dar.

Damit wird deutlich, daß die Modularisierung sich auf Mathematicaebene in unserem Beispiel in Form einer Funktionsdefinition wiederfindet. Der Plotbefehl, der auf das Unterprogramm f[i,x,y] zugreift, arbeitet mit einer Liste, die in unserem Fall zweidimensional ist. Das aber ist offensichtlich ein Beispiel für die fundamentale Idee des strukturellen Zusammenspiels von Algorithmen und Daten, sehr kompakt in einer High-Level-Sprache geschrieben.

Den entscheidenden Schritt in der Entwicklung des Algorithmus tun wir, indem wir aus Bild 5.6.2 die geometrische Konstruktion Bild 5.6.3 entwickeln. Das Gesamtgewölbe entsteht im Sinne des operativen Prinzips, wenn wir uns vorstellen, daß der über dem Rechteck ABCD gezeichnete Gang über sieben Etappen um M gedreht wird und man anschließend Maxima bildet. Von der formalen Repräsentation in der Programmiersprache abgesehen, ist eine Ikonisierung des gesamten Programms in unserem Fall weniger wichtig als die Veranschaulichung einzelner Etappen des Entwicklungsprozesses. Das aber geschieht gerade in Bild 5.6.3.

Man hätte die Konstruktion auch ohne den Max-Befehl durchführen können: In diesem Fall wären die einzelnen Graphen der f[i,x,y] geplottet worden, um dann anschließend mit dem Show[...]-Befehl kombiniert zu werden. Effizient ist das aber nicht; die Qualität unseres Algorithmus ist erheblich höher einzuschätzen, da die Verwendung des Max-Befehls den Speicher der Maschine offensichtlich wesentlich weniger belastet Effizienz, die fünfte der fundamentalen Ideen bei Frau Knöß.

Wir sehen also, wie grundlegende Tätigkeiten der Informatik via fachspezifischer Programmiersprache in mathematischer Arbeit und so auch im Mathematikunterricht der Sekundarstufe Bedeutung erlangen. Dabei wird ein weiterer Vorteil der Verwendung von Mathematica deutlich: In der unterrichtlichen Diskussion denkt man im wesentlichen über die Lösungsidee und nicht über technische Details nach. Der Quelltext ist dann kurz. Die Spezialsprache nimmt dem Benutzer viel Mühe ab - so etwa die eigentliche Graphikprogrammierung.

6.3 Holistisch versus operativ

Nach der Betrachtung von Beispielen zur Perspektive mit dynamischer Geometriesoftware und von virtuellen Gewölberekonstruktionen mit CA-Systemen möchte ich auf die Kooperation von Sketchpad und Mathematica bei der Untersuchung der Fläche gemäß Abschnitt 5.9 eingehen.

Zunächst ist es natürlich naheliegend, Mathematica einzusetzen, um einen Grobüberblick des Graphen von f zu erhalten. Man sieht einerseits, daß eine angemessene Darstellung der Fläche im kritischen Bereich das Programm überfordert. Andererseits jedoch scheint f auf Strahlen der xy-Ebene, die im Ursprungspunkt beginnen, konstant zu sein. Dieser Verdacht läßt sich leicht bestätigen, und daraus erwächst der zweite Ansatz zur Exploration der Fläche, nun mit geometrischen Methoden. Man versteht die Art der Unstetigkeitsstelle und sieht, daß eine stetige Ergänzung nicht möglich ist.

Aus der Sicht didaktischer Forschung scheint mir die an unserem Beispiel beschriebene Vorgehensweise insofern sehr wertvoll zu sein, als sie exemplarisch den Gewinn zeigt, der aus der Kooperation zweier durchaus unterschiedlicher Softwarearten zu ziehen ist: Die eher statische und holistische Darstellung mit Mathematica findet ihre Ergänzung im Einsatz dynamischer Geometriesoftware; partielle Unzulänglichkeiten des einen werden durch das andere Werkzeug zwar nicht behoben, da auch Sketchpad die Fläche nicht zeichnet, es ergibt sich aber eine neue Sicht: Im Sinne des operativen Prinzips lernt man, wie die Fläche entsteht. Auf dieser Basis kann man nun weitere Fragen des Problemkontextes klären. Defizite der holistischen Sicht können also bisweilen durch geometrische Programmierung beseitigt werden; der Gedanke ist plausibel, das Studium weiterer Beispiele wäre wünschenswert.

6.4 Parallelrechnen

Didaktische Konzepte, die sich zum Ziel setzen, Schüler der Sekundarstufe in den Umgang mit CA-Systemen einzuführen, sollten sicher die faszinierenden Möglichen ausnutzen, die in der Graphik liegen. Darauf beruhen wesentliche Gedanken dieser Arbeit. Eine didaktische Konzeption, die sich jedoch auf Graphikanwendung beschränkt, wird ihrer Aufgabe nicht gerecht, da der zentrale Einsatz von CA-Systemen in der algebraischen Manipulation von Gleichungen, Ungleichungen und Termen liegt. Im folgenden möchte ich das einfache Unterrichtskonzept des Parallelrechnens, das schon in Abschnitt 4.6 kurz angesprochen wurde, genauer formulieren und an Beispielen dieser Arbeit beschreiben. Es scheint mir geeignet, Schüler nach dem Spiralprinzip in einige symbolische Fähigkeiten eines CA-System einzuführen. Parallelrechnen meint folgendes:

Ist ein Problem dadurch gekennzeichnet, daß sich zu seiner Bearbeitung der Einsatz eines CA-Systems anbietet, so entwickle man zunächst wie üblich den Lösungsweg, lasse aber seine Schüler ihre Ergebnisse in der nachfolgenden Übungsphase mit dem Programm kontrollieren, eben parallelrechnen. In einer zweiten Phase ändere man die Beispiele so ab, daß eine Situation entsteht, die die Leistungsfähigkeit des Programms zeigt, auch wenn man nun die Ergebnisse nicht mehr oder nur noch teilweise kontrollieren kann, etwa indem man prüft, ob sie wenigstens sinnvoll oder konsistent sind (vgl. Abschnitt 6.5)

Der Vorteil dieser Vorgehensweise liegt auf der Hand: In unterschiedlichen Zusammenhängen entsteht eine gewisse Vertrautheit mit so mächtigen Befehlen wie Simplify, Solve, Expand, Integrate etc. Durch die eigene Rechnung wird zudem der Black-Box-Charakter des Systems partiell entschärft, da man schon mit Regeln vertraut ist, deren Anwendung zum Ziel führt, wenn es vielleicht auch nicht die sind, die das Programm verwendet. Der anschließende Transfer auf Komplizierteres zeigt, wie wertvoll das Werkzeug ist.

Dazu zwei Beispiele:

In Abschnitt 4.6 wurde ein Notebook entworfen, mit dem man in vielen Fällen den Bildterm eines Graphen unter der Transformation Λ errechnen kann. Indem Schüler mit Mathematica parallelrechnen und dann auch plotten, lernen sie wesentliche Befehle des CA-Systems und das Notebook-Konzept problembezogen kennen. Nachdem einige Erfahrung vorliegt, wird man auch zu komplexeren Urbildtermen übergehen, die nur noch mit Mühe per Hand kontrollierbar sind und die man nur noch graphisch auf ihre Plausibilität überprüft. Schüler sehen so den Vorteil des Programmeinsatzes, aber auch seine Grenzen.

Ähnlich die Untersuchung von Flächenschnitten in Abschnitt 5.10: Zunächst werden zwei Flächen mit einfachen Termen geschnitten. Man stellt den Schnitt graphisch dar, errechnet seine Kurve und vergleicht mit dem Mathematica-Ergebnis. Ändert sich jedoch einer der Flächenterme geringfügig, so entsteht möglicherweise eine weitaus komplexere Problemlage, die - wenn überhaupt - nur noch mit dem Solve-Befehl beherrschbar ist; vgl. Beispiel 1. In Beipiel 2 hingehen sind die Terme der Lösung im eigentlichen Sinne kaum noch brauchbar, weil sie allenfalls noch für Geübte zu überblicken sind.

Mit dem Konzept des Parallelrechnens ist vielleicht ein wichtiger und praktikabler Bestandteil einer Didaktik der CA-Systeme gefunden. In den anschließenden Bemerkungen möchte ich noch einige Facetten des Parallelrechnens beleuchten.

1. Man könnte einen Hauptsatz zur Verwendung von Software in mathematischen Lernprozessen formulieren, der besagt, daß Rechner (fast) immer erst in der zweiten Lernphase eingesetzt wer-

den sollten. In Abschnitt 5.1 wurde in ähnlichem Zusammenhang von dem ´Prinzip des Anfangs ohne Rechner´ gesprochen. Danach ist etwa zuerst, wie oben vorgeschlagen, ein Pappmodell zum perspektivischen Sehen zu entwickeln, bevor man mit Sketchpad konstruiert; es sind Rechenverfahren zu entwickeln, bevor man den Solve-Befehl verwendet; oder es sind zeichnerische Vorüberlegungen - drawing lessons, vgl. [Finney/Thomas, etwa S.763] - erforderlich, wenn der Graph einer Funktion zweier Variablen zu plotten ist. Das Konzept des Parallelrechnens wäre dann ein Spezialfall dieses Hauptsatzes.

2. Während die obigen Beispiele den Weg vom Einfachen, das durch Parallelrechnen noch kontrolliert werden kann, zum Schwierigen gehen, muß man in anderen Situationen den umgekehrten Weg erwägen. Wir betrachten dazu zwei typische Mathematicaformulierungen aus Kapitel 3:

In Abschnitt 3.7 wird mit

```
(1) Solve[Simplify[D[differenz[hoehe],hoehe]]==0 ]
```

das Minimum der Funktion differenz, definiert gemäß der Methode der kleinsten Quadrate, gesucht. In Abschnitt 3.11 wird mit

```
(2) wert=FindRoot[
              NIntegrate[
                     a Pi^0.5 Cos[Pi/2 u^2],{u,0,t}]==2,
                                                  {t,0}]
```

die numerische Lösung einer Gleichung berechnet, deren Variable die Obergrenze eines Fresnelintegrals ist.

In beiden Fällen wird also das CA-System gefordert. Um nun im Unterricht solche Begriffsschachtelungen verständlich zu machen, wird man in (1) die Funktion differenz und in (2) den Integranden durch einfachere Terme ersetzen, so daß durch Parallelrechnen - vor dem Programmeinsatz - die Wirkung der Befehlsabfolgen klar wird.

3. Die Beispiele (1) und (2) sind auch geeignet, Schülern die Idee des Objektdenkens nahezubringen. Damit ist folgendes gemeint: In (1) etwa tritt auf unterster Stufe als Objekt eine Funktion auf, dann aber wird auf der nächsten Stufe auch der

Simplify-Befehl zu einem Objekt; oder in (2) wird auf die numerische Integration als Objekt der FindRoot-Befehl angewendet.

Man sieht: Innerhalb einer Hierarchie können Befehle aus der Warte höherer Stufen zu Objekten werden. Da als Objekte auch sehr allgemeine Tätigkeiten wie Simplify oder Solve möglich sind, sollte man sich von ihnen keine zu enge Vorstellung machen. H.-G. Weigand schreibt in einem Aufsatz, der dieses Objektdenken zum Gegenstand hat, vgl. [Weigand, S.48f.]: "Kennzeichnend für das strukturelle Begriffsverständnis ist es, daß der Begriff als Objekt betrachtet wird und mit dem Begriff als Ganzes wie mit einem Baustein, einer Prozedur oder einem Modul operiert wird." Und weiter unten: "Bei Derive können Gleichungen, Terme oder Funktionen als Objekte betrachtet werden, auf die Operationen mit Hilfe von Menü-Befehlen angewandt werden können. Dabei ist das Verständnis der den Befehlen zugrundeliegenden mathematischen Handlungen und das Erfassen der Beziehung zwischen Ausgangs- und Endobjekt für das Arbeiten mit Derive von entscheidender Bedeutung ...". Das gilt natürlich für alle CA-Systeme.

Um Begriffsverwirrung zu vermeiden sei darauf hingewiesen, daß ´Objektdenken´ sehr wohl von objektorientierter Programmierung zu unterscheiden ist: Der Programmierstil, in dem (1) und (2) geschrieben wurden und nach dem wir auf niedrigerem Niveau auch in Kapitel 5 gearbeitet haben, wird in [Maeder, S. 72] ´functional programming´ genannt und dort ausführlich beschrieben.

4. Eines der zentralen Probleme der Didaktik von CA-Systemen scheint darin zu liegen, Antworten auf Fragen nach der Funktionsweise von Befehlen wie Solve, Eliminate, Simplify, Integrate etc. zu finden. Als näherungsweise Antwort - auch für Schüler - möchte ich eine sehr schöne Passage von R. Maeder, einem der Konstrukteure von Mathematica, zitieren, vgl. [Gaylord/Kamin/Wellin, S. 93]: "A program is a set of rewrite rules. A rewrite rule consists of two parts: the pattern on the left side and the replacement text on the right side. Computation proceeds by evaluation of expressions. An expression is evaluated by

finding those rewrite rules whose pattern matches part of the expression. That part is then replaced by the replacement text of that rule. Evaluation then proceeds by searching for further matching rules until no more are found."

Daß das hier skizzierte Verfahren die Arbeitsweise von CA-Systemen gut beschreibt, wird keiner bestreiten. Warum aber ein CA-System z. B. die Suche nach Stammfunktionen bei nicht geschlossen integrierbaren Nichtstandardbeispielen abbricht, diese Frage wird im Unterricht - allenfalls mit einem Hinweis auf den Risch-Algorithmus, vgl. [Computeralgebra, S. 57f.] - offen bleiben; und das darf sie auch.

5. Abschießend ein kurzer, aber wichtiger Literaturhinweis: In [Heugl, S. 8] formuliert W. Heugl das rekursive "white box/black box-Prinzip" zur Verwendung von CA-Systemen: In der Einführungsphase rechnen Schüler auf dem Papier, ist der Gegenstand dann vertraut, tritt das CA-System an seine Stelle. Dieses Prinzip und die Idee des Parallelrechnen sind offensichtlich eng miteinander verwandt; man müßte ihre Bezüge genauer studieren.

Wenn der Computer am Ende einer langen Rechnung schier unendliche Reihen von Zahlen auswirft, sind Anwender meist nicht viel schlauer als zuvor. Erst durch die bildliche Darstellung der Daten wird das Ergebnis für das menschliche Gehirn verständlich und ästhetisch ansprechend.
A. Hardy, FAZ, 18. 5. 94

Zweifeln Sie die Ergebnisse von Mathematica an!
M. Kofler, Die zehnte Überlebensregel für den Umgang mit Mathematica

6.5 Wege in die Komplexität

CA-Systeme sind in besonderem Maße geeignet, Schüler auf spielerischem Wege die Komplexität von Mathematik erfahren zu lassen. Wir betrachten dazu einige Beispiele:

1. Ausgehend von einer Gleichung 2. Grades, z. B.

$$x^2 - 6x + 3 = 0 \ , \ x \in R,$$

ist es naheliegend, den Exponenten schrittweise zu erhöhen und für n=3,4,5,... die Gleichung

$$x^n - 6x + 3 = 0 \ , \ x \in R$$

zu lösen. Man stellt fest, daß für n=3 eine gerade noch überschaubare Lösung, für n=4 nach langer Rechenzeit eine unbrauchbare Lösung entsteht, so daß für höhere Exponenten die Untersuchung vermutlich sinnlos wird.

2. Man entwickle die sin- und die exp-Funktion bei der Behandlung des Taylorschen Satzes auch einmal nicht um a=0, um zu sehen, welche Form die Taylorpolynome nun haben.

3. Man berechne das Integral

$$\int_a^t x^6 \sin(x) dx$$

und stelle die Lösung nicht rekursiv, sondern explizit dar.

4. Man lese ein weiteres Mal das Schnittflächenbeispiel 2 aus Abschnitt 5.10 und die geradezu erschreckende, symbolische Darstellung der Schnittkurve in Anhang 5.10-4.

Ohne Mühe ließe sich diese Liste mit gängigen Schulstoffen der Sekundarstufe fortsetzen. Man würde immer wieder die gleiche Feststellung machen: Ändert man die üblichen, vertrauten Rechnungen nur geringfügig ab, so sieht man in einen Abgrund von Komplexität. Diese Komplexität ist mathematikspezifisch, wie jeder Mathematiker weiß, sie läßt sich jedoch heutzutage mühelos auch in der Schule - nicht an Standardstoffen, sondern neben ihnen - vermitteln. Man sollte von dem Lern-, besser Erfahrensstoff ´Komplexität´ sprechen.

Ich möchte von Wegen in die Komplexität sprechen, die im Unterricht vor allem darauf abzielen, diese Komplexität bewußt zu machen, die aber auch häufig unreflektierte Wertschätzungen bestimmter mathematischer Lösungsverfahren korrigieren helfen sollen. So ist die exakte Lösung u. U. weniger wertvoll als die überschaubare Näherung oder die graphische Darstellung; ebenso ist die Rekursivformel vielleicht brauchbarer als der explizite Term. Denkbar sind auch prinzipielle Grenzen der symbolischen Darstellung, weil die verwendeten Werkzeuge, in unserem Beispiel 1 etwa Radikale für n=5, vgl. [Stewart, S. 134], gemäß Galoistheorie nicht mehr brauchbar sind.

Zu dieser Erfahrung des Schwierigen, Nichtüberblickbaren und formal Überquellenden gehören nun Strategien, um den Überblick zu behalten, um zu beurteilen, zu bewerten und zu verwerfen. Dazu gehört,

- in noch machbaren Situationen die Probe durchzuführen, oder mit dem CA-System durchführen zu lassen;
- ´graphische Plausibilität´ zu kultivieren, also die Ergebnisse zu visualisieren, den fundamentalen Zusammenhang zwischen Gleichung, Term und Funktion mit den graphischen Fähigkeiten des CA-Systems oder des Taschenrechners auszunutzen;
- das ´Parallelrechnen lassen´ mit einzubeziehen, damit meine ich, daß ein Programm das andere kontrolliert, Mathematica etwa Derive und umgekehrt;
- mit Näherungen zu arbeiten, etwa Taylorpolynome niedrigeren Grades parallelrechnend zu überprüfen oder numerische Verfahren, z. B. das Newtonverfahren, auch dann einzusetzen, wenn eine exakte Lösung vorliegt, die es zu überprüfen gilt.

Zusammengefaßt: Schüler sollten erfahren, daß Skepsis eine wichtige Voraussetzung für die Arbeit mit CA-Systemen ist und daß man Fehler nur dann findet, wenn der Benutzer den Überblick behält. Das gilt auch für exakte, symbolische Lösungen: Wenn sie nicht beurteilbar sind, so sind sie wertlos.

Sollte es gelingen, daß - etwa in Leistungskursen - Schüler auf diese Weise eine gewisse CA-Kompetenz für sich entwickeln, so müßte man genauer untersuchen, ob und wie diese Kompetenz ihren Niederschlag dann auch in elaborierteren Lösungsstrategien findet. Denn, was für die Wissenschaft gilt, trifft auch für den Klassenraum zu: Mit CA-Systemen sind größere Beispielklassen zu überblicken und experimentelle Untersuchungen in bisher nicht erreichbarem Ausmaß durchführbar. Bezüglich der Forschung lese man z. B. den kurzen Bericht in [Computeralgebra, S. 5f.], der einige Ergebnisse referiert, die mit CA-Systemen in den letzten Jahren erzielt wurden.

6.6 Zusammenfassung: Alte Inhalte werden zu neuen

Bögen, Krümmung, Klothoiden und Autobahnabfahrten, Parallelprojektion und Perspektive, all dies sind sicher keine neuen mathematischen Inhalte. Indem man sie aber mit neuen Werkzeugen bearbeiten und präsentieren kann, werden sie überhaupt erst als Themen eines beziehungshaltigen Mathematikunterrichts relevant, oder aber, man lernt, sie auf neue Art zu sehen. Daß es ein unausgesprochenes Lehrerdictum gibt, demzufolge Funktionen zweier Variablen nicht in den Unterricht gehören, muß man vermuten; es besteht jedoch - zumindest heutzutage - nicht mehr zu Recht. Man sieht: Alte Inhalte der Mathematik werden zu neuen Inhalten des Mathematikunterrichts, bzw. sie könnten es werden.

In diesem Kapitel wurde insbesondere versucht, einige neue methodische Begriffe an Beispielen der Kapitel 3 bis 5 analysierend zu beschreiben. Um die beiden wichtigsten noch einmal zu nennen: Programmieren in der Geometrie und Parallelrechnen in Algebra und Analysis. Zudem wurde klar, daß beim Einsatz von CA-Systemen fundamentale Ideen der Informatik zum Tragen kommen.

Hier kann ich, wie so oft, nicht umhin, mich im Vorübergehen an dem inneren und fast geheimnisvollen Zusammenhang des altphilologischen Interesses mit einem lebendig-liebevollen Sinn für die Schönheit und Vernunftwürde des Menschen zu weiden, - diesem Zusammenhang, der sich schon darin kundgibt, daß man die Studienwelt der antiken Sprachen als die ´Humanioren´ bezeichnet, sodann auch darin, daß die seelische Zusammenordnung von sprachlicher und humaner Passion durch die Idee der Erziehung gekrönt wird und die Bestimmung zum Jugendbildner sich aus derjenigen zum Sprachgelehrten fast selbstverständlich ergibt.
Der Mann der naturwissenschaftlichen Realien kann wohl ein Lehrer, aber niemals in dem Sinne und Grade ein Erzieher sein, wie der Jünger der bonae litterae.
Th. Mann, Doktor Faustus

Having endured years of required schooling in mathematics where the subject was presented to them as something dead as stone and dry as earth and for ever separate from their own interests, the humanists have vowed never again to allow it in their presence.
J. P. King, The Art of Mathematics

Kapitel 7: Architektonische Formen in zwei Kulturen

In diesem abschließenden Kapitel möchte ich architektonische Formen primär aus der Sicht der ´anderen´ Kultur betrachten. Ich untersuche die Frage, inwieweit man eine Brücke schlagen kann, die im Unterricht von einer mathematischen Betrachtungsweise zu Anfängen einer kulturhistorischen und ästhetischen Auseinandersetzung mit Architektur führt. Dabei wird festzustellen sein, daß die Pfeiler dieser Brücke schnell gebaut sein werden, weil sie realistischerweise nur kleine Lasten zu tragen haben: Mathematikunterricht kann sich vermutlich oft nur am Rande mit Baugeschichte und ihrem künstlerischen Aspekt befassen, Weiteres bleibt dann der Kunsterziehung überlassen. Man wird aber auch sehen, daß der Lehrer, der keine Brücke baut, eine wertvolle Chance im Sinne allgemeinbildenden Mathematikunterrichts vergibt.

7.1 Zwei Kulturen

Im Jahre 1959 erschien von C. P. Snow ein Essay mit dem Titel ´The Two Cultures´, in dem er einerseits die Welt der Literatur im weitesten Sinne und andererseits die Kultur der Naturwissenschaftler und Mathematiker beschreibt, um typische Züge beider Gruppen miteinander zu vergleichen. Ich zitiere aus der deutschen Übersetzung von 1967: "Zwei diametrale Gruppen also: auf der einen Seite haben wir die literarisch Gebildeten, die ganz unversehens, als gerade niemand aufpaßte, die Gewohnheit annahmen, von sich als von den ´Intellektuellen´ zu sprechen, als gäbe es sonst weiter keine.... Literarisch Gebildete auf der einen Seite - auf der anderen Naturwissenschaftler, als deren repräsentativste Gruppe die Physiker gelten. Zwischen beiden eine Kluft gegenseitigen Nichtverstehens, manchmal - und zwar vor allem bei der jungen Generation - Feindseligkeit und Antipathie, in erster Linie aber mangelndes Verständnis"; vgl. [Snow, S. 11f.].

Es setzte eine Diskussion ein, die auch heute noch anhält und in der Philip Davis, einer der Autoren von ´Erfahrung Mathematik´, im Jahre 1993 schreibt: "Do mathematicians, contemplating the humanists in the next building feel the way Snow did, paralleling Disraeli, that they are moving among two groups, comparable in intelligence, identical in race, not grossly different in social origin, earning about the same incomes, who have almost ceased to communicate at all, who, in intellectual, moral and psychological climate, have so little in common that ... one might have crossed an ocean. I think the answer to this question is, by and large, "yes"; vgl. [Davis, S. 85].

Einen Lehrer, der über viele Jahre Jugendliche bei ihren Lernprozessen beoachtet hat, werden die Feststellungen von Snow und

Davis nicht überraschen: Er hat oft genug gesehen, wie seine Schüler in die eine oder in die andere Kultur - sehr selten aber in beide zugleich - münden. Die Weiche zur intellektuellen Einspurigkeit der Erwachsenenwelt steht schon in der Schule.

Aus diesem Grunde der folgende Ansatz: Da Architektur und architektonische Formen offensichtlich in beiden Kulturen beheimatet sind, - in der technisch-ingenieurwissenschaftlichen, die durch physikalisch-mathematische Zwangsbedingungen so determiniert ist, wie die Musik durch die Harmonielehre, und ebenso in der Welt der Ästhetik und Kunstgeschichte, die zur literarischen Kultur gerechnet wird -, muß man mindestens im Mathematikunterricht der Sekundarstufe unseren Gegenstand so unterrichten, daß Pfeile - um nicht zu sagen: Vektoren - auch in die ´andere´ Welt zeigen, wenn denn nun schon die Mathematik überwiegend nicht zu dieser Welt gerechnet wird, obwohl sie - wie Mathematiker wissen - natürlich gleichberechtigt beiden Welten angehört.

Um aber einige dieser Pfeile beschreiben zu können, müßte wenigstens ein einfaches Modell konstruiert werden, mit dessen Hilfe im Unterricht eine exemplarische Annäherung an architekturtheoretische Positionen der Vergangenheit möglich wäre. Das zu tun, widerspricht natürlich der Komplexität des historischen Geschehens. Ich versuche es im folgenden aber dennoch, indem ich drei Stufen vorschlage, über die sich Schüler einem ästhetischen Verständnis architektonischer Formen vielleicht nähern können. Dabei rekurriere ich im wesentlichen auf Kant und seinen Begriff der Einbildungskraft. Zudem beschränke ich mich weiter auf den Rahmen, aus dem die Beispiele dieser Arbeit stammen; die in ihrer Beliebigkeit unüberschaubare Architekturwelt der Gegenwart blende ich auch weiter aus.

Niemals werden Sie von den Formen der Architektur verzaubert werden, wenn Sie nicht mit den Gedanken fühlen, aus denen sie hervorgingen.
J. Ruskin, zit. nach M. Proust, Der Tod der Kathedralen

Es kömmt alles darauf an, mit was für einem Auge man die Sachen sieht.
J. J. Winckelmann

Somit hängt die ästhetische Komponente mit der klaren Einsicht zusammen.
Ph. Davis, R. Hersh, Erfahrung Mathematik

A pure mathematician seems to have the advantage on the practical as well as on the aesthetic side.
G. H. Hardy, A Mathematician's Apology

7.2 Stufen der Imagination

In seinem Buch "The Aesthetics of Architecture" beschreibt R. Scruton an einem Beispiel - der oberen Fenstergalerie des Palazzo Pisani-Moretta in Venedig, vgl. Bild 7.2.1 - wie der Intellekt des Betrachters das beeinflußt, was er sieht: ob er etwa sechs einfache Fenster oder drei Doppelfenster beobachtet, ob er in dieser Sicht verharrt oder seine Sicht wechselt. Das berühmteste Beispiel dieser Art in der philosophischen Literatur dürfte Wittgensteins Enten-Hasen-Kopf aus seinen Untersuchungen sein, vgl. Bild 7.2.2; je nach Betrachter ist ein Hasen- oder Entenkopf zu sehen, das Bild kann auch umspringen, vgl. [Witt-

Bild 7.2.1

genstein, S. 309]. Das menschliche Grundvermögen, zwischen Sinnlichkeit und Verstand zu vermitteln, wird üblicherweise nach Kant mit dem Begriff der reinen Einbildungskraft beschrieben; vgl. Kant, KrRV A125.

Beziehen wir nun diese allgemeine Einsicht in die Komplexität des Wahrnehmungsvorgangs auf architektonisches Sehen, so möchte ich - weniger preußisch-kategorisch - von elementarer Imagination auf einer ersten Stufe sprechen. Die vorliegende Arbeit befaßt sich, aus dieser Perspektive gesehen, im wesentlichen mit mathematischer Imagination, da bei virtuellen Rekonstruktionen die architektonische Form mit mathematischem Bild- und Begriffsapparat gesehen bzw. überlagert wird; also, die zweite Stufe der Imagination ist die Stufe der mathematischen Imagination.

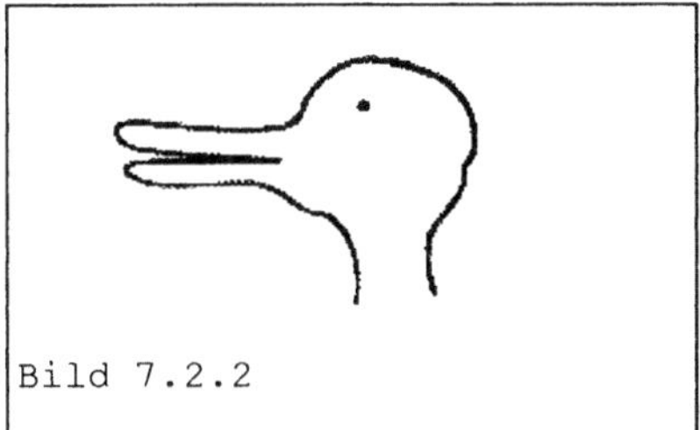

Bild 7.2.2

Die relevante Stufe im Sinne der 'anderen' Kultur ist dann die architekturhistorisch-ästhetische Stufe. Ich möchte sie im folgenden kurz beschreiben, indem ich exemplarisch auf die Ideen von Vitruv (ca. 40 v. Ch.) und L. B. Alberti (1404-72), den berühmtesten Theoretikern der Baugeschichte, und auf die Vorstellungen des mittelalterlichen Abtes Suger (1081-1151) eingehe. Dabei folge ich im wesentlichen dem grundlegenden Buch zur Architekturtheorie von H.-W. Kruft; vgl. [Kruft, Kapitel 1 bis 3].

Vitruvs "De Architectura Libri Decem" ist die einzige größere Schrift zur Architekturtheorie, die aus der Antike überliefert wurde. Sie spielte im Mittelalter keine bedeutende Rolle, wurde dann aber in der Frührenaissance für die neue Sicht der Architektur im Sinne der einsetzenden Rückbesinnung auf die Antike naturgemäß zentral. Der Traktat "De Re Aedificatoria" von Alberti, einem in seiner Vielseitigkeit faszinierenden Gelehrten und Architekten, erschien 1485; er setzt sich vor allem auch mit Vitruv auseinander.

Vitruv verwendet als ästhetische Grundbegriffe seiner Theorie im 2. Kapitel seines 1. Buches: firmitas (Festigkeit), utilitas (Zweckmäßigkeit) und - für unseren Zusammenhang besonders bedeutsam - venustas, also Schönheit oder Anmut. Venustas umfaßt weiter:

ordinatio (angemessene Abmessung),
dispositio (die durch die passende Zusammenstellung der Dinge schöne Ausführung des Baues),
eurythmia (u. a. angemessenes Verhältnis von Höhe, Länge und Breite),
symmetria (der sich aus den Gliedern des Bauwerks ergebende Einklang),
decor (das fehlerfreie Ausehen des Bauwerks) und
distributio (die angemessene Verteilung der Materialien und des Baugeländes, ebenso zweckmäßige Einteilung der Baukosten),

Genaueres bei [Kruft, S.24ff.].

Alberti übernimmt zwar die drei Kernbegriffe von Vitruv, unterscheidet sich von ihm ansonsten aber grundlegend in seiner ästhetischen Sicht. Im 5. Kapitel des 9. Buches von "De Re Aedificatoria", dem ´theoretischen Zentrum des Werkes´, vgl. [Kruft, S. 49ff.], stellt er die Begriffe pulchritudo (Schönheit) und ornamenta (Schmuck) in den Mittelpunkt seiner Betrachtung: "Nun komme ich dazu, das zu sagen, was ich versprochen: woraus nämlich jede Art von Schönheit und Schmuck besteht, oder, besser ausgedrückt, was aus jeder Art von Schönheit entspringe, eine allerdings schwierige Untersuchung. Denn was allein aus der gesamten Zahl der Glieder und seiner Natur zufolge zu schildern und und auszuwählen sei, oder was nach bestimmter und gleicher Weise in einzelne zu zerlegen oder zu behandeln sei, daß es mehreres in einem Ganzen und in einem Körper vereinige und in richtigem und beständigem Zusammenhange und Zusammenklange bleibe: etwas dem ganz Ähnliches ist es, was ich suche", zitiert nach [Kruft, S. 50]. Kruft kommentiert dann: "Alberti sieht die Relativität menschlichen Geschmacks gegenüber der Schönheit, versucht aber, sie mit neuplatonischen Vorstellungen auf einen festen Bezugspunkt zurückzuführen, auf eine ´gewisse innere angeborene Einsicht´. Angewendet auf die

Architektur heißt das: 'Es liegt nämlich in der Form und in der Gestalt der Gebäude tatsächlich eine Art ursprünglicher Erhabenheit und Vollendung, die unser Inneres erregt und sich sofort bemerkbar macht'"; vgl. [Kruft, S. 50].

Es gibt nach Alberti drei Kriterien der Schönheit: numerus (Zahl), finitio (Beziehung), collocatio (Anordnung); die Summe dieser Begriffe nennt er concinnitas, also das Ebenmaß; concinnitas ist für Alberti der ästhetische Schlüsselbegriff seiner Architekturtheorie. "'Concinnitas'nennt er dieses Gesetz, das 'die Bestimmung und Aufgabe hat, Teile, welche sonst von Natur untereinander verschieden sind, nach einem gewissen durchdachten Plane so anzuordnen, daß sie durch ihre Wechselwirkung einen schönen Anblick gewähren" (Atqui est quidem concinnitatis munus et paratio partes, quae alioquin inter se natura destinctae sunt, perfecta quadam ratione constituere, ita ut mutuo ad speciem correspondeant); vgl. [Naredi-Rainer, S. 22f.]. Dies in aller Kürze zur Ästhetik der Architekturwelt von Antike und Renaissance.

Die Gotik nahm ihren Anfang mit einem genialen Architekten, Spitzenpolitiker, Schriftsteller und einflußreichen Kirchenmann, dem Abt Suger. Er leitete den teilweisen Neubau der Abteikirche von Saint-Denis in Paris und setze damals seine für uns wichtige Bauintention über die heute längst verlorenen Bronzetüren der Westfassade. "Durch sie wurde der Besucher ermahnt, sich nicht mit der Bewunderung der Kostbarkeit und Pracht des Werkes zu begnügen, sondern den Geist durch dessen strahlende Helligkeit erleuchten zu lassen, so daß er zu 'dem wahren Licht' aufsteigen möchte, 'dessen Tor Christus ist'"; vgl. [Simson, S. 163]. W. Schäfke schreibt dazu: "Heute stellt sich bei dem Gedanken an den 'Himmel' ein weiter lichterfüllter Raum in unserer Vorstellung ein. ... Im Mittelalter dagegen war der Himmel das Himmlische Jerusalem, so wie es die Offenbarung des Johannes beschreibt..."; vgl. [Schäfke, S. 65]. Wir sehen also, daß sich die mittelalterliche Architekturauffassung grundlegend vom antiken Verständnis bzw. von der Sicht der Renaissance unterscheidet: Eine Kathedrale ist ein Mittel zur religiösen Erbauung, Vitruv und Alberti hingegen waren auf -

man würde heute sagen - klassische Ausgewogenheit, auf Ebenmaß und Harmonie bedacht.

Die dritte Stufe der Imagination verbindet also mit der architektonischen Form die Sensibilisierung für das kulturelle Umfeld, um etwa Harmonie zu erfahren oder bewußt die auf spezielle Wirkung bedachte Bauart und -kunst kennerhaft zu sehen.

> *Ich erachte die ästhetischen Lustgefühle, als Wirkung eben jenes 'Dings an sich', für transzendent, ewig und unerforschlich.*
> *Daniel-Henry Kahnweiler, der Galerist Picassos*
>
> *Die bloße Beschäftigung mit Meisterwerken genügt nicht. Zu viele Leute besuchen Museen und sammeln Bildbände, ohne den Zugang zur Kunst zu finden. Die angeborene Fähigkeit, etwas durch die Augen zu begreifen, ist eingeschläfert worden und muß erst wieder geweckt werden. Dies erreicht man am besten im Umgang mit Bleistiften, Pinseln, Meißeln und vielleicht mit Kameras.*
> *Rudolf Arnheim, Kunst und Sehen*
>
> *Die Kunst geht von Einsamen zu Einsamen in hohem Bogen über das Volk weg.*
> *R. M. Rilke, Florenzer Tagebuch*
>
> *We have to remember that the valuable intellectual development is self-development...*
> *A. N. Whitehead, The Aims of Education*

7.3 Sehen und Verstehen

Akzeptiert man die oben beschriebene stufenweise Imagination als Versuch einer Konkretierung des kulturhistorisch-ästhetischen Verstehensprozesses von Architektur, so muß man sich fragen, wie diese Stufen im Unterricht - vielleicht auch nur andeutungsweise - initiiert werden können, ob man erreichen kann, daß Schüler sehen und verstehen, wie die dezidierte Betrachtung der Form in den größeren Zusammenhang weist; kurz: zu untersuchen ist also, ob mathematische Imagination im Unterricht in kulturelle oder ästhetische münden kann. Wenn ich nun dieser Frage nachgehe, so bin ich mir darüber im klaren, daß Sensibilisierungsansätze für ästhetische Aspekte im Mathematikunterricht via virtueller Rekonstruktion vermutlich nur einige wenige Schüler einer Lerngruppe erreichen werden. Ich bin mir aber auch sicher, daß es Schüler gibt, die für solche Empfindungen offen sind.

Mathematische Beschreibung und im höheren Sinne dann Imagination verlangt zunächst eine sorgfältige Beobachtung des nachzumodellierenden Objektes. Sie fügt also zu Bleistift, Pinsel, Meißel und Kamera im Sinne von R. Arnheims grundlegendem Werk "Kunst und Sehen", vgl. [Arnheim], ein weiteres Werkzeug zum Nachbilden hinzu und begünstigt so einen Seh- und Verstehensprozeß, der zum einen auf elementare, zum anderen aber auch auf ästhetische Imagination weist. Dabei scheint insbesondere der schon angesprochene spielerische Aspekt durchaus geeignet, Schülern Sinn für das angemessene Zusammenpassen, also für Harmonie zu vermitteln, etwa so, daß in einem Grundriß die Form variiert und Parameter dynamisch abgewandelt werden, oder ein Bogen mit anderen Formen bzw. mathematischen Graphen nachmodelliert wird und die ästhetische Wirkung unterschiedlicher Krümmungen etc. nicht unbeachtet bleibt. Reizvoll in diesem Sinne ist aber sicher auch der Übergang vom Korbbogen zur Ellipse in Abschnitt 3.7: Der visuelle Eindruck bleibt, geändert hat sich das imaginierte mathematische Bild. Nimmt man etwa unsere Rekonstruktion von Castel del Monte als Fünfeck, so lernt man nicht nur Geometrie, man sieht auch, daß - wie schon angedeutet - die Lösung Friedrichs II. schöner, weil harmonischer ist; dies durchaus auch, wenn wir Albertis Renaissance-Kriterien auf das mittelalterliche Bauwerk anwenden.

Imaginationen kann ein Lehrer nicht erzwingen; im Sinne Whiteheads, vgl. [Whitehead, S. 1], oder - moderner ausgedrückt - im Sinne des neueren Konstruktivismus kann er nur Unterrichssituationen zu gestalten versuchen, die darauf abzielen, daß Schüler zu imaginieren beginnen. Dabei wird klar: Je anspruchsvoller das Thema, desto wichtiger diese Eigenkonstruktionen.

Zusammengefaßt: Dem Sehen könnte also Verstehen folgen; man versteht, indem man bewußt imaginiert.

Abschließend einige Bemerkungen:

1. N. McAdoo stellt in [McAdoo, S. 4ff.] ein Konzept vor, daß mit der von mir beschriebenen Imaginationsstufenfolge eng verwandt ist. Er unterscheidet zwischen primary and emergent feature:" The concept of a primary feature is used to denote all those obvious, measureable, everyday features of the work that anyone with normal powers of perception and intelligence can discern... By contrast, the concept of an emergent feature is used to denote the way in which the primary object may sometimes ´shape up´ into an emotionally charged whole or gestalt which is somehow more than the sum of its primary components"; vgl. [McAdoo, S. 5].

2. Auf durchaus andere Weise nähert sich P. King unserem Problem des Verstehens: Er übernimmt den Begriff des ästhetischen Abstandes aus der Psychologie und wendet ihn auf Fragen mathematischer Ästhetik an. Dabei wird klar, daß dieser Ansatz auch auf unsere Fragestellungen zu verlängeren wäre. Man lese etwa in [King, S. 194ff.] nach.

3. Nahezu alle architektonischen Formen dieser Arbeit sind symmetrisch im Sinne von mathematischen Symmetrieoperationen bzw. -gruppen. In Kapitel 5 etwa wird die Drehsymmetrie ausgenutzt, um die Funktionen f_i via Drehmatrix zu definieren. Vitruv, Alberti u. a. hingegen benutzen den Begriff der Symmetrie im ursprünglichen, griechischen Sinne, wonach Symmetrie das richtige Maß oder das angemessene Verhältnis bezeichnet und so dem Wesen des Schönen und Guten nahekommt. Nach griechischem Verständnis ist Maßloses häßlich; vgl. [Naredi-Rainer, S. 15]. H. Weyl schreibt dazu in seinem berühmten Buch: "Wenn ich nicht irre, wird das Wort ´Symmetrie´ in unserer Umgangssprache in zwei Bedeutungen gebraucht. In dem einen Sinn bedeutet symmetrisch etwas wie wohlproportioniert, ausgeglichen, und Symmetrie bezeichnet jene Konkordanz mehrerer Teile, durch welche

sie sich zu einem Ganzen zusammenschließen. ´Schönheit´ ist mit Symmetrie eng verknüpft.... Das Bild der Waage bietet einen natürlichen Übergang zu dem zweiten Sinn, in dem das Wort Symmetrie heutzutage gebraucht wird: ´bilaterale Symmetrie´, die Symmetrie von links und rechts..."; vgl. [Weyl, Einleitung].

Betrachtet man vor diesem Hintergrund noch einmal die Vorderfront des Palazzo Pisani-Moretta, Bild 7.2.1, so sieht und versteht man, daß in der Idee der Symmetrie tatsächlich beide Vorstellungen liegen, daß also Symmetrie eine ästhetische und eine mathematisch-präzisierte, operative Komponente hat; daß in unserer Auseinandersetzung mit Architektur die eine Komponente unserer zweiten Stufe der Imagination und die andere der dritten angehört; und daß es im Mathematikunterricht auch und insbesondere bezüglich der Symmetrie gilt, den Weg von der einen zur anderen zu beschreiten.

Es ist aber nun das Los eines Autors, der Kulturprobleme behandeln will, sich zuweilen auf manch ein Gebiet wagen zu müssen, das er nicht genügend beherrscht.
J. Huizinga, Homo Ludens

7.4 Zusammenfassung: Verstehen als Weg

Ich habe mich bemüht, mit der Idee der Imagination den Weg von der mathematischen Rekonstruktion zu einem ästhetischen Verstehen architektonischer Formen modellhaft griffig zu beschreiben. Wer Modelle solcher Art konstruiert, setzt sich - wie schon angedeutet - natürlich dem Vorwurf der Vereinfachung aus, und dieser Vorwurf ist auch nicht unberechtigt. Wenn jedoch der beschriebene Ansatz dazu anregt, sich bewußt mit dem schwierigen didaktischen Problem des ästhetischen Verstehens auch von mathematischer Warte aus zu befassen, dann wäre mein Ziel erreicht.

Abschließend zitiere ich einen kurzen Text, den E. R. Curtius neben anderen seinem Buch "Europäische Literatur und lateinisches Mittelalter" voranstellt; vgl. [Curtius]. In ihm beschreibt der romanische Philologe G. Gröber auf beeindruckende Weise und - wie ich meine - ohne Vereinfachung die Faszination, die im Prozeß des Verstehens liegt: "Absichtslose Wahrnehmung, unscheinbare Anfänge gehen dem zielbewußten Suchen, dem allseitigen Erfassen des Gegenstandes voraus. Im sprungweisen Durchmessen des Raumes hascht dann der Suchende nach dem Ziel. Mit einem Schema unfertiger Ansichten über ähnliche Gegenstände scheint er das Ganze erfassen zu können, ehe Natur und Teile gekannt sind. Der vorschnellen Meinung folgt die Einsicht des Irrtums, nur langsam der Entschluß, dem Gegenstand in kleinen und kleinsten Schritten nahe zu kommen, Teil und Teilchen zu beschauen und nicht zu ruhen,bis die Überzeugung gewonnen ist, daß sie nur so und nicht anders aufgefaßt werden dürfen."

If you can look into the seeds of time, and say which grain will grow an which will not, speak then to me...
Shakespeare, Macbeth

Schluß: Guarinis Treppe

Das Ziel der vorliegenden Arbeit lag darin, zu untersuchen, ob Beispiele aus der Architektur geeignet sind, Unterricht im Fach Mathematik reicher und beziehungshaltiger, umwelt- und vielleicht auch kulturbezogener zu gestalten.

Bild 8.1

Um dann zu belegen, daß architektonische Formen in der Tat ein umfassendes Anwendungsfeld für mathematisches Lernen darstellen, habe ich diesbezügliche Themensequenzen konzipiert. Dem liegt, wie schon gesagt, die Vorstellung zugrunde, daß Mathematikdidaktik im wesentlichen 'Arbeit am Kern' zu leisten hat, und dazu gehört, Designs für Unterricht zu entwerfen. Meine Vorschläge befassen sich einerseits mit der Rekonstruktion von architektonischen Formen und andererseits mit der spielerischen Abwandlung von schon Konstruiertem. Vollständigkeit im Bereich dessen, was im Unterricht möglich wäre, wurde nicht angestrebt, kann sinnvollerweise auch nicht angestrebt werden. Als Werkzeug wurde insbesondere auch moderne Software benutzt. Ob auf diese Weise dann auch eine Brücke zu ästhetischem Verstehen zu schlagen ist, muß offenbleiben.

Ich möchte diese Arbeit beenden, wie ich sie begann - mit einem Beispiel. Wer sich mit Vitruv und Alberti beschäftigt, darf den mathematischsten Kopf unter den Archtitekturtheoretikern, den Theatinerpater Guarino Guarini (1624-83), nicht vergessen. Er schuf wunderschöne Entwürfe, und einer seiner schönsten ist seine Treppe, vgl. Bild 8.1 aus [Guarini, Tafelband]. Wir betrachten ihre überzeugende, harmonische Linienführung und wollen verstehen, wie sie entsteht. Dazu stellen wir uns einen Punkt vor, der in der xy-Ebene auf einem Kreis um den Ursprung wandert und dabei parallel zur z-Achse steigt. Das programmieren wir geometrisch in 3D-Sicht. Die Parameterdarstellung, mit der wir dann auch eine Mathematica-Graphik plotten können, liegt nun auf der Hand. Und so haben wir ein weiteres Mal den Weg beschritten, den diese Arbeit oft ging, den Weg von Gotik und Graphik zu Mathematik.

Anhang: Mathematica-Notebooks

In vielen der folgenden Mathematica-Notebooks werden Graphiken so erzeugt, daß mehrere Bilder überlagert werden. Man wird in diesen Fällen zunächst die einzelnen Graphiken mit Plot-Befehlen errechnen, um sie auf dem Bildschirm zu sehen, und dann mit dem Show[...]-Befehl zusammensetzen. In dem folgenden, ersten Notebook ist der Vorgang ausführlich durchgeführt, in den weiteren stelle ich jeweils nur noch die Gesamtkonstruktion dar. Zur Benennung: Anhang 3.3-2 etwa ist der zweite Anhang zu Abschnitt 3.3 .

Anhang 3.3-1
```
**************************************************************
Approximation eines Brückenbogens
mit dem Fit-Befehl

Vereinfachte Eingabe der Daten:
Zuerst werden alle X Koordinaten,
dann alle y-Koordinaten eingegeben.
Nun wird transponiert. Das spart Klammern.
c:={{45,42,40,38,36,35,32,30,28,25,22,20,
    18,15,12,10,7,0,-5,-9,-10,-15,-20,-22,
    -25,-27,-30,-32,-35,-37,-40,-45},

   {40,37,33,30,26,25,21,19,16,14,11,9,8,
    5,3,2,1,0,0.5,1,1.5,4,7,9,11,13,16,19,
    23,25,30,37}}

b=Transpose[c]
{{45, 40}, {42, 37}, {40, 33}, {38, 30}, {36, 26},
 {35, 25}, {32, 21}, {30, 19}, {28, 16}, {25, 14},
 {22, 11}, {20, 9}, {18, 8}, {15, 5}, {12, 3},
 {10, 2}, {7, 1}, {0, 0}, {-5, 0.5}, {-9, 1},
 {-10, 1.5}, {-15, 4}, {-20, 7}, {-22, 9}, {-25, 11},
 {-27, 13}, {-30, 16}, {-32, 19}, {-35, 23},
  {-37, 25}, {-40, 30}, {-45, 37}}

bild1= ListPlot[b]
```

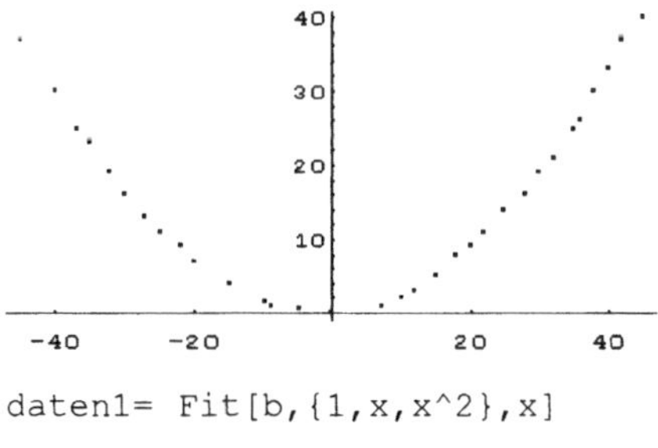


```
daten1= Fit[b,{1,x,x^2},x]
                                             2
0.148248 + 0.0405155 x + 0.0193492 x
 daten2= Fit[b,{x^2},x]
           2
0.0196382 x
bild2=Plot[daten1,{x,-45,45}]
```

```
Show[bild1,bild2]
```

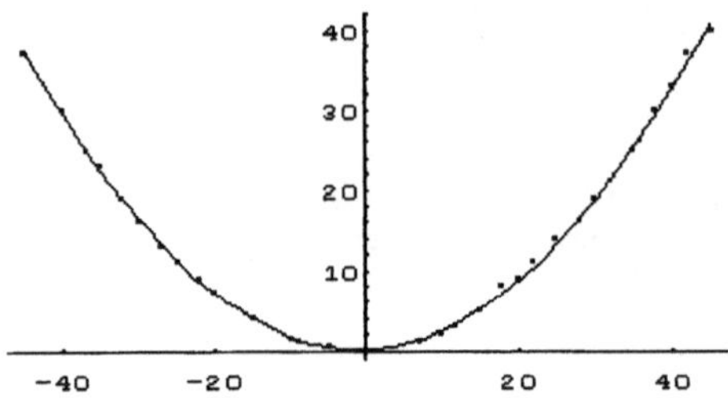


```
bild3=Plot[{daten2},{x,-45,45}]
```

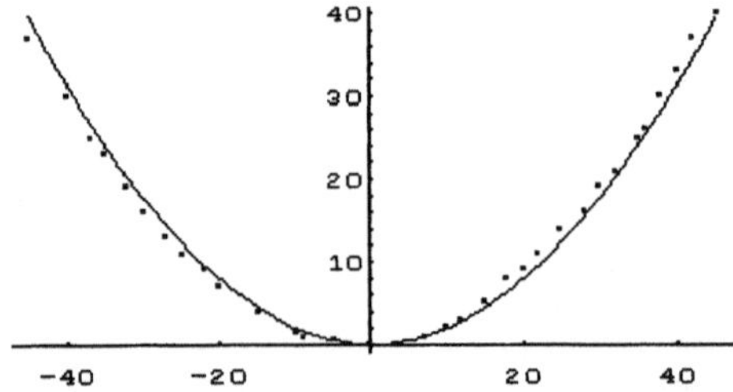

Anhang 3.3-2
****
****
Approximation des Alberti-Elements
mit dem Fit-befehl

Eingabe der x- und y-Koordinaten

```
m1={{0,1.5,3,4,5,6,7,8,9,10,11,
    12,13,14.5,15,16,18,19,21,
    22,24,26,27,28,30,31,32,35,
    38,40,42,45,47,48,49,50,51,53,54,56,

    -1,-2,-3,-4,-5,-6,-8,-9,-10,-13,-15,
    -18,-20,-24,-27,-30,-32,-34,-36,-40,
    -42,-45,-50,-55},

   {0,2.5,5,7.5,9.5,11,13,14.5,16,17.7,
    19.5,21.5,23.5,26,27,28,31,33.5,35,
    37,39,41,43.5,44.5,47,48,49,51.5,53.5,
    54.5,55.5,57,57.5,58,58.5,59,59,58.5,58,57.5,

    -2,-4.5,-6.5,-9,-10.5,-12.5,-15.5,-18.5,
    -20,-26,-29,-35.5,-39,-46,-50,-55,-59,
    -61.5,-64.5,-68.5,-71,-74,-79.5,-83.5}}
daten=Transpose[m1]
bild2= ListPlot[daten, AspectRatio->1]
-Graphics-
daten3=Fit[daten,{1,x,x^2,x^3},x]
```

$$-0.567671 + 1.88485\, x - 0.00400309\, x^2 - 0.000202246\, x^3$$

```
bild3=Plot[daten3,{x,-55,56},AspectRatio->1]
Show[bild2,bild3]
```

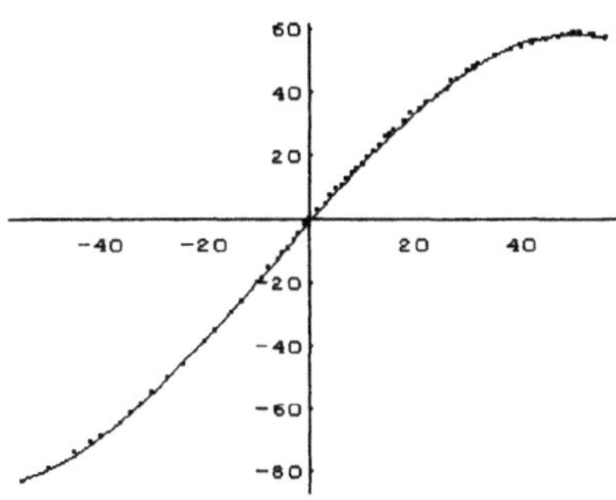


```
-Graphics-

                                         2                3
-0.567671 + 1.88485 x - 0.00400309 x  - 0.000202246 x
                                         2                3
-0.346464 + 1.95698 x - 0.00931625 x  - 0.000126678 x

Approximation mit Funktionen vom Typ a+b sin:
daten4=Fit[daten2,{1,Sin[Pi/100 x]},x]
                         Pi x
-3.82577 + 64.4547 Sin[----]
                         100
bild5=Plot[daten4,{x,-55,56}, AspectRatio->1]
Show[bild2,bild5]
```

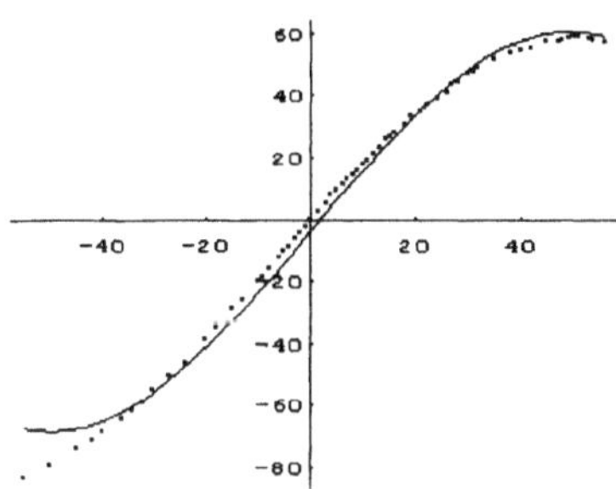


```
-Graphics-

Approximation mit Funktionen vom Typ a+b x+c sin:
 daten5=Fit[daten2,{1,x,Sin[Pi/100 x]},x]
                                          Pi x
-3.8399 + 0.176017 x + 56.9147 Sin[----]
                                          100
 bild6=Plot[daten5,{x,-55,56}, AspectRatio->1]
Show[bild2,bild6]
```

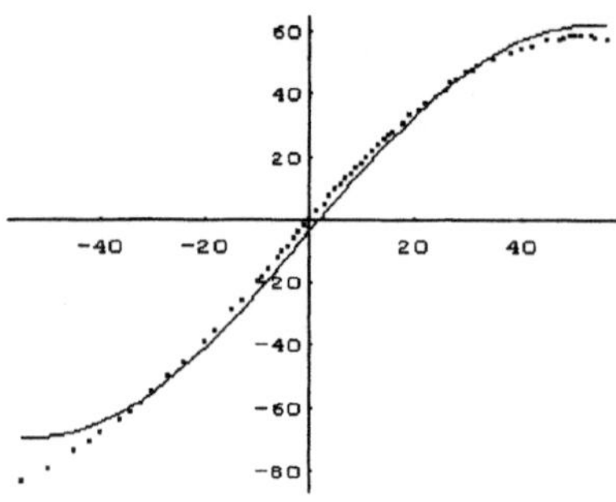

-Graphics-

Anhang 3.5-1
****
Konstruktion eines pseudogotischen Bogens
mit Parabeln

```
f[t_]:=-t (t-3)

g[t_]:=f[0]+3 t

Plot[{f[t],g[t]},{t,-0.5,3},
                      PlotRange->{-0.5,3},
                      AspectRatio->1]
```

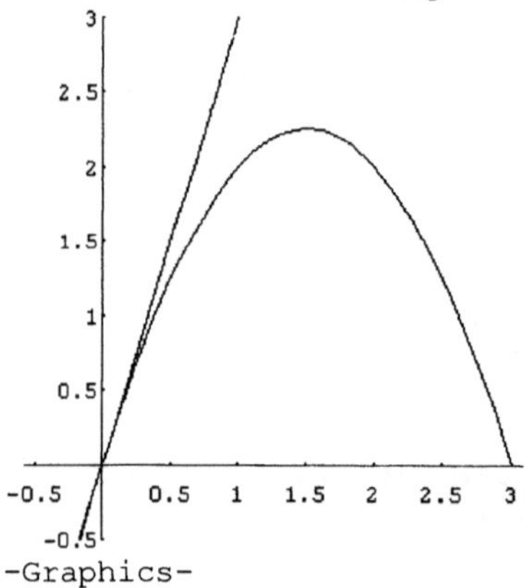

-Graphics-

```
drehung[alpha_]:={{Cos[alpha],-Sin[alpha]},
        {Sin[alpha],Cos[alpha]}}
gamma=N[ArcTan[3],4]
graph=drehung[Pi/2-gamma].{t,f[t]}
{0.948683 t + 0.316228 (-3 + t) t,

 0.316228 t - 0.948683 (-3 + t) t}
bild4=ParametricPlot[Evaluate[graph],
```

```
                          {t,-1,4},
                          PlotRange->{-1,3},
                          AspectRatio->1]
-Graphics-

tangente=drehung[Pi/2-gamma].{t,g[t]}
{0. t, 3.16228 t}
bild5=ParametricPlot[Evaluate[tangente],
                          {t,-1,4},
                          PlotRange->{-1,3},
                          AspectRatio->1]
 reflex:={{-1,0},{0,1}}
 graph1=reflex.drehung[Pi/2-gamma].{t,f[t]}+{1,0}
 tangente1=reflex.drehung[Pi/2-gamma].{t,g[t]}+{1,0}
{1 - 0.948683 t - 0.316228 (-3 + t) t,

 0.316228 t - 0.948683 (-3 + t) t}
{1 + 0. t, 3.16228 t}
 bild6=ParametricPlot[Evaluate[graph1],
                          {t,-1,4},
                          PlotRange->{-1,3},
                          AspectRatio->1]
 bild7=ParametricPlot[Evaluate[tangente1],
                          {t,-1,4},
                          PlotRange->{-1,3},
                          AspectRatio->1]
-Graphics-
-Graphics-
Show[bild4,bild5,bild6,bild7]
```



```
-Graphics-
```

Anhang 3.7-1
****

```
Konstruktion eines Korbbogens mit der
Korbbogen-Funktionen k,
die mit den Kreis-Termen f und g gebildet wird.
r1:=3
r2:=1
a:=1.5
alpha:=ArcCos[a/(r1-r2)]
```

```
N[alpha,6]
0.722734
f[x_]:=Sqrt[r1^2-x^2]
g[x_]:=(r1-r2) Sin[alpha]+Sqrt[r2^2-(x-a)^2]



k[x_]:=If[x<r1 Cos[alpha],f[x],g[x]]
bild1=Plot[k[x],{x,0,r2+a}, PlotRange->{1.3,3.5}]
-Graphics-
```

Einfügen einer Ellipse h

```
y1:=(r1-r2) Sin[alpha]

h[x_]:=(r1-y1) Sqrt[1-x^2/((a+r2)^2)]+y1
bild2=Plot[h[x],{x,0,a+r2},
                      PlotRange->{1.3,3.5},
                      AspectRatio->1]
-Graphics-
```

Vergleich von Korbbogen und Ellipse

```
Show[bild1,bild2]
-Graphics-
n:=30
1/n Sum[(h[x]-k[x])^2,{x,0,r2+a,(r2+a)/n}]
0.00288169

Clear[h1]

h1[x_]:= Sqrt[1-x^2/((a+r2)^2)]

Clear[differenz]
differenz[hoehe_]:=1/n Sum[(hoehe h1[x]+y1-k[x])^2,
                            {x,0,r2+a,(r2+a)/n}]
Plot[differenz[hoehe],{hoehe,1.1,1.8}]
```



```
-Graphics-
```

Erste Ableitung der Funktion Differenz bilden,
sie vereinfachen und Null setzen,
dann nach hoehe auflösen;
es liegt offensichtlich ein Minimum vor.

```
Solve[Simplify[D[differenz[hoehe],hoehe]]==0 ]
{{hoehe -> 1.63344}}
bild3=Plot[1.63344 h1[x]+y1,{x,0,a+r2},
                      PlotRange->{1.3,3.5},
                      AspectRatio->1]
-Graphics-
```

```
Show[bild1,bild2,bild3]
-Graphics-
```

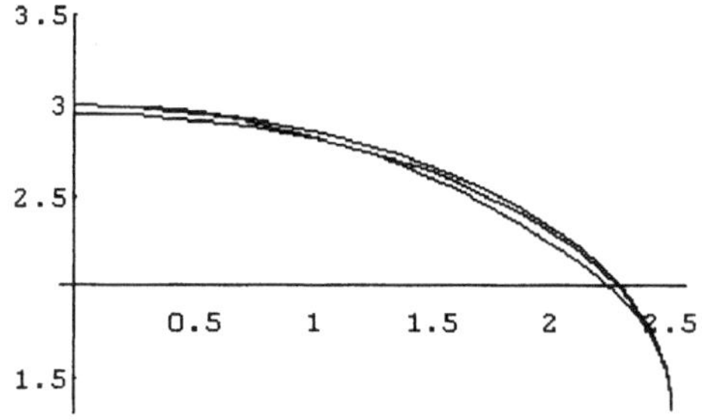

Anhang 3.8-1
```
***************************************************
Krümmung der Ellipse, Evolute der Ellipse
Krümmungsradius des Kreises
1. Krümmungsradius der Ellipse, Evolute:

Clear[a,b]
Clear[ro]
Clear[f]

a:=3
b:=2
f[x_]:=b Sqrt[1-x^2/a^2]
ro[x_]:= Evaluate[Sqrt[1+(D[f[x],x])^2]^3/
                                Abs[D[f[x],{x,2}]]]
Simplify[ro[x]]
              2
          4 x      3/2
(1 + ----------- )
                2
     81 - 9 x
------------------
           -6
 Abs[-----------]
             2 3/2
      (9 - x )
Plot[ro[x],{x,-2.999,2.99},
                           PlotRange->{0,5}]
```

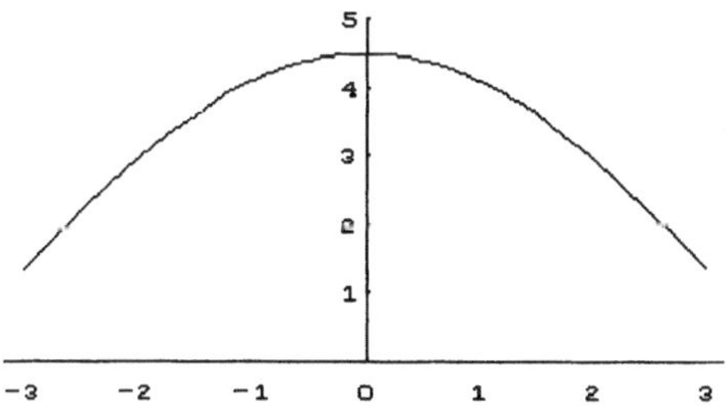

```
-Graphics-

Clear[xevolute,yevolute]
xevolute[x_]:=Evaluate[ x-D[f[x],x]
           (1+(D[f[x],x])^2)/D[f[x],{x,2}]]


yevolute[x_]:= Evaluate[f[x]+
           (1+(D[f[x],x])^2)/D[f[x],{x,2}]]
bild1=ParametricPlot[{xevolute[x],yevolute[x]},
                      {x,-2.999,2.999}]
-Graphics-
bild2=Plot[f[x],{x,-3,3}]
-Graphics-
Show[bild1,bild2]
```

```
-Graphics-
```

2. Krümmungsradius des Kreises:

```
Clear[f,ro]
f[x_]:=Sqrt[1-x^2]
ro[x_]:= Evaluate[Sqrt[1+(D[f[x],x])^2]^3/
                         Abs[D[f[x],{x,2}]]]
Simplify[ro[x]]
((1 - x^2)^(-1))^(3/2)/Abs[-(1 - x^2)^(-3/2)]
Plot[ro[x],{x,-0.999,0.999}]
```

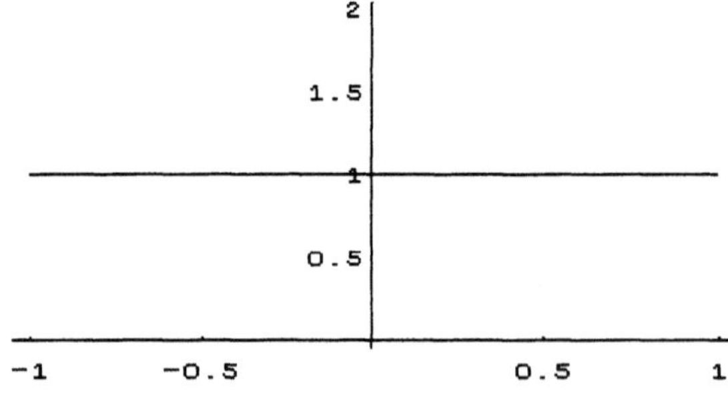


```
-Graphics-
```

Anhang 3.9-1

```
*********************************************************
Ein Diskretisierungsverfahren
zur Einführung der Klothoide
und
Tangenten an die Klothoide

Clear[a,deltas0,alpha,x,y]

alpha0:=0
deltas:=0.05
xo:=0
y0:=0
a:=2
Das Diskretisierungsverfahren
alpha[n_]:=alpha[n]=alpha[n-1]+n deltas^2/a^2
alpha[0]:=alpha0
x[n_]:=x[n]=x[n-1]+deltas Cos[alpha[n]]
x[0]:=0
y[n_]:=y[n]=y[n-1]+deltas Sin[alpha[n]]
y[0]:=0
bild1=ListPlot[Table[{x[n],y[n]},{n,0,300}],
                    PlotRange->{{0,3},{0,3}}];

Darstellung der Klothoide
zum Vergleich
bild2=ParametricPlot[
       {NIntegrate[a Pi^0.5 Cos[Pi/2 u^2],{u,0,t}],
       NIntegrate[a Pi^0.5 Sin[Pi/2 u^2],{u,0,t}]},
             {t,0,4}]
-Graphics-
Show[bild1,bild2]
```

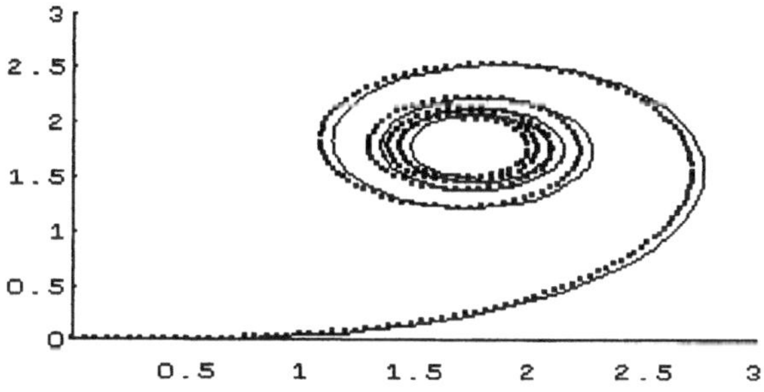

```
-Graphics-


bild2=ParametricPlot[
       {NIntegrate[a Pi^0.5 Cos[Pi/2 u^2],{u,0,t}],
       NIntegrate[a Pi^0.5 Sin[Pi/2 u^2],{u,0,t}]},
             {t,0,0.5}]
-Graphics-


Tangente an den Klothoidenbogen
in einem Punkt (x0;y0) bei bekanntem
Parameterwert t0:=0.5
```

```
x0=NIntegrate[a Pi^0.5 Cos[Pi/2 u^2],{u,0,0.5}]
1.74531
y0=NIntegrate[a Pi^0.5 Sin[Pi/2 u^2],{u,0,0.5}]
0.22947
bild3=Plot[Tan[Pi/8] (x-x0)+y0,{x,1,2}]
Show[bild2,bild3]
```

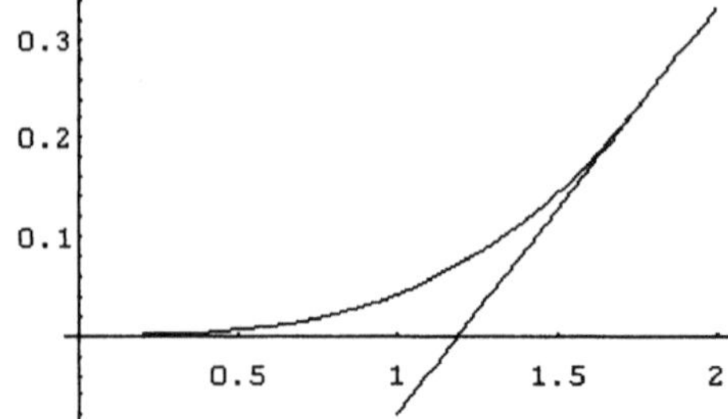


```
-Graphics-
```

Anhang 3.11-1

```
***********************************************************
Untersuchung einer Autobahnabfahrt
des Autobahnkreuzes Herne-Baukau

Eingabe der Daten, Transponieren liefert die
Wertemenge
c:={{0,10,15,20,30,35,40,45,50,55,60,65,70,
     71,72,73,74,75},
    {0,0.5,0.6,1,2,2.5,4,6,8,11,14,19,26,28,
     30,32,36,40}}
d=Transpose[c]
{{0, 0}, {10, 0.5}, {15, 0.6}, {20, 1}, {30, 2},

 {35, 2.5}, {40, 4}, {45, 6}, {50, 8}, {55, 11},

 {60, 14}, {65, 19}, {70, 26}, {71, 28}, {72, 30},

 {73, 32}, {74, 36}, {75, 40}}
bild1=ListPlot[d]
-Graphics-
a:=54
bild2=ParametricPlot[
       {NIntegrate[a Pi^0.5 Cos[Pi/2 u^2],{u,0,t}],
       NIntegrate[a Pi^0.5 Sin[Pi/2 u^2],{u,0,t}]},
             {t,0,1.1}]
-Graphics-
Show[bild1,bild2]
```

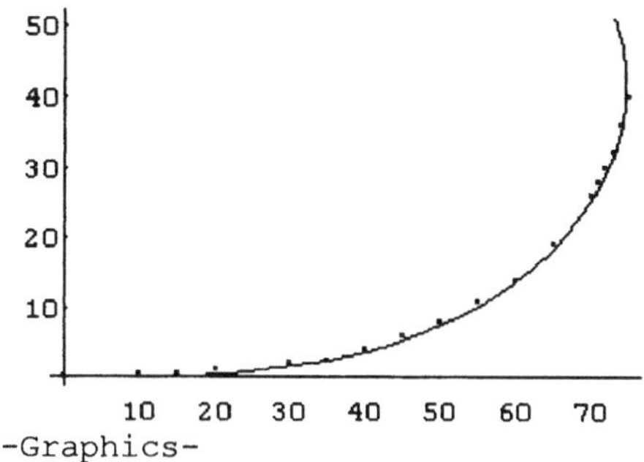

```
-Graphics-
```

Anhang 3.11-2

```
*************************************************************
Eine Tangente an eine Klothoide in
einem Punkt (x0,y0) anlegen,
Parameter t nicht bekannt
a:=2
x[t_]:=NIntegrate[a Pi^0.5 Cos[Pi/2 u^2],{u,0,t}]
y[t_]:=NIntegrate[a Pi^0.5 Sin[Pi/2 u^2],{u,0,t}]
bild1=ParametricPlot[{x[t],y[t]},
              {t,0,1.1}]
-Graphics-
Fehlermeldungen für NIntegrate ausschalten
Off[NIntegrate::nlim]
Off[NIntegrate::ploss]

Clear[wert]
Tangente in x0=2 anlegen,
Auflösung des nicht geschlossen darstellbaren
Integrals für die x-Koordinate nach der oberen
Grenze t
wert=FindRoot[
   NIntegrate[a Pi^0.5 Cos[Pi/2 u^2],{u,0,t}]==2,
                                             {t,0}]
{t -> 0.580204}
In die Steigung der Tangente t einsetzen
Clear[tangente,m]
m:=Evaluate[D[y[t],t]/D[x[t],t]]/.wert
tangente[x_]:= m (x-x[t])+y[t]/.wert
bild2=Plot[Evaluate[tangente[x],{x,1,3}]]
-Graphics-
Show[bild1,bild2]
-Graphics-
```

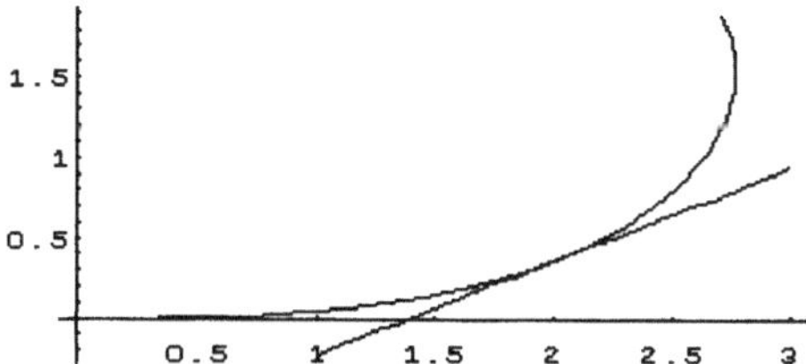

Anhang 4.3-1
****

Darstellung der Testfunktion f mit der
Transformation Lambda

```
f[x_]:=4-Abs[Tan[x]]
x0:=4
y0:=6
d:=5
Plot[f[x],{x,-6,6},
        PlotRange->{-5,5}];
```

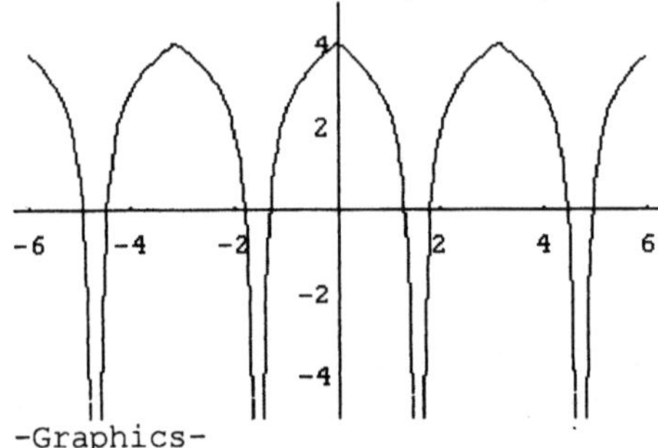

-Graphics-

```
q1[x_,y_]:=y0 d/(d+x0-x)
q2[x_,y_]:=d y/(d+x0-x)
ParametricPlot[
      {q1[x,f[x]],
       q2[x,f[x]]},
            {x,-10,6},
            PlotRange->{-4,5}];
```

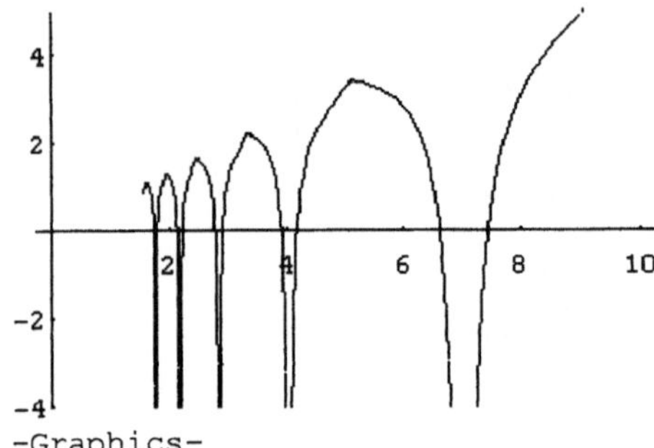

-Graphics-

Anhang4.8-1
****

Darstellung der Testfunktion f mit
Transformation Psi(alpha)

```
Clear[d,x0,xstrich,ystrich,alpha,f]
x0=4
d=5
```

```
alpha:=Pi/3

f[x_]:=4-Abs[Tan[x]]
xstrich[x_,y_]:=d x Cos[alpha]/((x0+d)-x Sin[alpha])
ystrich[x_,y_]:=d y/((x0+d)-x Sin[alpha])

ParametricPlot[
   {xstrich[x,f[x]],ystrich[x,f[x]]},
   {x,-5,5},PlotRange->{-5,5},
           AspectRatio->1]
```

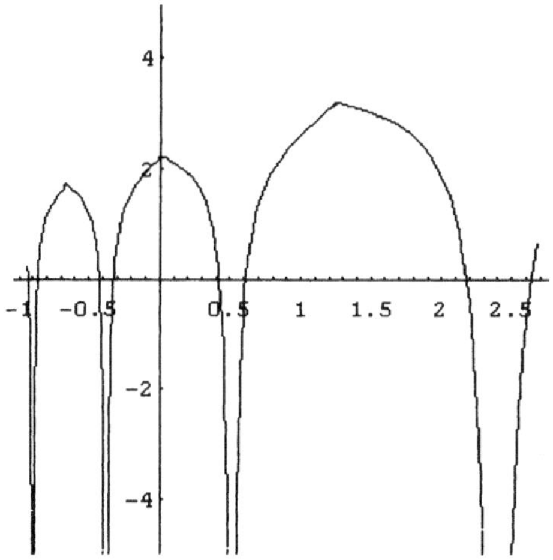

```
Anhang 4.8-2
****************************************************************
Transformation der Normalparabel
unter Psi(alpha)

Clear[d,x0,xstrich,ystrich,alpha,f,
      fbild, bildterm ]
x0:=4
d:=5
alpha:=Pi/6

f[x_]:=x^2
xstrich[x_,y_]:=d x Cos[alpha]/((x0+d)-x Sin[alpha])
ystrich[x_,y_]:=d y/((x0+d)-x Sin[alpha])
fbild[xstrich_]:=
   (d Cos[alpha]+xstrich Sin[alpha])/
   ((d+x0)Cos[alpha]) f[(xstrich (d+x0))/
                 (d Cos[alpha]+xstrich Sin[alpha])]
bildterm[alpha_]=Simplify[fbild[xstrich]]
(12*3^(1/2)*xstrich^2)/(5*3^(1/2) + xstrich)
```

```
Plot[bildterm[alpha],
      {xstrich,-d Cos[alpha]/Sin[alpha]-10,100}];
```

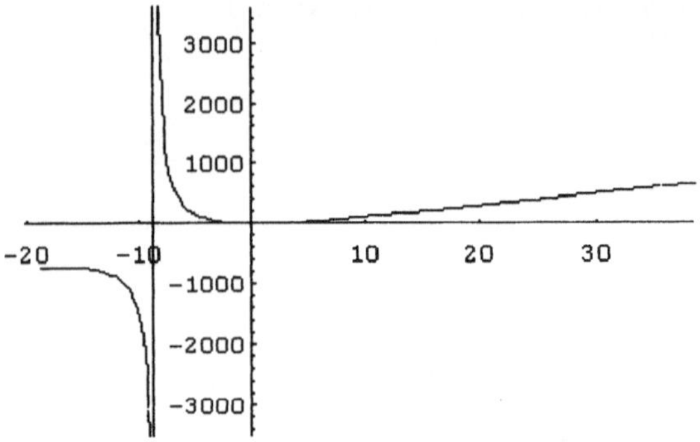

Anhang 4.8-3
****
Darstellung der sin-Funktion
unter Psi(alpha) als
Kurvenschar mit Parameter alpha

```
Clear[d,x0,xstrich,ystrich,alpha,f, fbild,
      bildterm ]
x0:=4
d:=5

f[x_]:=Sin[x]
xstrich[x_,y_]:=d x Cos[alpha]/((x0+d)-x Sin[alpha])
ystrich[x_,y_]:=d y/((x0+d)-x Sin[alpha])
fbild[xstrich_]:=
   (d Cos[alpha]+xstrich Sin[alpha])/
   ((d+x0)Cos[alpha]) f[(xstrich (d+x0))/
                    (d Cos[alpha]+xstrich Sin[alpha])]
bildterm=Simplify[fbild[xstrich]]
(Sec[alpha] (5 Cos[alpha] + xstrich Sin[alpha])

                    9 xstrich
   Sin[-------------------------------]) / 9
       5 Cos[alpha] + xstrich Sin[alpha]

bild1=Plot[Evaluate[Table[bildterm,
           {alpha,0,Pi/3,0.05}]],
               {xstrich,0.1,3 Pi},
                PlotRange->{-2,2}];
```

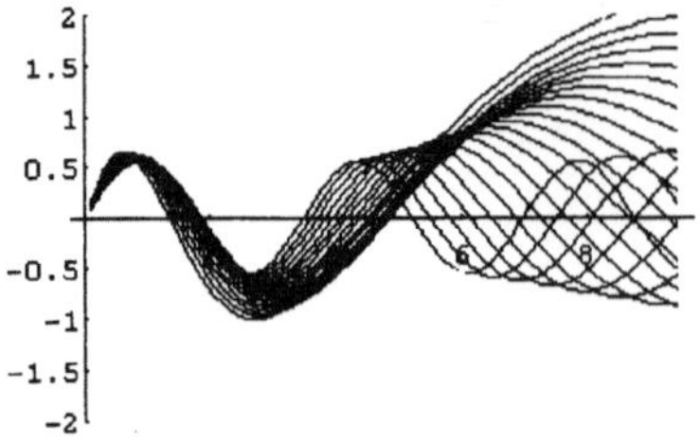

Anhang 5.1-1

```
*****************************************************
Konstruktion eines gotischen Kreuzgewölbes

Clear[got]
got[x_]:=If[x<0,Sqrt[r^2-(x-a)^2],
                Sqrt[r^2-(x+a)^2]]
r:=5
a:=3
Plot[got[x],{x,-(r-a),r-a}]
```

```
Clear[gew1]
gew1[x_,y_]:=got[x]
Plot3D[gew1[x,y],{x,-(r-a),r-a},
                 {y,-(r-a),(r-a)},
                     PlotPoints->30,
                     AspectRatio->1];
Clear[gew2]
gew2[x_,y_]:=got[y]
Plot3D[gew2[x,y],{x,-(r-a),r-a},
                 {y,-(r-a),r-a},
                     PlotPoints->30,
                     AspectRatio->1];

gew[x_,y_]:=Max[gew1[x,y],gew2[x,y]]
Plot3D[gew[x,y],{x,-(r-a),r-a},
                {y,-(r-a),(r-a)},
                    PlotPoints->30,
                    AspectRatio->1];
```

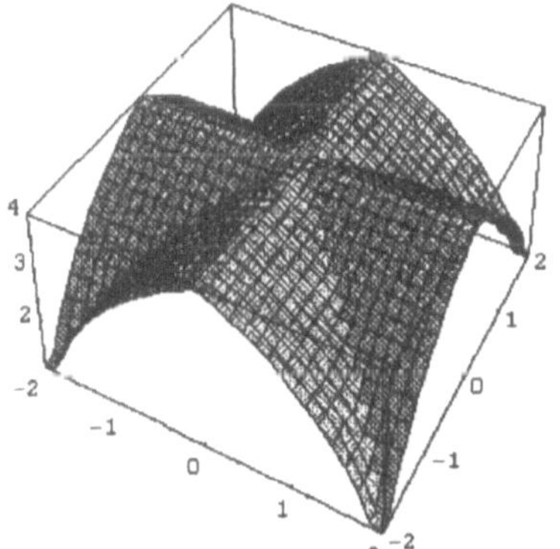

Anhang 5.2-1
****
Senkrechte Schnitte durch einen gotischen Gang

```
Clear[got]
got[x_]:=If[x<0,Sqrt[r^2-(x-a)^2],
              Sqrt[r^2-(x+a)^2]]
r:=5
a:=3

Clear[gew1]
gew1[x_,y_]:=got[x]
bild1= Plot3D[gew1[x,y],{x,-(r-a),r-a},
                 {y,-(r-a),(r-a)},
                     PlotPoints->30,
                     AspectRatio->1,
                     Shading->False,
                     ViewPoint->{1.344,-2.480,-1.869}];

bild2= ParametricPlot3D[
        {t Cos[Pi/4], t Sin[Pi/4],u},
             {t,-2 Sqrt[2],2 Sqrt[2]},{u,0,4},
              Shading->False]
Show[bild1,bild2]
```

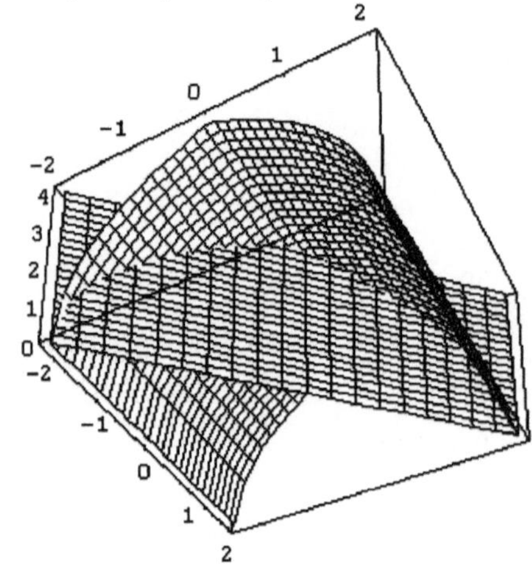


```
Plot[got[t Cos[Pi/4]],{t,-2 Sqrt[2],2 Sqrt[2]}]
```

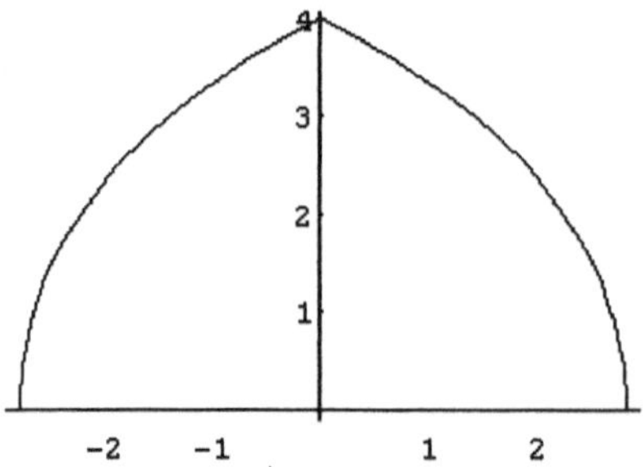

```
ParametricPlot3D[
        {t Cos[Pi/4], t Sin[Pi/4],got[t Cos[Pi/4]]},
             {t,-2 Sqrt[2],2 Sqrt[2]},
             PlotPoints->30]
```

Anhang 5.3-1

```
**************************************************************
Einfache Tangentialflächen
Clear[got]
got[x_]:=If[x<0,Sqrt[r^2-(x-a)^2],
                Sqrt[r^2-(x+a)^2]]
r:=5
a:=3
alpha:=Pi/6
bild1=Plot[got[x],{x,-(r-a),r-a}]

Clear[tangente]
tangente[x_]:=got[r Cos[alpha] a]
                1/Tan[alpha] (x-(r Cos[alpha]-a))
bild2=Plot[tangente[x],{x,0,r-a}]
Show[bild1,bild2]
```

```
Clear[gew1]
gew1[x_,y_]:=got[x]
tanflaeche[x_,y_]:=tangente[x]
bild3=Plot3D[gew1[x,y],{x,-(r-a),r-a},
                {y,-(r-a),(r-a)},
                    PlotPoints->30,
                    Shading->False];
bild4=Plot3D[tanflaeche[x,y],{x,0,r-a},
```

```
                    {y,-(r-a),(r-a)},
                        PlotPoints->30,
                        Shading->False];
Show[bild3,bild4]
```

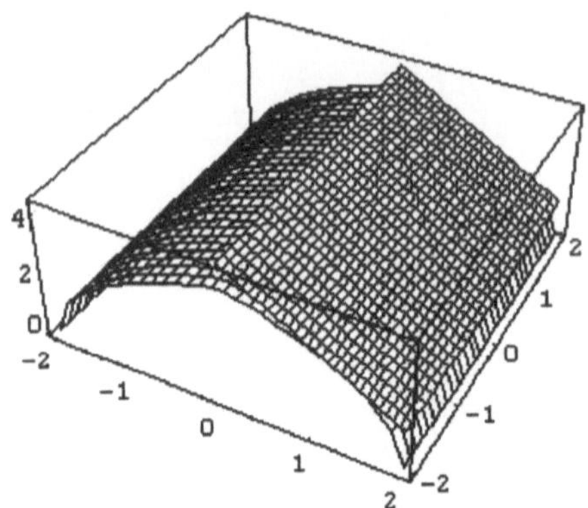

Anhang 5.4-1

```
*********************************************************
Ein Turmgewölbe

Clear[r,a,s,gamma]
r:=5
a:=3
s:=4
gamma:=Pi/4

Clear[got]
got[x_]:=If[x<0,Sqrt[r^2-(x-a)^2],
                Sqrt[r^2-(x+a)^2]]
Clear[gew1]
gew2[x_,y_]:=got[y]
Clear[f]
f[j_,x_,y_]:=
          If[
            ( x Cos[j gamma] + y Sin[j gamma]>=0&&
              x Cos[j gamma] + y Sin[j gamma]<=s)
            &&
            (-x Sin[j gamma] + y Cos[j gamma]>=-s/2&&
             -x Sin[j gamma] + y Cos[j gamma]<=s/2),

            gew2[x Cos[j gamma] + y Sin[j gamma],
                -x Sin[j gamma] + y Cos[j gamma]],
            0]



Plot3D[f[0,x,y],{x,-s,s},{y,-s,s},
                    PlotPoints->30]

Plot3D[Evaluate[f[1,x,y]],{x,-s,s},{y,-s,s},
                    PlotPoints->30];
```

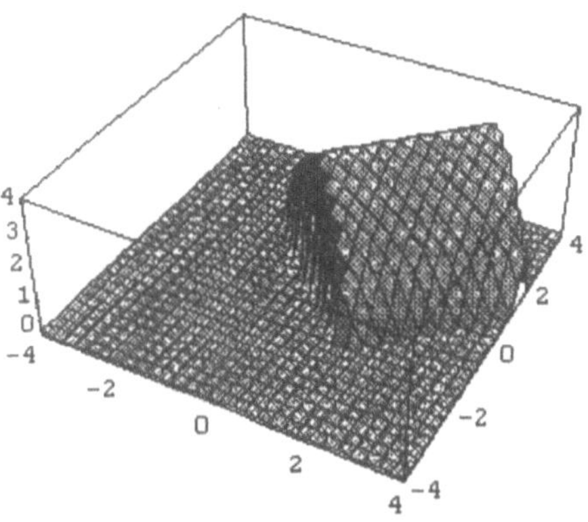

```
Plot3D[Evaluate[Max[
                 f[0,x,y],f[1,x,y],f[2,x,y],
                 f[3,x,y],f[4,x,y],f[5,x,y],
                 f[6,x,y],f[7,x,y]
                  ]],
                     {x,-s,s},{y,-s,s},
                      PlotPoints->30];
```

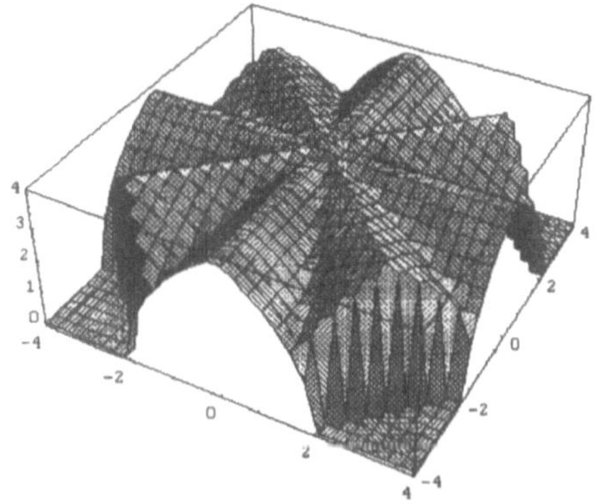

Anhang 5.5-1
****

Konstruktion eines überhöhten Kreuzgewölbes

```
Clear[got]
got[x_]:=If[x<0,Sqrt[r^2-(x-a)^2],
                Sqrt[r^2-(x+a)^2]]
r:=5
a:=3
h:=8  (*Scheitelhöhe*)

Clear[gew1]
gew1[x_,y_]:=got[x] Sqrt[h-y^2]
Plot3D[gew1[x,y],{x,-(r-a),r-a},
                 {y,-(r-a),(r-a)},
                     PlotPoints->30,
                     AspectRatio->1,
                     ViewPoint->{1.544,-2.851,0.970}];
```

```
Clear[gew2]
gew2[x_,y_]:=got[y] Sqrt[h-x^2]
Plot3D[gew2[x,y],{x,-(r-a),r-a},
                  {y,-(r-a),r-a},
                      PlotPoints->30,
                      AspectRatio->1];
gew[x_,y_]:=Max[gew1[x,y],gew2[x,y]]
Plot3D[gew[x,y],{x,-(r-a),r-a},
                  {y,-(r-a),(r-a)},
                      PlotPoints->30,
                      AspectRatio->1.5,
                      ViewPoint->{1.508,-2.783,1.196}];
```

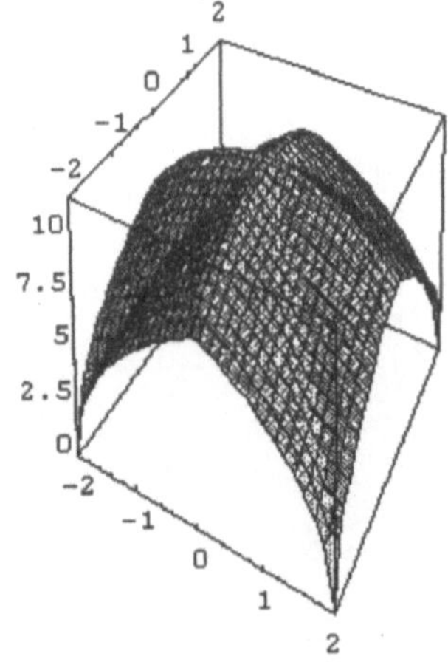


```
Anhang 5.6-1
*******************************************************
Der hohe Chor von Altenberg

Clear[r,a,s,l,k,h, gamma]
r:=5
a:=3
s:=4
l:=s Cos[Pi/6]
k:=s Sin[Pi/6]
h:=20
gamma:=Pi/6

Clear[got]
got[x_]:=If[x<0,Sqrt[r^2-(x-a)^2],
                Sqrt[r^2-(x+a)^2]]
Clear[gew2]
gew2[x_,y_]:=got[y] Sqrt[h-x^2]
Clear[f]
f[j_,x_,y_]:=
          If[
            ( x Cos[j gamma] + y Sin[j gamma]>=0&&
              x Cos[j gamma] + y Sin[j gamma]<=l)
            &&
            (-x Sin[j gamma] + y Cos[j gamma]>=-k&&
             -x Sin[j gamma] + y Cos[j gamma]<=k)
            &&
             x^2+y^2<=(0.95 l)^2,
```

```
 gew2[x Cos[j gamma] + y Sin[j gamma],
              -x Sin[j gamma] + y Cos[j gamma]],
          0]

Plot3D[Evaluate[Max[
                f[0,x,y],f[1,x,y],f[2,x,y],
                f[3,x,y],f[4,x,y],f[5,x,y],
                f[6,x,y]
                 ]],
                {x,-1,1},{y,-0.5 k,1},
                PlotPoints->70,
                BoxRatios->{1,1,1.5},
                Shading->False,
                ViewPoint->{1.707,2.555,1.417}];
```

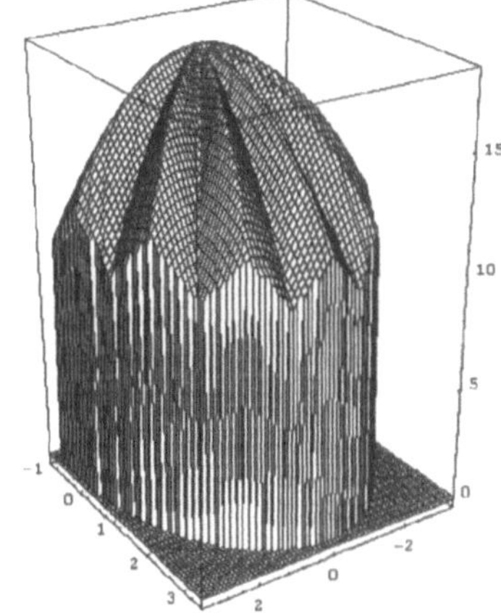

Anhang 5.6-2
****

Rippenmodell des Altenberger Hauptchores

```
Clear[r,a,s,l,k,h, gamma]
r:=5
a:=3
s:=4
l:=s Cos[Pi/6]
k:=s Sin[Pi/6]
h:=20
gamma:=Pi/6

Clear[got]
got[x_]:=If[x<0,Sqrt[r^2-(x-a)^2],
                Sqrt[r^2-(x+a)^2]]
Clear[gew2]
gew2[x_,y_]:=got[y] Sqrt[h-x^2]
Clear[f]
f[j_,x_,y_]:=
         If[
           ( x Cos[j gamma] + y Sin[j gamma]>=0&&
             x Cos[j gamma] + y Sin[j gamma]<=1)
           &&
           (-x Sin[j gamma] + y Cos[j gamma]>=-k&&
            -x Sin[j gamma] + y Cos[j gamma]<=k)
           &&
            x^2+y^2<=(0.95 l)^2,
```

```
          gew2[x Cos[j gamma] + y Sin[j gamma],
               -x Sin[j gamma] + y Cos[j gamma]],
          0]
```

```
ParametricPlot3D[
   Evaluate[
      Table[
        {rho Cos[j gamma/2],
         rho Sin[j gamma/2],
             f[Floor[j/2]+1,
               rho Cos[j gamma/2],
               rho Sin[j gamma/2]]},
        {j,-1,13}]],
      {rho,0,s},
                         BoxRatios->{1,1,1.5},
                         Boxed->False,
                         Axes->False,
                         ViewPoint->{2.516,1.920,1.196}];
```

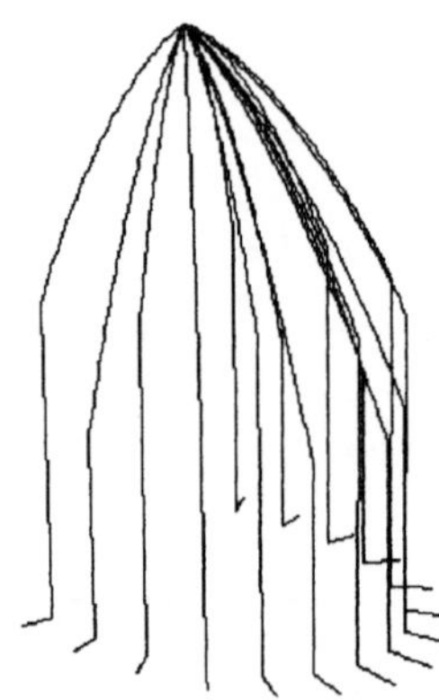

Anhang 5.7-1
****
Konstruktion von Tangentialflächen

```
Clear[got]
got[x_]:=If[x<0,Sqrt[r^2-(x-a)^2],
                Sqrt[r^2-(x+a)^2]]
r:=5
a:=3
h:=8  (*Scheitelhöhe*)

Clear[gew1]
gew1[x_,y_]:=got[x] Sqrt[h-y^2]
bild1=Plot3D[gew1[x,y],{x,-(r-a),r-a},
                       {y,-(r-a),(r-a)},
                       PlotPoints->30,
                       AspectRatio->1,
                       Shading->False,
                       AxesLabel->{x,y,z},
                       ViewPoint->{1.544,-2.851,0.970}];
```

```
bild2=ParametricPlot3D[
                  {{1,t,u},{t,1,u}},
                  {t,-2,2},{u,0,12},
                     PlotPoints->30,
                     AspectRatio->1,
                     AxesLabel->{x,y,z},
                     ViewPoint->{1.544,-2.851,0.970}];
```

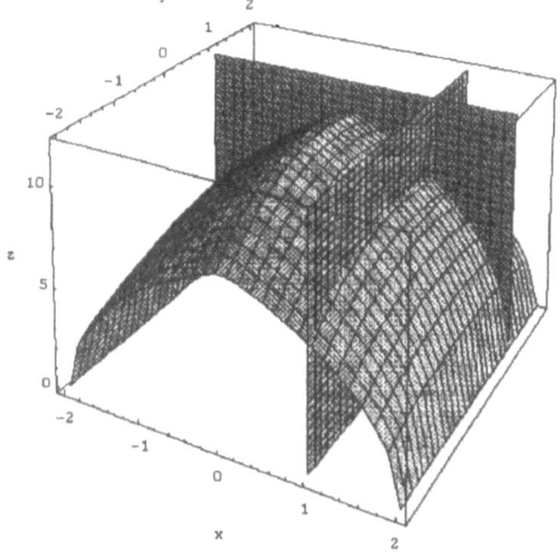


```
Clear[tangente1]
tangente1[1,t]:=
  gew1[1,1]- (t-1) got[1] 1/Sqrt[h-1]
Clear[tangente2]
tangente2[t,1]:=
  gew1[1,1]-(t-1) (1+a) 1/Sqrt[r^2-(1+a)^2] Sqrt[h-1]


bild3=ParametricPlot3D[Evaluate[
      {{1,t,gew1[1,t]},{t,1,gew1[t,1]},
       {1,t,tangente1[1,t]},{t,1,tangente2[t,1]}}],
                     {t,0,2},
                     PlotPoints->30,
                     AspectRatio->1,
                     AxesLabel->{x,y,z},
                  ViewPoint->{2.460,-1.182,2.000}];
```

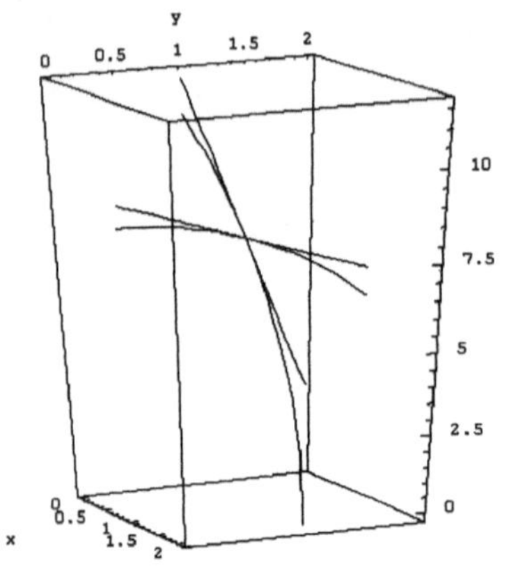


```
Clear[tanflaeche]
tanflaeche[s,t]:=
   gew1[1,1]
         -(t-1) got[1] 1/Sqrt[h-1]
         -(s-1) (1+a) 1/Sqrt[r^2-(1+a)^2] Sqrt[h-1]
bild5=Plot3D[Evaluate[tanflaeche[s,t]],
                        {s,-(r-a),r-a},
                        {t,-(r-a),r-a},
                        PlotPoints->10,
                        Shading->False,
                        AspectRatio->1,
                        AxesLabel->{x,y,z}
                        ];

Show[bild1,bild5];
```

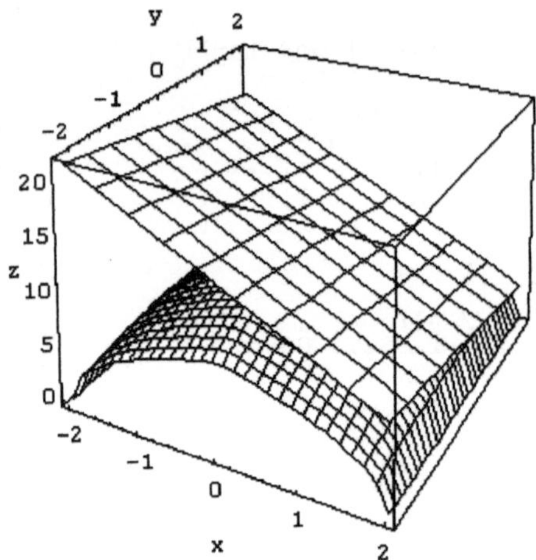

Anhang5.8-1

```
******************************************************************
Tangentialflächen

r:=5
a:=3
h:=8
Clear[f,e]

e[x_,y_]:=Sqrt[r^2-(1+a)^2] Sqrt[h-1]
           -(x-1) (1+a) Sqrt[h-1]/Sqrt[r^2-(1+a)^2]
           -(y-1) Sqrt[r^2-(1+a)^2]/Sqrt[h-1]

f[x_,y_]:=Sqrt[r^2-(x+a)^2] Sqrt[h-y^2]
Clear[fehler]
fehler[x_,y_]:=(f[x,y]-e[x,y])/Sqrt[(x-1)^2+(y-1)^2]
Simplify[fehler[x,y]]

(-100/(3*7^(1/2)) + (4*7^(1/2)*x)/3 +
    (3*y)/7^(1/2) + (16 - 6*x - x^2)^(1/2)*
     (8 - y^2)^(1/2))/
  (2 - 2*x + x^2 - 2*y + y^2)^(1/2)


Plot3D[Evaluate[
    (-(7^(1/2)*(-16 + r^2)^(1/2)) +
    (4*7^(1/2)*(-1 + x))/(-16 + r^2)^(1/2) +
    ((-16 + r^2)^(1/2)*(-1 + y))/7^(1/2) +
    (r^2 - (3 + x)^2)^(1/2)*(8 - y^2)^(1/2))/
    (2 - 2*x + x^2 - 2*y + y^2)^(1/2)
                ],
          {x,0.99,1.01},{y,0.99,1.01},
          PlotPoints->30,
          BoxRatios->{1,1,0.7}];
```

Anhang 5.9-1
```
******************************************************************
```
Die Erkundung einer Fläche

```
Clear[f]
f[x_,y_]:=If[x^2+y^2>0,x y/(x^2+y^2),0]
bild1=Plot3D[f[x,y],
            {x,-0.001,0.001},{y,-0.001,0.001},
             PlotPoints->30,
             Ticks->None,
             Shading->False,
             ViewPoint->{2.240,-2.423,0.751}];

bild2=Plot3D[0,
            {x,-0.001,0.001},{y,-0.001,0.001},
             PlotPoints->10,
             Ticks->None,
             Shading->False,
             ViewPoint->{2.240,-2.423,0.751}];

Show[bild1,bild2];
```

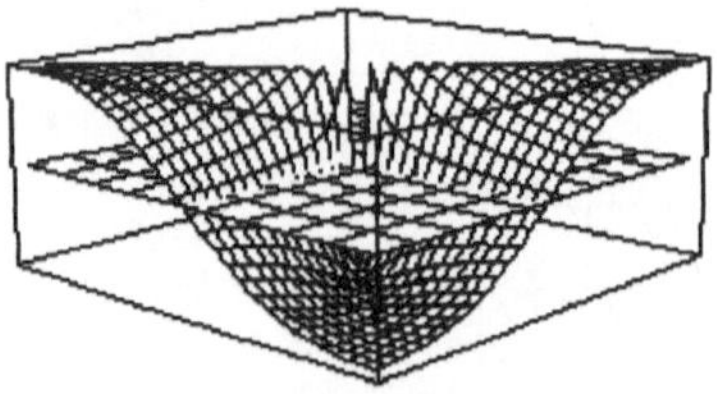

```
Plot3D[f[x,y],{x,-0.001,0.001},{y,-0.001,0.001},
                 PlotPoints->30,
                 Shading->False,
                 Ticks->None,
                 ViewPoint->{2.321,2.047,-1.368}];
```

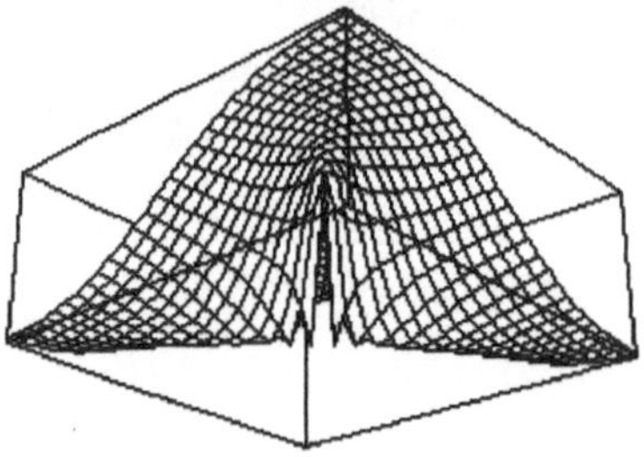

Anhang 5.9-2
```
******************************************************************
```
Partielle Ableitungen von f

```
bild1=Plot3D[y (y^2-x^2)/((x^2+y^2)^2),
                   {x,-0.1,0.1},{y,-0.1,0.1},
                   ClipFill->None,
                   Ticks->None,
                   Shading->False,
                   BoxRatios->{1,1,1.5},
                   PlotRange->{-100,100},
```

```
                    ViewPoint->{2.389,-2.008,1.307},
                    PlotPoints->40];

bild2=ParametricPlot3D[{x,0,z},
                   {x,-0.1,0.1},{z,-100,100},
                    Shading->False,
                    Ticks->None,
                    BoxRatios->{1,1,2},
                    PlotRange->{-50,50},
                    ViewPoint->{2.389,-2.008,1.307},
                    PlotPoints->10];
```

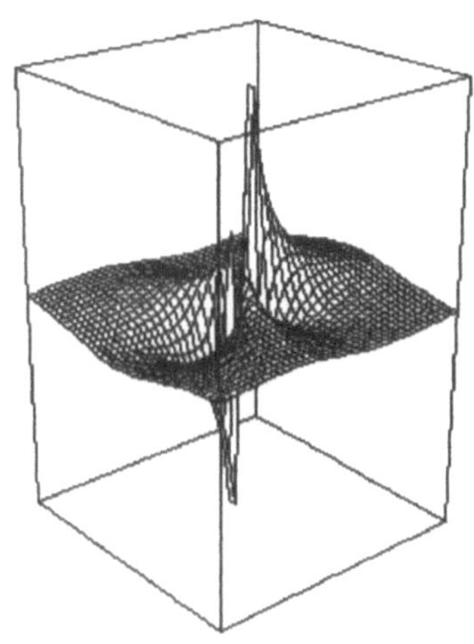

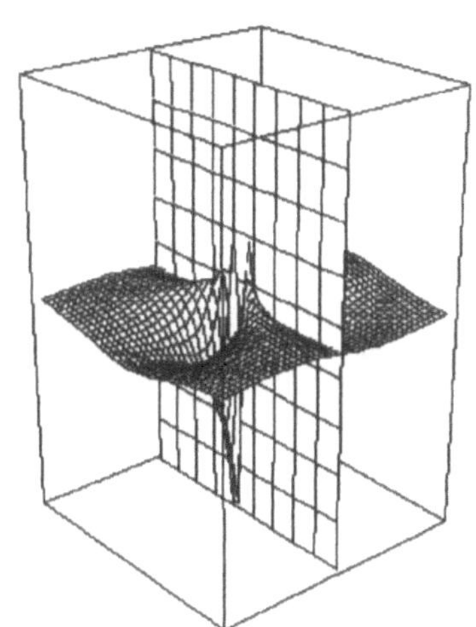

Anhang 5.10-1

```
*****************************************************************
Schnitte von Flächen
Clear[f,g]
f[x_,y_]:=2 x y
g[x_,y_]:=x^2+0.5 y

bild1=Plot3D[f[x,y],{x,-10,10},{y,-20,20},
                          BoxRatios->{1,1,1.2}]
-SurfaceGraphics-
bild2=Plot3D[g[x,y],{x,-10,10},{y,-20,20},
                      BoxRatios->{1,1,1.2}];
Show[bild1,bild2,ViewPoint->{0.702,-2.827,1.722}];


Needs["Graphics`ImplicitPlot`"]
ImplicitPlot[f[x,y]==g[x,y],{y,-3,3},
                       AxesLabel->{x,y}]
```

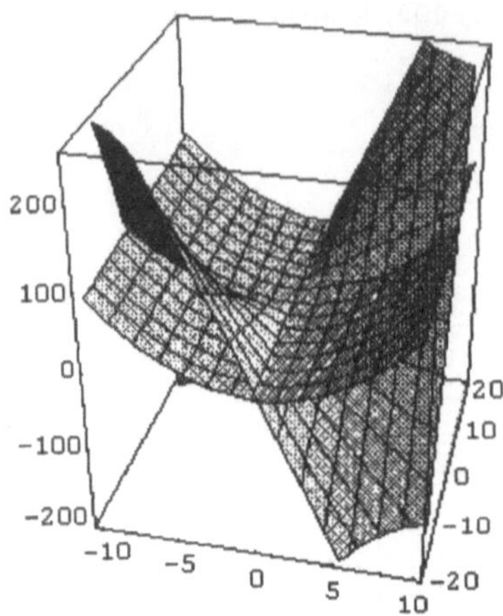

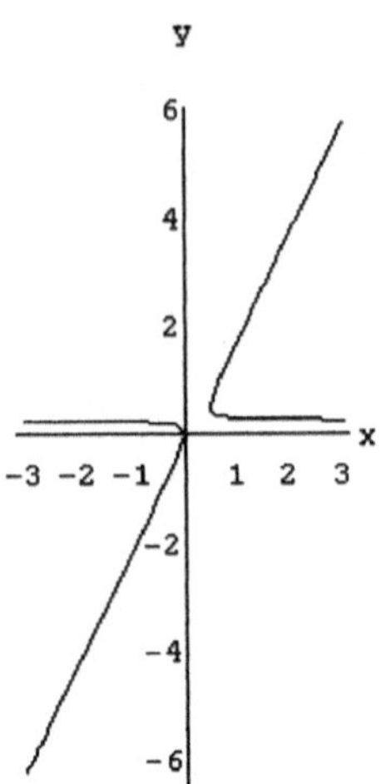

Anhang 5.10-2

```
************************************************************
Schnittflächen markieren
Clear[f,g]
f[x_,y_]:=2 x y
g[x_,y_]:=x^2+0.5 y

bild1=Plot3D[f[x,y],{x,-1,1},{y,-2,2},
                         BoxRatios->{1,1,1.2}]
bild2=Plot3D[g[x,y],{x,-1,1},{y,-2,2},
                     PlotRange->{{-1,1},{-2,2},{-4,4}},
                     BoxRatios->{1,1,1.2}];
Show[bild1,bild2,ViewPoint->{0.702,-2.827,1.722}];
bild3=ParametricPlot3D[

   {x,x^2/(-0.5+2 x), z},
   {x,-1,0.23},{z,-1,1},
    PlotPoints->15,
    PlotRange->{{-1,1},{-2,2},{-4,4}},
    BoxRatios->{1,1,1.2}];

Show[bild1,bild2,bild3,
     Shading->False,
     ViewPoint->{0.927,-2.930,1.417}];
```

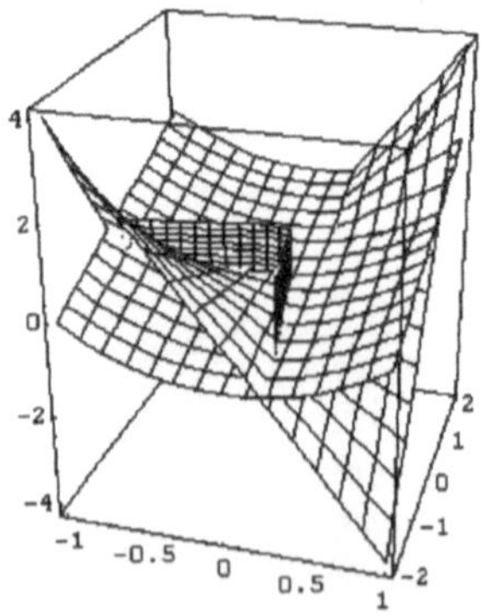

Anhang 5.10-3

```
*****************************************************************
Schnitte von Flächen
Clear[f,g]
f[x_,y_]:=4 x y
g[x_,y_]:=x^3+0.5 y

bild1=Plot3D[f[x,y],{x,-10,10},{y,-20,20},
                         BoxRatios->{1,1,1.2}]
bild2=Plot3D[g[x,y],{x,-10,10},{y,-20,20},
                     BoxRatios->{1,1,1.2}];
Show[bild1,bild2,ViewPoint->{0.702,-2.827,1.722}];
```

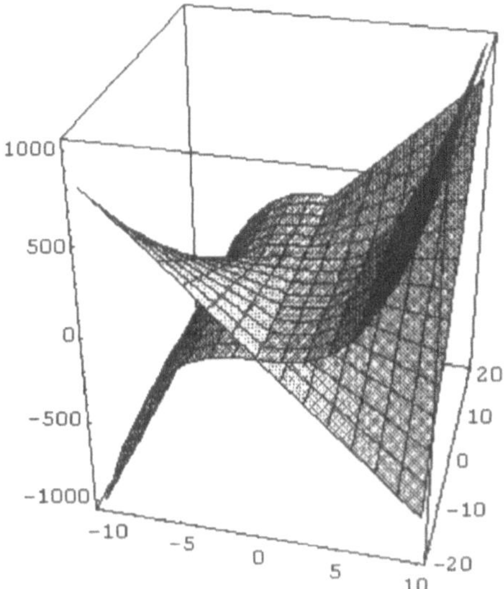


```
Needs["Graphics`ImplicitPlot`"]

Remove[ImplicitPlot]
ImplicitPlot[f[x,y]==g[x,y],{y,-0.4,0.4},
                            PlotRange->{-0.4,0.4},
                            AxesLabel->{x,y}]
```

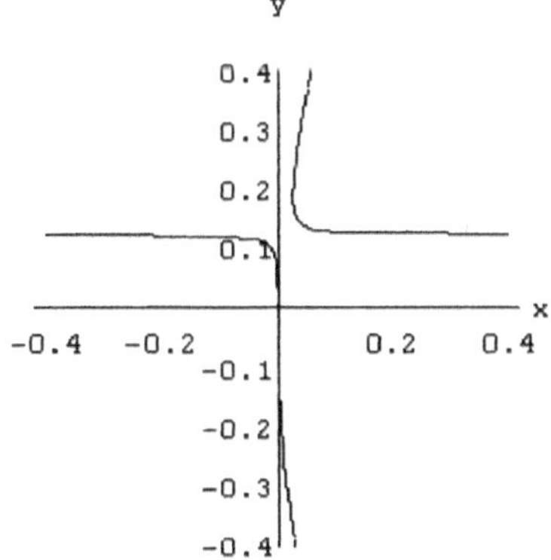

Anhang 5.10-4

****

Schnitte von Flächen

```
Clear[f,g]
f[x_,y_]:=100/(x^2+y^2)
g[x_,y_]:=0.1 (1-2.5x-0.5 y)+5

bild1=Plot3D[f[x,y],{x,-20,20},{y,-20,20},
                            BoxRatios->{1,1,1.2}]


bild2=Plot3D[g[x,y],{x,-20,20},{y,-20,20},
                            BoxRatios->{1,1,1.2}]
Show[bild1,bild2,ViewPoint->{0.702,-2.827,1.722}];
```

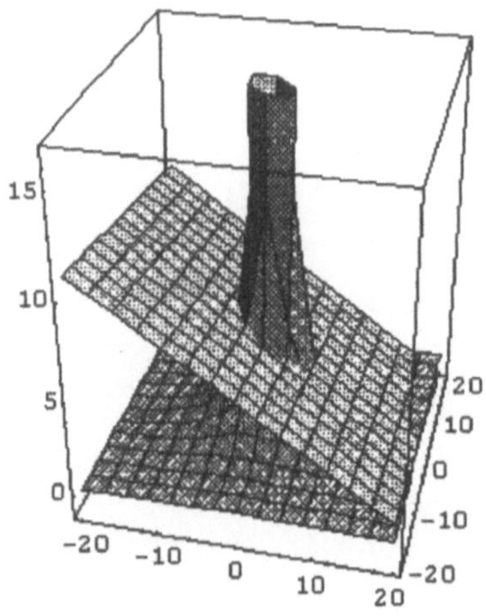


```
Needs["Graphics`ImplicitPlot`"]

Remove[ImplicitPlot]
ImplicitPlot[f[x,y]==g[x,y],{x,-20,20},{y,-20,20},
                            PlotPoints->30,
                            AxesLabel->{x,y}];
```

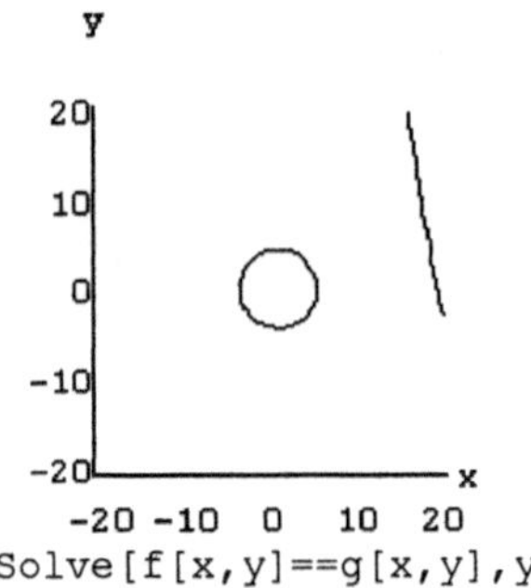


```
Solve[f[x,y]==g[x,y],y]
```

Es entstehen drei sehr komplizierte Terme in der Form
{y->...},
die im folgenden als Terme h, k und j aufgeführt sind.

```
Clear[h,k,j]
Clear[h,k,j]
```

```
h[x_]:=y/.{y -> -0.3333333333333333*(-102. + 5.*x) -
     (0.419973683298291*
        (-10404. + 1020.*x - 22.*x^2))/
      (9.*x^2*(-102. + 5.*x) -
         2.*(-102. + 5.*x)^3 -
         27.*(2000. - 102.*x^2 + 5.*x^3) +
         (4.*(-10404. + 1020.*x - 22.*x^2)^3 +
            (9.*x^2*(-102. + 5.*x) -
               2.*(-102. + 5.*x)^3 -
               27.*(2000. - 102.*x^2 + 5.*x^3))^2)^
          (1/2))^(1/3) + ...

j[x_]:=y/.{y -> -0.3333333333333333*(-102. + 5.*x) +...


k[x_]:=y/.{y -> -0.3333333333333333*(-102. + 5.*x) +...

Plot[Evaluate[{h[x],j[x],k[x]}],{x,-20,20},
                          AspectRatio->1]
```

Literatur

Arnheim, R., Kunst und Sehen, de Gruyter, Berlin, 1978

Artmann, B., The Cloisters of Hauterive, The Mathematical Intelligencer, Vol. 13, No. 2, 1991

Arzt, K., Köhnlein, N., Mathematische Reifeprüfungsaufgaben III, Klett, Stuttgart, 1977

Arzt, K., Köhnlein, J. Stark, Leistungskurs Mathematik-Abitur 1987 - 1992, Klett, Stuttgart, 1992

Bauer, L., Mathematische Fähigkeiten, UTB Schöningh, Paderborn 1978

Bauer, L., Interesse als mathematikdidaktische Kategorie, JMD 10, 1989, Heft 2

Becker, G., Hennig, J., u. a., Neue Beispiele zum anwendungsorientierten Mathematikunterricht, Band 2, Verlag Julius Klinkhardt, Bad Heilbrunn/OBB., 1983

Beutelspacher, A., Petri, B., Der Goldene Schnitt, 1989

Blankenagel, J., Numerische Mathematik im Rahmen der Schulmathematik, BI, Mannheim, 1985

Blum, Werner, Anwendungsorientierter Mathematikunterricht in der didaktischen Diskussion, Math. Semesterberichte, Band XXXII, 1985

van Briel,W., Neveling, R., Riemer, W. Leistungskurs Analysis, BSV, München, 1988

Bond, Francis, Gothic Architecture in England, Batsford, London, 1906

Bungartz, P., Elementare Differentialgeometrie auf der Sekundarstufe II, Teil 1 und 2, in MNU 38, 1985, S.145-155 und 199-206

Cesàro, E., Vorlesungen über natürliche Geometrie, Übersetzung von G. Kowalewski, 1926.

Computeralgebra in Deutschland, Bestandsaufnahmen, Möglichkeiten und Perspektiven, herausgegeben von der Fachgruppe Computeralgebra der GI, DMV und GAMM, Passau und Heidelberg, 1993

Courant, R., Vorlesungen über Differential- und Integralrechnung, Springer, Heidelberg, 3. Aufgabe, 1967

Curtius, E. R., Europäische Literatur und lateinisches Mittelalter, Francke Verlag, Bern, 1948

Danckwerts,R., Vogel, D., Quo vadis Analysisunterricht?, MNU 45/6

Davis, P., Thirty Years After the Two Culture Controversy: A Mathematicians's View; in: Essays in Humanistic Mathematics, Herausgegeben von A. M. White, The Mathematical Association of America, Washington, 1993

Dehio, G., Bezold, G., Die kirchliche Baukunst des Abendlandes, Olms, Hildesheim, 1969

Decelle, A. F. u. a.,FOCOME: An Integrated Design Tool for Steel Konstruktion; in: IKM94, Abstracts, Tagungsband der Tagung über Anwendungen der Informatik und der Mathematik in Architektur und Bauwesen an der Hochschule für Architektur und Bauwesen in Weimar (Bauhaus), Herausgeber L. Hempel, Weimar, 1994

Fichtenholz, G. M., Differential- und Integralrechnung, Bd. 2, 1974

Finney, R. L., Thomas, G. B., Calculus, Addison-Wesley, Reading, Mass., 1990

Fischer, R., Malle, G., Mensch und Mathematik, BI, Mannheim, 1985

Fladt, K., Analytische Geometrie spezieller ebener Kurven, Akademische Buchgesellschaft, Frankfurt a. M., 1962

Gaylord, R. J., Kamin, S. N., Wellin, P. R., Introduction to Programming with Mathematica, Springer , Berlin 1993

Gericke, H., Mathematik im Abendland, Springer, Heidelberg, 1990

Götze, H., Castel del Monte, Prestel, München, 1984

Guarini, Guarino, Architettura Civile, Tafelband, Faksimile, The Gregg Press, Ltd, London, 1964

Hamilton, R. W., Khirbat al Mafjar, An Arabian Mansion in the Jordan Valley, Clarendon Press, Oxford, 1959

Harvey, J., The Mediaeval Architect, Wayland Publishers, London, 1972

Henn, H.-W., Jock, W., Computereinsatz im Geometrieunterricht der Sekundarstufe I, MU 40, Heft 1/1994

Heugl, W., Comuteralgebrasysteme im Mathematikunterricht der Allgemeinbildenden Höheren Schulen (Gymnasium) in Österreich, MU 41, Heft 4/1995

Heuser, H., Lehrbuch der Analysis, Teubner, Stuttgart, 1981

Hischer, H., Herausgeber, Wieviel Termumformung braucht der mensch?, Tagungsband des GDM-Arbeitskreises Mathematik-unterricht und Informatik, Franzbecker, Hildesheim, 1993

Igl, J., Fachübergreifende Aspekte im Mathematikunterricht, in: Tagungsband Beiträge zum Mathematikunterricht, GDM, 1993

Jackiw, N., Steketee, S., Handbuch zu Sketchpad, 1993, s. u.

Jones, L. , Herausgeber, Teaching Mathematics and Art, Stanley Thornes Ltd., London, 1991

Juschkewitz, A., P., Geschichte der Mathematik im Mittelalter, Übersetzung aus dem Russischen, Basel, 1966

Kaderavek, F. Geometrie und Kunst in früherer Zeit, Teubner, Stuttgart, 1992

Kaiser, H., Nöbauer, W., Geschichte der Mathematik für den Schulunterricht, Verlag Hölder-Pichler-Tempsky, Wien, 1984

Kayser, H.-J., Neveling, R., Derive - ein mathematischer Assistent, LSW Soest, Soester Verlagskontor, 1993

King, J. P., The Art of Mathematics, Plenum Press, New York, 1992

Klein, F., Elementarmathematik vom höheren Standpunkt aus, Bd. I - III, Springer, Heidelberg, 1928, Nachdruck 1955

Kline, M. Mathematical Thought from Ancient to Modern Times, Oxford University Press, New York, 1972

Knöß, P., Fundamentale Ideen der Informatik im Mathematikunterricht, Deutscher Universitätsverlag, Wiesbaden, 1989

Kratz, J., Zentrale Themen des Geometrieunterrichts aus didaktischer Sicht, BSV, München, 1993

Kruft H.-W., Geschichte der Architekturtheorie, Verlag C. H. Beck, München, 1986

Maeder, R., Programming in Mathematica, 2. Auflage, Addison-Wesley, New York, 1991

v. Mangoldt, H., Knopp, K., Einführung in die höhere Mathematik, Hirzel, Stuttgart, 12. Auflage, 1964

McAdoo, N., Aethetic form and representation of the world; in: Teaching Mathematics and Art, herausgegeben von L. Jones, Stanley Thornes Ltd., London 1991

Mehlhase, U., Informations- und kommunikationstechnische Grundbildung in einem forschenden Mathematikunterricht, Franzbecker, Hildesheim, 1994

Müller, K. P., Fotografie und Zentralprojektion, MU 39, Heft 5, September 1993

v. Naredi-Rainer, P., Architektur und Harmonie, Dumont, Köln, 1982

Paukowitsch, P. Ein Leitfaden zur Rettung der Raumgeometrie im Mathematikunterricht, MU 32, Heft 4, Juli 1986

Pedoe, D., Geometry and the Liberal Arts, Penguin Books, Harmondsworth, 1976

Penßel, C., Penßel, H.-J., Roth, D., Basismathematik 10, BSV, München, Ausgabe N, 1992

Peterich, E., Italien III, Prestel, München, 1986

Pietzsch, W., Straßenplanung, Werner-Verlag, Düsseldorf, 1973

Popp, Walter, Wege des exakten Denkens, vier Jahrtausende Mathematik, Ehrenwirth, München, 1981

Rehbock, F. Darstellende Geometrie, Springer, Heidelberg, 1964

Roggenkamp, H., Zahl und Maß, in: Beseler, H., Roggenkamp, H., Die Michaeliskirche in Hildesheim, Berlin, 1954

Schäfke, Werner, Frankreichs gotische Kathedralen, Dumont, Köln, 1990

Schiwy, Günther, Der französische Strukturalismus, rororo, Reinbek, 1969

Schröder, E. , Korbbogenkonstruktionen, Alpha 3/1983

Schupp, H., Kegelschnitte, BI, Mannheim, 1988

Schupp, H., Optimieren, BI, Mannheim, 1992

Schweiger, F., Fundamentale Ideen. Eine geistesgeschichtliche Studie zur Mathematikdidaktik, JMD 13(92) 2/3

Seiffert, H. , Einführung in die Wissenschaftstheorie 2, C. H. Beck, München, 1975

Simson, O. v., Die gotische Kathedrale, Wissenschaftliche Buchgesellschaft, Darmstadt, 1972

Snow, C. P., The Two Cultures: and A Second Look, Cambridge University Press, London 1959; deutsche Übersetzung Klett, Stuttgart, 1967

Stewart, I., Galois Theory, Chapman and Hall, London, 1989

Strieder, P., Dürer, Lizenzausgabe für Bertelsmann Buchklub u. a., Königstein im Taunus, o. Zeitangabe

Thom, R., Modern mathematics: does it exist?, in: Developments in Mathematical Education, Tagungsband, ICME 2, 1973, herausgegeben von A. G. Howson

Ungewitter, G. Lehrbuch der Gotischen Konstruktion, Verlag T. O. Weigel Nachfolger, Leipzig, 1892

Vollmer, G., Was können wir wissen?, Hirzel, Stuttgart, 1985

Walter, W. Analysis, Grundwissen Mathematik Bd. 3 und 4, Springer, Heidelberg, 1990

Weigand, H.-G., Objektorientiertes Arbeiten mit Derive - Überlegungen zur Beziehung von Mathematik- und Informatikunterricht, in [Hischer, 1993, S. 47ff.]

Weigend, H. G., Weth, Th., Das Lösen von Abituraufgaben mit Hilfe von Derive, MNU 44/3

Weidig, I., Bogenbrücken - Ein Beispiel zu Parabeln in der Technik, Mathematik lehren, Dez. 1989

Weth, Th., Computerunterstütztes modulares Konstruieren im Geometrieunterricht, ZDM 92/4, 1992

Weth, Th., Zum Verständnis des Kurvenbegriffs im Mathematikunterricht, Franzbecker, Hildesheim, 1993

Weyl, H., Symmetrie, Birkhäuser Verlag, Basel, 1955

Whitehead, A. N., The Aims of Education and other Essays, Ernest Benn Ltd., 7. Auflage 1970

Winter, H., Entdeckungen an Zykloiden - oder: Die Zykloide als Wiege der Analysis, Mathematica Didactica, 15. Jahrgang, 1992

Wittgenstein, L., Philosophische Untersuchungen, Suhrkamp Taschenbuch Wissenschaft 203, 1982

Wittmann, E. Chr., Grundfragen des Mathematikunterrichts, Vieweg, Braunschweig, 6. Auflage 1981

Wittmann, E. Chr., Elementargeometrie und Wirklichkeit, Vieweg, Braunschweig, 1987

Wittmann, E. Chr., Mathematikdidaktik als "Design science", JMD, Jahrgang 13 (1992), Heft 1

Zippel, Mathematik für Bauschulen und zum Selbstunterricht, Pädagogischer Verlag Berthold Schulz, Berln/Hannover, 1949

Zurstraßen, A., Der Altenberger Dom, Schnell & Steiner, München,1992

Verwendete Hardware und Software:

Derive, der Mathematikassistent für Ihren Personal Computer, Soft Warehouse Inc., Honolulu, Version 2.52

Maple, Waterloo Maple Software, University of Waterloo, 1993

Mathematica, Ein System für Mathematik auf dem Computer, Stephen Wolfram Inc., Champaign, Illinois, Version 2.2.1, 1993

Sketchpad, The Geometer´s Sketchpad, Windows Version 1.0, Key Curriculum Press, Berkeley, 1993

Taschenrechner TI85, Texas Instruments, Canada Ltd. Richmond Hill, Ontario, 1992